# 数值计算方法

主　编　王金柱

副主编　米红娟　段胜军

西北工業大學出版社

【内容简介】 本书较系统地介绍了科学与工程计算中常用的数值计算方法，并结合基本理论与实际应用，对这些方法作了简要分析. 全书共 8 章，内容包括误差、函数插值、曲线拟合、数值积分与数值微分、方程求根、线性方程组的数值解法、矩阵特征值和特征向量的计算、常微分方程的数值解法等. 每章都选有一定数量的例题和习题，供学生练习、提高.

本书可作为高等学校数学教育、数学与应用数学、信息与计算科学、应用物理及计算机科学等专业的教材，也可供从事科学与工程计算的科技工作者参考.

**图书在版编目(CIP)数据**

数值计算方法/王金柱主编．—西安：西北工业大学出版社，2011.6
(2024.7 重印)
ISBN 978-7-5612-3098-5

Ⅰ.①数… Ⅱ.①王… Ⅲ.①数值计算—计算方法 Ⅳ.①O241

中国版本图书馆 CIP 数据核字(2011)第 120235 号

**出版发行**：西北工业大学出版社
**通信地址**：西安市友谊西路 127 号 **邮编**：710072
**电 话**：(029)88493844 88491757
**网 址**：www.nwpup.com
**印 刷 者**：西安五星印刷有限公司
**开 本**：727 mm×960 mm 1/16
**印 张**：13.5
**字 数**：236 千字
**版 次**：2011 年 6 月第 1 版 2024 年 7 月第 5 次印刷
**定 价**：42.00 元

# 前　言

随着现代科技的飞速发展和广泛应用，科学计算已成为科学实践和数学应用的重要手段之一，其应用范围已渗透到大多数领域．作为科学与工程计算的数学工具，数值计算方法已成为各类高等学校数学教育、数学与应用数学、信息与计算科学和计算机科学等各专业学生的专业基础课以及工科硕士研究生的公共必修课程．

书中结合编者 20 多年的教学经验，根据学生的实际状况，比较系统全面地介绍了现代科学与工程计算中常用的数值计算方法，对这些数值计算方法的基本理论进行了分析，同时对这些数值算法的计算效果、收敛性、适用范围以及优劣性与特点进行了简要地分析．

全书共分 8 章，内容包括误差、函数插值、曲线拟合、数值积分与数值微分、方程求根、线性方程组的数值解法、矩阵特征值和特征向量的计算、常微分方程的数值解法等．

考虑到学生的知识结构和层次不同，在编写本书时，尽量从已经学过的数学知识和相关内容出发，对问题进行叙述和分析，简单明了、通俗易懂，并做到理论联系实际．本书着力于基本概念叙述清楚，理论分析严谨，在分析问题时注重启发性，例题的选择具有针对性，注重实际应用效果．本书取材合理，问题处理观点较新．各章附有一定数量的习题，供学生学习时进行练习，书后附有参考答案．

本书由王金柱任主编．具体编写分工如下：第一章由段胜军编写；第二、三、四、五、八章由王金柱编写；第六、七章由米红娟编写．全书由王金柱统稿．

由于水平有限，书中不足之处在所难免，敬请各位读者批评指正．

编　者<br>2011 年 3 月

# 目　　录

# 第一章 误　　差

数值计算方法是研究数学问题的数值解及其理论的一个数学分支，它涉及面很广，如微积分、代数和微分方程等都有数值解的问题. 数值计算方法是将欲求解的数学模型或数学问题简化成一系列算术运算和逻辑运算，以便在计算机上求出问题的数值解. 求得的结果往往是原先问题准确解的近似，这两者之间存在着的差异就是所谓的误差. 当然，人们总是希望近似结果有令人满意的精确度. 因此对这些结果的误差进行分析和估计是数值计算方法的基本内容.

## 第一节　误差的来源

在解决实际问题的过程中，会出现各种各样的误差，造成误差的原因往往是多方面的，主要归结为下述 4 种.

1. 模型误差

实际问题往往是十分复杂的，在建立数学模型时对被描述的实际问题进行简化，即抓住问题的主要因素，忽略一些次要因素. 因此数学模型与实际问题之间总会有一些差别. 这种数学模型与实际问题之间出现的误差称为模型误差.

例如，通常用 $s=\frac{1}{2}gt^2$ 来描述自由落体下落的规律. 这就是一个数学模型，这个模型忽略了空气阻力的因素，因此若自由落体在时间 $t$ 的实际下落距离为 $s$，由该模型算出的下落距离为 $s^*$，则 $s-s^*$ 为模型误差.

2. 观测误差

在数学模型中，通常总要包含一些观测或测量得来的参数，由于受到所用观测仪器、设备精度的限制，这些数据与其真实值是有误差的，这种误差称为观测误差或参数误差.

例如，在自由落体运动方程 $s=\frac{1}{2}gt^2$ 中，若取重力加速度 $g$ 为 9.81 m/s$^2$，则 $g-9.81$ 就为观测误差.

3. 截断误差

在解决实际问题时，数学模型往往很复杂，因而不易获得分析解，这就需要建立一套行之有效的近似方法或数值方法. 模型的准确解与用数值方法求得的解之间会有误差，这种由数值方法本身引起的误差称为方法误差或截断误差.

例如，利用无穷级数展开计算 $\ln(1+x)$. 易知

$$\ln(1+x)=x-\frac{x^2}{2}+\frac{x^3}{3}-\frac{x^4}{4}+\cdots \quad (-1<x\leqslant 1)$$

若取级数前 3 项部分和作为 $0<x<1$ 时的近似计算公式，则

$$\ln(1+x)\approx x-\frac{x^2}{2}+\frac{x^3}{3}$$

从第 4 项后截断，自然会产生误差. 它的截断误差很容易估计，因为该级数是一交 错级数，且满足交错级数的收敛条件，故截断误差可估计为

$$|R_4(x)|\leqslant\frac{x^4}{4}$$

4. 舍入误差

在数值计算过程中，遇到的数据可能位数很多，也可能是无穷小数，而计算时只能对有限位进行运算，这时就需要把数据按四舍五入表示成具有一定位数的近似数. 由此产生的误差称为舍入误差.

例如，$\sqrt{2}=1.414\ 213\cdots$，在计算机上运算时只能用有限位小数，如取小数点后 4 位数字，则 $\sqrt{2}-1.414\ 2=0.000\ 013\cdots$ 就是舍入误差.

概括起来，误差一般有模型误差、观测误差、截断误差和舍入误差. 若记 $x$ 为实际问题的准确解；$x_1$ 为数学模型（假定参数是准确的）的准确解；$x_2$ 为具有参数误差的数学模型的准确解；$x_3$ 是在数学模型（含有参数误差）确定后，运用某种数值方法求解，在计算精确的条件下得到的数值解；$x^*$ 为实际计算所得到的数值解. 则 $x-x_1$ 是模型误差，$x_1-x_2$ 是由参数误差引起的误差，$x_2-x_3$ 是所用数值方法的截断误差，$x_3-x^*$ 是舍入误差. 最后，所得的数值解与实际问题的准确解之间的误差可表示为

$$x-x^*=(x-x_1)+(x_1-x_2)+(x_2-x_3)+(x_3-x^*)$$

由以上误差来源的分析可以看到，误差是不可避免的，既然描述问题的方法都是近似的，那么要求解绝对准确也就没有意义了. 因此，在数值计算方法里讨论的都是近似解. 从误差来源的分析中可以看到，前两种误差是客观存在的，后两种是由计算方法所引起的. 本课程是研究数学问题的数值解法，因此只涉及后两种误差，即截断误差和舍入误差.

## 第二节 绝对误差、相对误差和有效数字

### 一、绝对误差与绝对误差限

**定义 1.1** 设某量的准确值为 $x$，$x^*$ 表示其近似值，则称 $e=x-x^*$ 为近似值 $x^*$ 的绝对误差(简称误差).

例如，$\sqrt{3}$ 的近似值 1.732 的绝对误差为

$$\sqrt{3}-1.732=1.732\ 05\cdots-1.732=0.000\ 05\cdots$$

**注** 绝对误差不是误差的绝对值.

由于准确值 $x$ 往往是未知的，因此无法得到绝对误差 $e$ 的准确值. 但一般可以估计出 $e$ 的取值范围，例如，用 1.732 作为$\sqrt{3}$ 的近似值时，其绝对误差的绝对值不会超过 0.000 06. 又如，用毫米刻度的米尺测量物体的长度 $l$(准确值)时，测量值 $l^*$ 的绝对误差介于 $-0.5$ mm 和 0.5 mm 之间，即 $|l-l^*|<0.5$ mm.

**定义 1.2** 设某量的准确值为 $x$，$x^*$ 表示其近似值，若有一正数 $\varepsilon$，使

$$|e|=|x-x^*|\leqslant\varepsilon$$

则称 $\varepsilon$ 为 $x^*$ 的绝对误差限(简称误差限).

如果 $\varepsilon$ 为 $x$ 的近似值 $x^*$ 的绝对误差限，那么 $x^*-\varepsilon\leqslant x\leqslant x^*+\varepsilon$，即 $x$ 必位于区间 $[x^*-\varepsilon,x^*+\varepsilon]$ 上，常用 $x=x^*\pm\varepsilon$ 来表示近似值 $x^*$ 的精确度，或准确值 $x$ 所在范围.

### 二、相对误差与相对误差限

在很多情形中，绝对误差的大小还不能完全刻画一个近似值的精确度. 例如 $x_1=1.234\pm0.001$ 与 $x_2=0.002\pm0.001$，虽然 $x_1$ 的近似值 $x_1^*=1.234$ 和 $x_2$ 的近似值 $x_2^*=0.002$ 的绝对误差限是一样的，但显然 $x_1^*$ 的精确度比 $x_2^*$ 的精确度高. 这个例子表明，一个近似值的精确程度除了与其绝对误差有关外，还与准确值本身大小有关，因此从另一角度考虑用绝对误差与准确值之比来描述误差的大小.

**定义 1.3** 设 $x^*$ 为 $x$ 的近似值，$e$ 为它的绝对误差，则称绝对误差与准确值比值 $e_r=\dfrac{e}{x}=\dfrac{x-x^*}{x}$ 为 $x^*$ 的相对误差. 如果 $|e_r|=\left|\dfrac{x-x^*}{x}\right|\leqslant\varepsilon_r$，称 $\varepsilon_r$ 为 $x^*$ 的相对误差限.

在实际计算中由于准确值 $x$ 未知，因此往往取 $e_r=\frac{x-x^*}{x^*}$ 作为 $x^*$ 的相对误差，由 $\left|\frac{x-x^*}{x^*}\right|\leqslant\varepsilon_r$ 得 $\varepsilon_r$ 为 $x^*$ 的相对误差限.

例如，$x_1=1.234\pm0.001$ 与 $x_2=0.002\pm0.001$ 的近似值 $x_1^*=1.234$ 和 $x_2^*=0.002$ 的相对误差分别为 0.000 81 和 0.5，$x_2^*$ 的相对误差是 $x_1^*$ 的相对误差的 600 多倍. 从这个意义上说，$x_1^*$ 的精度比 $x_2^*$ 的精度高得多.

又如，真空中光速 $c$ 的最好近似值为 $c^*=2.997\,925\times10^{10}$ cm/s，其绝对误差限为 $\varepsilon=0.000\,001\times10^{10}$ cm/s，则 $c^*$ 的相对误差限为

$$\varepsilon_r=\frac{0.000\,001}{2.997\,925}\approx0.000\,000\,33\cdots\leqslant3.5\times10^{-7}$$

## 三、有效数字

在表示一个近似值时，为了同时还能反映其准确程度，常常用到有效数字的概念. 众所周知，当准确数为无穷小数、循环小数或有很多位数时，经常按四舍五入的原则得到它的近似值. 例如 $\pi=3.141\,592\,65\cdots$，若按四舍五入取 4 位小数，则得 $\pi$ 的近似值为 3.141 6；若取 5 位小数，则其近似值为 3.141 59. 这种近似值取法的特点是它们的误差限不超过末位数的半个单位，即

$$|\pi-3.141\,6|\leqslant\frac{1}{2}\times10^{-4}$$

$$|\pi-3.141\,59|\leqslant\frac{1}{2}\times10^{-5}$$

实践证明，当进行大量运算时，按上述原则进行舍入，整个运算的误差积累较少. 为此，我们将四舍五入进行抽象概括，引入有效数字的概念.

**定义 1.4** 设 $x$ 为准确值，$x^*$ 为 $x$ 的近似值. 如果 $x^*$ 的误差限是某一位上的半个单位，该位到 $x^*$ 的第一位非零数字共有 $n$ 位，就说 $x^*$ 有 $n$ 位有效数字，或者说 $x^*$ 准确到该位.

具体地说，若将 $x^*$ 表示为 $x^*=\pm0.a_1a_2\cdots a_n\times10^m$（$m$ 为整数），其中 $a_1,\cdots,a_n$ 为 $0,1,\cdots,9$ 中的任一数字，且 $a_1\neq0$. 如果 $x^*$ 的误差限满足

$$|x^*-x|\leqslant\frac{1}{2}\times10^{m-n}$$

则 $x^*$ 具有 $n$ 位有效数字，或称 $x^*$ 准确到第 $n$ 位. 其中每一位数字 $a_1,\cdots,a_n$ 都是 $x^*$ 的有效数字.

$\pi$ 的近似值 3.141 6 和 3.141 59 的误差限均不超过其末位数字的半个单位，因此分别具有 5 位和 6 位有效数字；而 3.141 5 虽然有 5 位数字，但它是 $\pi$

的具有 4 位有效数字的近似数，原因是

$$\frac{1}{2}\times 10^{-4}\leqslant|\pi-3.1415|\leqslant\frac{1}{2}\times 10^{-3}$$

**注** (1) 有效数字的位数与小数点后有多少位数并无直接关系.

(2) 用四舍五入得到的近似值，其被保留的最后一位到最左边非零数之间的所有数字都是有效数字.

(3) 把任何数字乘以$10^k(k=0,\pm 1,\pm 2,\cdots)$，相当于移动该数的小数点，不影响其有效数字的位数.

例如，3.141 6 和 $0.031\,416\times 10^2$ 都是 $\pi$ 的具有 5 位有效数字的近似值；若近似值 200 000 的绝对误差限不超过 50，即$\frac{1}{2}\times 10^2$，则可将该近似值表示为 $2\,000\times 10^2$ 或 $0.200\,0\times 10^6$.

**例 1.1** 写出$\frac{1}{37}$的具有 1 位、2 位、3 位和 4 位有效数字的近似值.

**解** $\frac{1}{37}=0.027\,027\,027\cdots$ 按照有效数字的定义，$\frac{1}{37}$ 的具有 1 位、2 位、3 位和 4 位有效数字的近似值分别为 0.03，0.027，0.0270 和 0.027 03.

**注** 0.027 与 0.027 0 是 2 个不同的近似值，前者有 2 位有效数字，可知绝对误差的绝对值不超过$\frac{1}{2}\times 10^{-3}$，后者有 3 位有效数字，可知其绝对误差的绝对值不超过$\frac{1}{2}\times 10^{-4}$. 两者精确程度不相同，因此，有效数字尾部的零不可随意省去，以免损失精度.

**例 1.2** 下列各数均为有效数字，指出有效数字的位数和误差限.

$$2.000\,4,\quad -0.002\,00,\quad -9\,000,\quad 9\times 10^3,\quad 2.3\times 10^{-3}$$

**解** 2.000 4 有 5 位有效数字，$\varepsilon_1=\frac{1}{2}\times 10^{-4}$；

$-0.002\,00$ 有 3 位有效数字，$\varepsilon_2=\frac{1}{2}\times 10^{-5}$；

$-9\,000$ 有 4 位有效数字，$\varepsilon_3=\frac{1}{2}\times 10^{0}$；

$9\times 10^3$ 有 1 位有效数字，$\varepsilon_4=\frac{1}{2}\times 10^0\times 10^3=\frac{1}{2}\times 10^3$；

$2.3\times 10^{-3}$ 有 2 位有效数字，$\varepsilon_5=\frac{1}{2}\times 10^{-1}\times 10^{-3}=\frac{1}{2}\times 10^{-4}$.

### 四、有效数字与误差的关系

由有效数字的定义可以看出，有效数字的位数越多，绝对误差限越小. 同样，相对误差限和有效数字也有类似的关系.

**定理 1.1** 设 $x$ 的近似值为 $x^*=\pm 0.a_1a_2\cdots a_n\times 10^m(a_1\neq 0)$，如果 $x^*$ 具有 $n$ 位有效数字，则 $x^*$ 的相对误差满足

$$|e_r|\leqslant\frac{1}{2a_1}\times 10^{-n+1} \tag{1.2.1}$$

**证** 对近似值 $x^*=\pm 0.a_1a_2\cdots a_n\times 10^m$，显然有

$$|x^*|\geqslant a_1\times 10^{m-1}$$

故其相对误差满足

$$|e_r|=\frac{|x-x^*|}{|x^*|}\leqslant\frac{\frac{1}{2}\times 10^{m-n}}{a_1\times 10^{m-1}}=\frac{1}{2a_1}\times 10^{-n+1}$$

由上式可知，有效数字的位数反映了近似值的相对精度.有效数字的位数越多，相对误差限越小.

**定理 1.2** 设 $x$ 的近似值为 $x^*=\pm 0.a_1a_2\cdots a_n\times 10^m(a_1\neq 0)$，如果 $x^*$ 的相对误差满足

$$|e_r|=\frac{|x-x^*|}{|x^*|}\leqslant\frac{1}{2(a_1+1)}\times 10^{-n+1} \tag{1.2.2}$$

则 $x^*$ 至少具有 $n$ 位有效数字.

**证** 由 $|x^*|<(a_1+1)\times 10^{m-1}$ 及式(1.2.2)可得

$$|e|=|x^*||e_r|\leqslant(a_1+1)\times 10^{m-1}\times\frac{1}{2(a_1+1)}\times 10^{-n+1}=\frac{1}{2}\times 10^{m-n}$$

故 $x$ 至少具有 $n$ 位有效数字.

**例 1.3** 用 $x^*=2.72$ 来表示 e 具有 3 位有效数字的近似值，它的相对误差是多少？

**解** $x^*=2.72$ 具有 3 位有效数字，$a_1=2$，由式(1.2.1)有

$$|e_r|\leqslant\frac{1}{2\times 2}\times 10^{-2}=0.25\times 10^{-2}$$

**例 1.4** 为了使积分 $I=\int_0^1 e^{-x^2}dx$ 的近似值 $I^*$ 的相对误差不超过 0.1%，问至少取几位有效数字？

**解** 根据式(1.2.1)，只须求出满足

$$\frac{1}{2a_1}\times 10^{-n+1}\leqslant 0.1\%$$

的 $n$.可以知道 $I=0.746\,7\cdots$ 故所求近似值的第一位有效数字 $a_1=7$，解不

等式

$$\frac{1}{14}\times 10^{-n+1}\leqslant 0.1\%$$

可得 $n\geqslant 3$. 故 $I^*$ 只要取 3 位有效数字，即 $I^*=0.747$，就能保证其相对误差不大于 0.1%.

## 第三节 误差的传播

数据运算中由于所给数据有误差必定会引起函数值的误差，故需要考查初始误差对计算结果的影响.

以二元函数为例. 设给定函数 $y=f(x_1,x_2)$，$x_1^*,x_2^*$ 为 $x_1,x_2$ 的近似值，于是可求 $y$ 的近似值 $y^*=f(x_1^*,x_2^*)$，下面估计 $y^*$ 的绝对误差及相对误差.

考查 $f(x_1,x_2)$ 在点 $(x_1^*,x_2^*)$ 的泰勒展开式

$$f(x_1,x_2)=f(x_1^*,x_2^*)+\frac{\partial f(x_1^*,x_2^*)}{\partial x_1}(x_1-x_1^*)+\frac{\partial f(x_1^*,x_2^*)}{\partial x_2}(x_2-x_2^*)+\frac{1}{2!}\left[\frac{\partial^2 f(x_1^*,x_2^*)}{\partial x_1^2}(x_1-x_1^*)^2+\frac{\partial^2 f(x_1^*,x_2^*)}{\partial x_1\partial x_2}(x_1-x_1^*)(x_2-x_2^*)+\frac{\partial^2 f(x_1^*,x_2^*)}{\partial x_2^2}(x_2-x_2^*)^2\right]+\cdots$$

式中，$e(x_1^*)=x_1-x_1^*$ 和 $e(x_2^*)=x_2-x_2^*$ 一般都是小量值，若忽略高阶无穷小量，即高阶的 $x_1-x_1^*$ 和 $x_2-x_2^*$，则由上式可得

$$f(x_1,x_2)\approx f(x_1^*,x_2^*)+\frac{\partial f(x_1^*,x_2^*)}{\partial x_1}(x_1-x_1^*)+\frac{\partial f(x_1^*,x_2^*)}{\partial x_2}(x_2-x_2^*)$$

于是 $y^*$ 的绝对误差为

$$e(y)=y-y^*\approx\frac{\partial f(x_1^*,x_2^*)}{\partial x_1}e(x_1^*)+\frac{\partial f(x_1^*,x_2^*)}{\partial x_2}e(x_2^*) \tag{1.3.1}$$

上式两端除以 $y^*$，得

$$\frac{e(y)}{y^*}\approx\frac{\partial f(x_1^*,x_2^*)}{\partial x_1}\frac{e(x_1^*)}{y^*}+\frac{\partial f(x_1^*,x_2^*)}{\partial x_2}\frac{e(x_2^*)}{y^*}$$

故 $y^*$ 的相对误差为

$$e_r(y)\approx\frac{x_1^*}{y^*}\frac{\partial f(x_1^*,x_2^*)}{\partial x_1}e_r(x_1^*)+\frac{x_2^*}{y^*}\frac{\partial f(x_1^*,x_2^*)}{\partial x_2}e_r(x_2^*) \tag{1.3.2}$$

式中，$e_r(x_1^*)$ 和 $e_r(x_2^*)$ 前面的系数 $\frac{x_1^*}{y^*}\frac{\partial f(x_1^*,x_2^*)}{\partial x_1}$ 和 $\frac{x_2^*}{y^*}\frac{\partial f(x_1^*,x_2^*)}{\partial x_2}$ 是 $x_1^*$ 和 $x_2^*$ 对 $y^*$ 的相对误差增长因子，反映了相对误差 $e_r(x_1^*)$ 和 $e_r(x_2^*)$ 经过传播后增大或缩小的倍数.

利用式(1.3.1)和式(1.3.2)，可以得到两数和、差、积、商的误差估计：

$$e(x_1^* \pm x_2^*) \approx e(x_1^*) \pm e(x_2^*) \tag{1.3.3}$$

$$e(x_1^* x_2^*) \approx x_2^* e(x_1^*) + x_1^* e(x_2^*) \tag{1.3.4}$$

$$e\left(\frac{x_1^*}{x_2^*}\right) \approx \frac{1}{x_2^*}e(x_1^*) - \frac{x_1^*}{x_2^{*2}}e(x_2^*) \quad (x_2^* \neq 0) \tag{1.3.5}$$

$$e_r(x_1^* \pm x_2^*) \approx \frac{x_1^*}{x_1^* \pm x_2^*}e_r(x_1^*) \pm \frac{x_2^*}{x_1^* \pm x_2^*}e_r(x_2^*) \tag{1.3.6}$$

$$e_r(x_1^* x_2^*) \approx e_r(x_1^*) + e_r(x_2^*) \tag{1.3.7}$$

$$e_r\left(\frac{x_1^*}{x_2^*}\right) \approx e_r(x_1^*) - e_r(x_2^*) \tag{1.3.8}$$

**例 1.5** 已测得某物体行程 $s$ 的近似值 $s^* = 800$ m，所需时间 $t$ 的近似值为 $t^* = 35$ s，若已知 $|t - t^*| \leqslant 0.05$，$|s - s^*| \leqslant 0.5$，试求平均速度 $v$ 的绝对误差限和相对误差限.

**解** 因为 $v = \frac{s}{t}$，所以绝对误差 $e(v^*) \approx \frac{1}{t^*}e(s) - \frac{s^*}{t^{*2}}e(t)$. 而

$$|e(v^*)| \leqslant \left|\frac{1}{t^*}\right| |e(s)| + \left|\frac{s^*}{t^{*2}}\right| |e(t)|$$

因此在近似值为 $s^* = 800$ m，$t^* = 35$ s 时，有

$$|e(v^*)| \leqslant \frac{1}{35} \times 0.5 + \frac{800}{35^2} \times 0.05 \approx 0.046\,939 < 0.05$$

即绝对误差限为 $\varepsilon(v^*) < 0.05$，相对误差限为

$$\varepsilon_r(v^*) = \frac{\varepsilon(v^*)}{v^*} = 0.05 \times \frac{35}{800} < 0.002\,2$$

## 第四节　数值计算中需要注意的一些问题

在数值计算中，误差的传播和积累直接影响到计算结果，为尽量避免误差，防止有效数字的损失，本节给出若干原则.

(1) 避免两个相近的数相减. 当相近两数相减时将会严重损失有效数字，因而导致很大的相对误差. 由式(1.3.6)可知，两数 $x_1^*$，$x_2^*$ 之差的相对误差满足

$$e_r(x_1^* - x_2^*) \approx \frac{x_1^* e_r(x_1^*) - x_2^* e_r(x_2^*)}{x_1^* - x_2^*}$$

因而 $|x_1^* - x_2^*|$ 很小，相对误差就可能很大. 遇到这种情形要设法变换计算公式以防止这种情况的出现. 例如，当 $x$ 接近于零计算 $1-\cos x$ 和 $e^x - 1$ 时，应将它们先变换成

$$1 - \cos x = 2\sin^2 \frac{x}{2}$$

$$e^x - 1 = x + \frac{x^2}{2} + \frac{x^3}{6} + \cdots$$

再进行计算. 当 $x$ 充分大计算 $\sqrt{1+x} - \sqrt{x}$ 时，应先变换 $\sqrt{1+x} - \sqrt{x}$ 为 $\frac{1}{\sqrt{1+x}+\sqrt{x}}$，再做进一步的计算.

(2) 尽量避免用绝对值很小的数作除数或用绝对值很大的数作乘数. 由式(1.3.5)可知，两数 $x_1^*$，$x_2^*$ 商的绝对误差为

$$e\left(\frac{x_1^*}{x_2^*}\right) \approx \frac{x_2^* e(x_1^*) - x_1^* e(x_2^*)}{(x_2^*)^2}$$

当除数 $x_2^*$ 接近于零时，会导致 $\left|e\left(\frac{x_1^*}{x_2^*}\right)\right|$ 很大；同理，由式(1.3.4)可知，当乘数 $x_1^*$ 或 $x_2^*$ 的绝对值很大时，两数 $x_1^*$，$x_2^*$ 乘积的绝对误差 $|e(x_1^* \cdot x_2^*)|$ 也会很大. 因此，在数值运算中，应尽量避免用绝对值很大的数来作乘数或用接近于零的数作除数，否则会增大原有的误差.

(3) 两个相差很大的数运算时，要防止大数"吃掉"小数引起的失真. 在数值运算中，参加运算的数有时数量级相差很大，而计算机位数有限，又要作对阶处理，可能会出现大数"吃掉"小数的现象，从而影响了计算结果的准确性.

例如，在字长为10位的计算机上计算 $10^{10} + 1 - 10^{10}$. 按照规格化浮点数的表示方法，$10^{10}$ 和1可分别表示为

$$10^{10} = 0.\underbrace{10\cdots0}_{10位} \times 10^{11}$$

$$1 = 0.\underbrace{10\cdots0}_{10位} \times 10^{1}$$

在计算 $10^{10} + 1 - 10^{10}$ 时，首先要对阶，即把较低的阶提高到较高的阶的水平

$$10^{10} = 0.\underbrace{10\cdots0}_{10位} \times 10^{11}$$

$$1 = 0.\underbrace{0\cdots0}_{10位}\underline{1} \times 10^{11}$$

其中，上式带下画线的"1"就处于第11位，对有10位字长的计算机已无法存

储,因而经对阶舍入(用 $\triangleq$ 标记),实际存储的是

$$10^{10} \triangleq 0.\underbrace{10\cdots0}_{10位} \times 10^{11}$$

$$1 \triangleq 0.\underbrace{0\cdots0}_{10位} \times 10^{11}$$

于是得到计算结果为

$$10^{10}+1-10^{10} \triangleq 10^{10}-10^{10}=0$$

结果失真.

为了避免这种情况出现,可以调整计算次序以使数量级相近的数进行运算,或者将某些算式改写成另一等价形式再计算.例如,将$10^{10}+1-10^{10}$的顺序调整为$10^{10}-10^{10}+1$来计算,仍在字长为10位的计算机上,经对阶等处理再运算的结果为

$$10^{10}+1-10^{10}=10^{10}-10^{10}+1=0+1=1$$

**例 1.6** 计算$\int_N^{N+1}\ln x\mathrm{d}x$,其中 $N$ 为一很大的正整数.

**解** $\int_N^{N+1}\ln x\mathrm{d}x=[x\ln x]_N^{N+1}-\int_N^{N+1}x\cdot\frac{1}{x}\mathrm{d}x=$

$$(N+1)\ln(N+1)-N\ln N-1$$

由于 $N$ 很大,$N$ 与 $N+1$ 在计算机里是同一数,计算便得

$$\int_N^{N+1}\ln x\mathrm{d}x=0-1=-1<0$$

但在区间$[N,N+1]$上 $\ln x\geqslant 0$,故$\int_N^{N+1}\ln x\mathrm{d}x>0$,可见结果严重失真.因此应改变计算方法,按下面算式进行计算可以得到相当精确的结果.

$$\begin{aligned}\int_N^{N+1}\ln x\mathrm{d}x=&(N+1)\ln(N+1)-N\ln N-1=\\&N[\ln(N+1)-\ln N]+\ln(N+1)-1=\\&N\ln\left(1+\frac{1}{N}\right)+\ln(N+1)-1=\\&N\left(\frac{1}{N}-\frac{1}{2N^2}+\frac{1}{3N^3}-\frac{1}{4N^4}+\cdots\right)+\ln(N+1)-1=\\&\ln(N+1)-\frac{1}{2N}+\frac{1}{3N^2}-\frac{1}{4N^3}+\cdots\end{aligned}$$

(4) 注意简化计算步骤,减少运算次数.一般来说,选用运算次数少的算式,尤其是乘方幂次低,乘法和加法的运算次数少,可以减少舍入误差的大量累积,同时也可节约计算机的计算时间.

**例 1.7** 计算多项式 $P_n(x)=a_nx^n+a_{n-1}x^{n-1}+\cdots+a_1x+a_0$ 的值.

**解** 方法一：直接计算每一项再求和.显然，计算 $a_kx^k$ 需要作 $k$ 次乘法，因此，计算 $P_n(x)$ 值就需要作 $n+(n-1)+(n-2)+\cdots+1=\frac{n(n+1)}{2}$ 次乘法运算及 $n$ 次加法.

方法二：采用秦九韶算法.作变换：

$$P_n(x)=(\cdots((a_nx+a_{n-1})x+a_{n-2})x+\cdots+a_1)x+a_0$$

有递推公式：

$$\begin{cases}S_n=a_n\\S_{k-1}=xS_k+a_{k-1}(k=n,n-1,\cdots,2,1)\end{cases}$$

则 $S_0=P_n(x)$.采用这种算法计算 $P_n(x)$ 值，只须作 $n$ 次乘法和 $n$ 次加法运算.

## 习 题 一

1.求 $x_1=\sqrt{101}$ 和 $x_2=\frac{1}{101}$ 具有4位有效数字的近似值，并指出其绝对误差限和相对误差限.

2.下列各数是对准确值进行四舍五入得到的近似值，指出他们的绝对误差限、相对误差限以及有效数字的位数.

(1)0.031 5；　(2)0.301 5；　(3)31.50；　(4)5 000.

3.已知所给数 $x_1=0.004\ 38$，$x_2=0.043\ 80\times10^{-1}$，$x_3=0.000\ 438\ 0\times10^{1}$ 均为有效数字.问这些数是否一样？若不一样有何区别？

4.一近似数有2位有效数字，试求其相对误差限.

5.为了使 $\sqrt{11}$ 的近似值的相对误差不超过0.1%，问至少应取几位有效数字？

6.下列各式如何计算才比较准确？

(1) $\frac{1}{x}-\frac{\cos x}{x}$，$x$ 接近于零；

(2) $\frac{1-\cos x}{\sin x}$，$x$ 接近于零；

(3) $\sqrt{x+\frac{1}{x}}-\sqrt{x-\frac{1}{x}}$，$|x|\gg1$；

7.如何计算 $x^{127}$，能使计算量最小？

# 第二章　函数插值

在生产实际和科研活动中，经常要研究变量之间的函数关系．但在大多情况下，却难以找到函数的解析表达式，只能通过测量或观测得到有限个点上的函数值，即获得一张函数表，见表 2－1.

表　2－1

| $x$ | $x_0$ | $x_1$ | … | $x_n$ |
|---|---|---|---|---|
| $f(x)$ | $f(x_0)$ | $f(x_1)$ | … | $f(x_n)$ |

其中 $x_i \neq x_j (i \neq j)$，显然，要利用这张函数表来分析函数 $f(x)$ 的性态、求出其他一些点的函数值是非常困难的，在有些情况下，虽然可以给出一个函数的解析表达式，但由于表达式复杂，不适于使用．为了解决这些问题，我们设法构造某个简单函数 $P(x)$ 作为 $f(x)$ 的近似函数．函数插值就是解决这类问题的一种比较古老而常用的方法．本章介绍函数插值的一些基本方法．

## 第一节　多项式插值问题

### 一、插值函数的概念

**定义 2.1**　设 $f(x)$ 在区间$[a,b]$上有定义，且在 $n+1$ 个不同的点 $a=x_0<x_1<\cdots<x_{n-1}<x_n=b$ 上的取值分别为 $y_0,y_1,\cdots,y_{n-1},y_n$，若存在一个简单函数 $P(x)$ 使

$$P(x_i)=y_i \quad (i=0,1,\cdots,n) \tag{2.1.1}$$

成立，则称 $P(x)$ 为 $f(x)$ 的插值函数，$f(x)$ 称为被插函数，点 $x_0,x_1,\cdots,x_n$ 称为插值节点，区间$[a,b]$称为插值区间，式(2.1.1) 称为插值条件，求 $P(x)$ 的方法称为插值法．

插值函数 $P(x)$ 可为多项式，三角多项式和有理函数等，其中最简单的一类是多项式，当应用代数多项式作为插值函数时，相应的插值问题就称为多项式插值．这一章主要讨论多项式插值．即求次数不超过 $n$ 的多项式

$$P_n(x)=a_0+a_1x+\cdots+a_nx^n$$

使
$$P_n(x_i)=y_i \quad (i=0,1,2,\cdots,n) \tag{2.1.2}$$
其中，$a_0,a_1,\cdots,a_n$ 是实数，$x_i,y_i$ 意义同前. 从几何意义上讲，就是通过曲线 $y=f(x)$ 上已知的 $n+1$ 个不同的点 $(x_i,y_i)(i=0,1,\cdots,n)$，作一条 $n$ 次代数曲线 $y=P_n(x)$，作为曲线 $y=f(x)$ 的近似，如图 2-1 所示.

插值函数是计算的重要工具，在以后各章中会看到，常常借助于插值函数，来计算被插函数的函数值、导数和积分等. 对于插值函数我们需要研究的问题包括：

(1) 满足插值条件(2.1.2) 的插值多项式 $P_n(x)$ 是否存在且唯一；

(2) 如果满足插值条件(2.1.2) 的 $P_n(x)$ 存在，又如何求出 $P_n(x)$；

(3) $P_n(x)$ 近似代替 $f(x)$ 的误差估计.

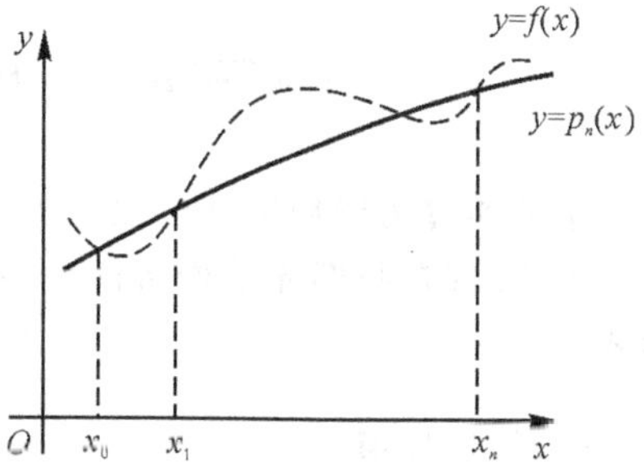

图　2-1

## 二、插值多项式的存在唯一性

**定理 2.1**　若节点 $x_0,x_1,\cdots,x_n$ 互不相同，则满足插值条件(2.1.2) 的 $n$ 次插值多项式 $P_n(x)=a_0+a_1x+\cdots+a_nx^n$ 存在且唯一.

**证**　只须证明恰有一组系数 $a_0,a_1,\cdots,a_n$ 的值使 $P_n(x)$ 满足条件(2.1.2). 而系数 $a_0,a_1,\cdots,a_n$ 满足条件(2.1.2) 等价于 $a_0,a_1,\cdots,a_n$ 是下列方程组的解，且解是唯一的.

$$\begin{cases} a_0+a_1x_0+\cdots+a_nx_0^n=f(x_0) \\ a_0+a_1x_1+\cdots+a_nx_1^n=f(x_1) \\ \cdots\cdots \\ a_0+a_1x_n+\cdots+a_nx_n^n=f(x_n) \end{cases} \tag{2.1.3}$$

这是一个有 $n+1$ 个未知数 $a_0,a_1,\cdots,a_n$ 和 $n+1$ 个方程的线性方程组，其系数矩阵的行列式为范德蒙行列式.

$$D=\begin{vmatrix} 1 & x_0 & x_0^2 & \cdots & x_0^n \\ 1 & x_1 & x_1^2 & \cdots & x_1^n \\ \vdots & \vdots & \vdots & & \vdots \\ 1 & x_n & x_n^2 & \cdots & x_n^n \end{vmatrix}=\prod_{0\leqslant i<j\leqslant n}(x_i-x_j)\neq 0$$

故方程组(2.1.3) 有唯一解.

由该定理可知，$n+1$ 个插值条件可以确定一个次数不超过 $n$ 的插值多项式，并且不论采用何种方法求得 $n$ 次多项式 $P_n(x)$，只要满足插值条件

(2.1.2)，所得 $P_n(x)$ 就是相同的.而且也提供了一种求 $P_n(x)$ 的方法，即通过求解方程组(2.1.3) 来求其系数 $a_0,a_1,\cdots,a_n$.但是这种做法不仅计算复杂且工作量大，不便于实际应用，在下文将介绍几种简单的求 $n$ 次插值多项式 $P_n(x)$ 的方法.

## 第二节　拉格朗日插值法

本节通过构造插值基函数的方法，构造出满足插值条件(2.1.2) 的 $n$ 次插值多项式.现在我们先从构造低次多项式出发，然后推广到构造一般的 $n$ 次多项式.

### 一、线性插值

当 $n=1$ 时，给出函数 $y=f(x)$ 在两个不同节点 $x_0,x_1$ 处的函数值，见表 2-2.

表　2-2

| | | |
|---|---|---|
| $x$ | $x_0$ | $x_1$ |
| $y$ | $y_0$ | $y_1$ |

欲求一个次数不超过 1 的多项式 $y=L_1(x)$，使其满足

$$L_1(x_0)=y_0,L_1(x_1)=y_1 \tag{2.2.1}$$

由定理 2.1 知，$L_1(x)$ 是存在且唯一的.由解析几何可知，$y=L_1(x)$ 是过点$(x_0,y_0)$ 和点$(x_1,y_1)$ 的直线，该直线的点斜式方程为

$$y=y_0+\frac{y_1-y_0}{x_1-x_0}(x-x_0) \tag{2.2.2}$$

将它写成对称式方程　$y=y_0\dfrac{x-x_1}{x_0-x_1}+y_1\dfrac{x-x_0}{x_1-x_0}$

则

$$L_1(x)=y_0\frac{x-x_1}{x_0-x_1}+y_1\frac{x-x_0}{x_1-x_0} \tag{2.2.3}$$

显然是满足插值条件(2.2.1) 的一次插值多项式.若引进

$$l_0(x)=\frac{x-x_1}{x_0-x_1},\quad l_1(x)=\frac{x-x_0}{x_1-x_0}$$

则式(2.2.3) 的 $L_1(x)$ 可以写成

$$L_1(x)=y_0l_0(x)+y_1l_1(x) \tag{2.2.4}$$

其中，$l_0(x)$ 和 $l_1(x)$ 具有下列性质：

$$l_0(x_0)=1, l_0(x_1)=0$$
$$l_1(x_0)=0, l_1(x_1)=1$$

即
$$l_i(x_j)=\delta_{ij}=\begin{cases}1, & i=j\\0, & i\neq j\end{cases}\quad (i,j=0,1) \tag{2.2.5}$$

式(2.2.4)表明，由插值条件对 $l_0(x)$ 和 $l_1(x)$ 进行线性组合，便可得到插值函数 $L_1(x)$. 由式(2.2.4)构成的插值多项式称为线性(一次)拉格朗日插值多项式. 称满足条件(2.2.5)的函数 $l_0(x)$ 和 $l_1(x)$ 为线性(一次)插值基函数(简称基函数)，它们的图形如图 2-2 所示.

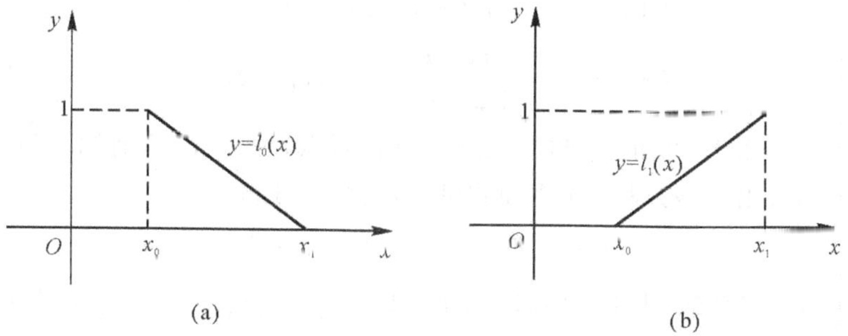


图　2-2

**例 2.1**　设 $f(x)=e^x$，已知 $f(1)=2.718\,28$，$f(2)=7.389\,06$，用线性插值计算 $e^{1.5}$.

**解**　$x_0=1, x_1=2$. 由式(2.2.3)可知，满足已知插值条件的 $e^x$ 的一次插值多项式为

$$L_1(x)=2.718\,28\times\frac{x-2}{1-2}+7.389\,06\times\frac{x-1}{2-1}=4.670\,78x-1.952\,5$$

故 $e^{1.5}\approx L_1(1.5)=5.053\,67$.

## 二、二次插值

当 $n=2$ 时，给出函数 $y=f(x)$ 在 3 个不同节点 $x_0, x_1, x_2$ 处的函数值，见表 2-3.

**表　2-3**

| $x$ | $x_0$ | $x_1$ | $x_2$ |
|---|---|---|---|
| $y$ | $y_0$ | $y_1$ | $y_2$ |

欲求一个次数不超过 2 的多项式 $y=L_2(x)$，使其满足

$$L_2(x_0)=y_0,\quad L_2(x_1)=y_1,\quad L_2(x_2)=y_2 \tag{2.2.6}$$

由定理 2.1 知，$L_2(x)$ 是存在且唯一的. 由几何意义可知，$y=L_2(x)$ 是过点 $(x_0,y_0)$，$(x_1,y_1)$ 和点 $(x_2,y_2)$ 的抛物线. 下面我们仿照上述用基函数的线性组合的办法求出 $L_2(x)$. 此时有 3 个基函数 $l_0(x)$，$l_1(x)$ 和 $l_2(x)$，它们都是二次函数，且满足条件：

$$l_0(x_0)=1,\quad l_0(x_1)=0,\quad l_0(x_2)=0$$
$$l_1(x_0)=0,\quad l_1(x_1)=1,\quad l_1(x_2)=0$$
$$l_2(x_0)=0,\quad l_2(x_1)=0,\quad l_2(x_2)=1$$

即

$$l_i(x_j)=\delta_{ij}=\begin{cases}1, & i=j\\0, & i\neq j\end{cases}\quad (i,j=0,1,2) \tag{2.2.7}$$

由式(2.2.7)可知，$x_1$ 和 $x_2$ 是 $l_0(x)$ 的零点，故 $l_0(x)$ 含有因子 $(x-x_1)(x-x_2)$，又由 $l_0(x)$ 为二次多项式可知，它可以写成

$$l_0(x)=A(x-x_1)(x-x_2)$$

其中 $A$ 为待定系数. 再由 $l_0(x_0)=1$ 得，$A=\dfrac{1}{(x_0-x_1)(x_0-x_2)}$，将其代入上式，得

$$l_0(x)=\frac{(x-x_1)(x-x_2)}{(x_0-x_1)(x_0-x_2)} \tag{2.2.8}$$

同理可得

$$l_1(x)=\frac{(x-x_0)(x-x_2)}{(x_1-x_0)(x_1-x_2)}$$

$$l_2(x)=\frac{(x-x_0)(x-x_1)}{(x_2-x_0)(x_2-x_1)}$$

基函数 $l_0(x)$，$l_1(x)$ 和 $l_2(x)$ 的图形如图 2-3 所示.

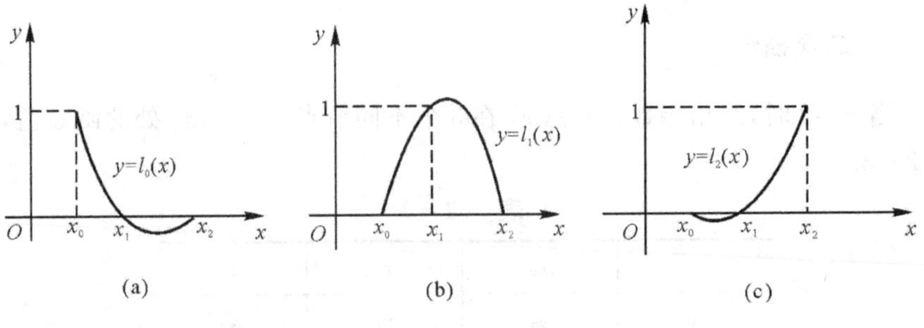


图 2-3

则

$$L_2(x)=y_0l_0(x)+y_1l_1(x)+y_2l_2(x) \tag{2.2.9}$$

即

$$L_2(x)=y_0\frac{(x-x_1)(x-x_2)}{(x_0-x_1)(x_0-x_2)}+y_1\frac{(x-x_0)(x-x_2)}{(x_1-x_0)(x_1-x_2)}+ y_2\frac{(x-x_0)(x-x_1)}{(x_2-x_0)(x_2-x_1)} \tag{2.2.10}$$

式(2.2.9)和(2.2.10)称为满足插值条件(2.2.6)的二次拉格朗日插值多项式.

**例 2.2**　已知$\sqrt{100}=10$,$\sqrt{121}=11$,$\sqrt{144}=12$,分别用线性插值和二次插值求$\sqrt{115}$的近似值.

**解**　取 $x_0=100$,$x_1=121$ 为节点,则一次插值多项式为

$$L_1(x)=10\times\frac{x-121}{100-121}+11\times\frac{x-100}{121-100}$$

故　$$\sqrt{115}\approx L_1(115)=10\times\frac{115-121}{100-121}+11\times\frac{115-100}{121-100}\approx 10.714$$

取 $x_1=121$,$x_2=144$ 为节点,则一次插值多项式为

$$\widetilde{L}_1(x)=11\times\frac{x-144}{121-144}+12\times\frac{x-121}{144-121}$$

故　$$\sqrt{115}\approx \widetilde{L}_1(115)=11\times\frac{115-144}{121-144}+12\times\frac{115-121}{144-121}=10.739$$

取 $x_0=100$,$x_1=121$,$x_2=144$ 为节点,则二次插值多项式为

$$L_2(x)=10\times\frac{(x-121)(x-144)}{(100-121)(100-144)}+11\times\frac{(x-100)(x-144)}{(121-100)(121-144)}+ 12\times\frac{(x-100)(x-121)}{(144-100)(144-121)}$$

故　$$\sqrt{115}\approx L_2(115)\approx 10.723$$

$\sqrt{115}=10.723\,8\cdots$ 则它们的误差限分别为

$$|\sqrt{115}-L_1(115)|\leqslant 0.009\,9$$

$$|\sqrt{115}-\widetilde{L}_1(115)|\leqslant 0.015\,3$$

$$|\sqrt{115}-L_2(115)|\leqslant 0.000\,9$$

与其准确值比较,对于求$\sqrt{115}$的近似值,用一次插值多项式 $L_1(x)$ 比 $\widetilde{L}_1(x)$ 精确,而用二次插值多项式 $L_2(x)$ 要比一次插值精确得多.

### 三、n 次插值

一般地，给出函数 $y=f(x)$ 在 $n+1$ 个不同节点 $x_0,x_1,\cdots,x_n$ 处的函数值，见表 2-4.

**表 2-4**

| $x$ | $x_0$ | $x_1$ | $\cdots$ | $x_n$ |
|---|---|---|---|---|
| $y$ | $y_0$ | $y_1$ | $\cdots$ | $y_n$ |

欲求一个次数不超过 $n$ 的多项式 $y=L_n(x)$，使其满足 $L_n(x_0)=y_0,L_n(x_1)=y_1,\cdots,L_n(x_n)=y_n$.

与构造线性插值和二次插值多项式类似，可以将 $n$ 次插值多项式表示成插值基函数的线性组合，即

$$L_n(x)=y_0l_0(x)+y_1l_1(x)+\cdots+y_nl_n(x) \tag{2.2.11}$$

其中基函数 $l_i(x)$ 满足

$$l_i(x_j)=\delta_{ij}=\begin{cases}1, & i=j\\ 0, & i\neq j\end{cases}\quad (i,j=0,1,\cdots,n) \tag{2.2.12}$$

现在我们求出基函数 $l_i(x)$ 的表达式. 由条件(2.2.12)可知，$l_i(x)$ 有零点 $x_0,x_1,\cdots,x_{i-1},x_{i+1},\cdots,x_n$，所以可设

$$l_i(x)=A(x-x_0)\cdots(x-x_{i-1})(x-x_{i+1})\cdots(x-x_n)$$

再由 $l_i(x_i)=1$，得

$$A=\frac{1}{(x_i-x_0)\cdots(x_i-x_{i-1})(x_i-x_{i+1})\cdots(x_i-x_n)}$$

故

$$l_i(x)=\frac{(x-x_0)\cdots(x-x_{i-1})(x-x_{i+1})\cdots(x-x_n)}{(x_i-x_0)\cdots(x_i-x_{i-1})(x_i-x_{i+1})\cdots(x_i-x_n)}=\prod_{\substack{j=0\\ j\neq i}}^{n}\frac{x-x_j}{x_i-x_j}\quad (i=0,1,\cdots,n)$$

于是得到 $n$ 次拉格朗日插值多项式为

$$L_n(x)=\sum_{i=0}^{n}y_i\left(\prod_{\substack{j=0\\ j\neq i}}^{n}\frac{x-x_j}{x_i-x_j}\right) \tag{2.2.13}$$

### 四、插值多项式的余项与误差估计

在插值区间 $[a,b]$ 上用插值多项式 $L_n(x)$ 近似代替 $f(x)$，在插值节点处两者函数值相等，在其他点上两者一般不相等，其误差为

$$R_n(x)=f(x)-L_n(x)$$

$R_n(x)$ 就是用 $L_n(x)$ 近似代替 $f(x)$ 时的截断误差，也称为插值多项式 $L_n(x)$ 的余项，并且可由下面定理来估计它的大小.

**定理 2.2**　设 $f(x)$ 在区间$[a,b]$上具有 $n+1$ 阶导数，$x_0,x_1,\cdots,x_n$ 是$[a,b]$上互不相同的节点，$L_n(x)$ 为满足插值条件 $L_n(x_i)=f(x_i)(i=0,1,\cdots,n)$ 的 $n$ 次插值多项式，那么对于任意的 $x\in[a,b]$，有

$$R_n(x)=\frac{f^{(n+1)}(\xi)}{(n+1)!}\omega_{n+1}(x) \tag{2.2.14}$$

其中，$\omega_{n+1}(x)=(x-x_0)(x-x_1)\cdots(x-x_n)$，$\xi\in(a,b)$ 且依赖于 $x$.

**证**　设 $x$ 为$[a,b]$上任一点，如果 $x=x_i(i=0,1,\cdots,n)$，由插值条件 $L_n(x_i)=f(x_i)(0,1,\cdots,n)$，有 $R_n(x_i)=0(i=0,1,\cdots,n)$，这表明 $x_i(i=0,1,\cdots,n)$ 是余项 $R_n(x)$ 的 $n+1$ 个零点，故 $R_n(x)$ 具有如下形式：

$$R_n(x)=k(x)(x-x_0)(x-x_1)\cdots(x-x_n) \tag{2.2.15}$$

其中，$k(x)$ 为待定函数. 为了确定 $k(x)$，对于区间$[a,b]$上异于 $x_i(i=0,1,\cdots,n)$ 的一点 $x$ 作一辅助函数：

$$\varphi(t)=f(t)-L_n(t)-k(x)(t-x_0)(t-x_1)\cdots(t-x_n) \tag{2.2.16}$$

显然，$\varphi(t)$ 具有性质：

$$\varphi(x)=0,\quad \varphi(x_i)=0\quad (i=0,1,\cdots,n)$$

即 $\varphi(t)$ 在$[a,b]$上有 $n+2$ 个零点. 由罗尔定理可知，$\varphi'(t)$ 在 $\varphi(t)$ 的两个零点之间至少有一个零点，这样 $\varphi'(t)$ 在$(a,b)$上至少有 $n+1$ 个零点. 在 $\varphi'(t)$ 的每两个相邻的零点为端点的区间上，对 $\varphi'(t)$ 再次应用罗尔定理，即得 $\varphi''(t)$ 在$(a,b)$上至少有 $n$ 个零点. 继续这个过程可知，$\varphi^{(n+1)}(t)$ 在$(a,b)$上至少有一个零点 $\xi$，即

$$\varphi^{(n+1)}(\xi)=0\quad (\xi\in(a,b))$$

对式(2.2.16)两边关于变量 $t$ 求 $n+1$ 阶导，再将上述 $\xi$ 代入，有

$$f^{(n+1)}(\xi)-k(x)(n+1)!=\varphi^{(n+1)}(\xi)=0$$

解得 $k(x)=\dfrac{f^{(n+1)}(\xi)}{(n+1)!}$，将其代入式(2.2.15)，即得余项公式(2.2.14).

**注**　(1) 当 $f(x)$ 本身是一个次数不超过 $n$ 次的多项式时，$f^{(n+1)}(x)=0$，由式(2.2.14)知，余项 $R_n(x)=0$，此时对$[a,b]$上的任意 $x$，均有 $L_n(x)=f(x)$ 成立.

特别当 $f(x)\equiv 1$ 时，$\sum\limits_{i=0}^{n}l_i(x)=\sum\limits_{i=0}^{n}l_i(x)y_i=L_n(x)=f(x)=1$，则 $\sum\limits_{i=0}^{n}l_i(x)=1$，这是拉格朗日插值基函数的一个性质.

(2) 当 $f(x)$ 的 $n+1$ 阶导数存在并能作如下估计时,有

$$|f^{(n+1)}(x)|\leqslant M_{n+1}$$

则有 $L_n(x)$ 的误差估计

$$|R_n(x)|\leqslant\frac{M_{n+1}}{(n+1)!}|(x-x_0)(x-x_1)\cdots(x-x_n)|$$

由上式可知,误差 $R_n(x)$ 的大小除与 $M_{n+1}$ 有关外,还与因子 $\omega_{n+1}(x)$ 有关. 在多项式次数 $n$ 给定的情况下,应选择 $n+1$ 个插值节点使 $\omega_{n+1}(x)$ 尽可能小;插值点 $x$ 位于插值节点 $x_0,x_1,\cdots,x_n$ 之间一般要比插值点 $x$ 位于插值节点之外的误差小.

(3) 在许多情况下,$f(x)$ 的高阶导数无法估计,下面介绍另一种估计误差的方法:插值误差的事后估计法.

设给定 $n+2$ 个节点 $x_0<x_1<\cdots<x_n<x_{n+1}$,且 $f(x_i)(i=0,1,\cdots,n+1)$ 已知. 若将用 $n+1$ 个节点 $x_0,x_1,\cdots,x_n$ 建立拉格朗日插值多项式求得 $f(x)$ 的近似值记为 $\hat{y}$,用另外 $n+1$ 个节点 $x_0,x_1,\cdots,x_{n-1},x_{n+1}$ 建立拉格朗日插值多项式求得 $f(x)$ 的近似值记为 $\tilde{y}$,则由余项公式(2.2.14)知

$$f(x)-\hat{y}=\frac{f^{(n+1)}(\xi_1)}{(n+1)!}(x-x_0)(x-x_1)\cdots(x-x_{n-1})(x-x_n)$$

$$(\xi_1\in(x_0,x_n))$$

$$f(x)-\tilde{y}=\frac{f^{(n+1)}(\xi_2)}{(n+1)!}(x-x_0)(x-x_1)\cdots(x-x_{n-1})(x-x_{n+1})$$

$$(\xi_2\in(x_0,x_{n+1}))$$

假设 $f^{(n+1)}(x)$ 在区间 $[x_0,x_{n+1}]$ 内变化不大,将上面两式相除,即得近似式

$$\frac{f(x)-\hat{y}}{f(x)-\tilde{y}}\approx\frac{x-x_n}{x-x_{n+1}}$$

解得

$$f(x)\approx\frac{x-x_{n+1}}{x_n-x_{n+1}}\hat{y}+\frac{x-x_n}{x_{n+1}-x_n}\tilde{y}$$

于是有

$$f(x)-\hat{y}\approx\frac{x-x_n}{x_{n+1}-x_n}(\tilde{y}-\hat{y})\tag{2.2.17}$$

近似式(2.2.17)表明,插值结果 $\hat{y}$ 的误差可以通过两个计算结果的差 $\tilde{y}-\hat{y}$ 来估计.

**例 2.3** 估计在例 2.2 中用二次插值和用节点 $x_0=100,x_1=121$ 的线性插值计算 $\sqrt{115}$ 近似值的误差.

**解** $f(x)=\sqrt{x}$, $f''(x)=-\frac{1}{4}x^{-\frac{3}{2}}$, $f'''(x)=\frac{3}{8}x^{-\frac{5}{2}}$

以 $x_0=100,x_1=121$ 为节点的线性插值的截断误差为

$$R_1(x)=\frac{1}{2!}f''(\xi)(x-x_0)(x-x_1)$$

故
$$|R_1(115)|=\left|\frac{1}{2!}\left(-\frac{1}{4}\xi^{-\frac{3}{2}}\right)(115-100)(115-121)\right|\leqslant \frac{45}{4}\times\frac{1}{1\ 000}=0.011\ 25$$

以 $x_0=100,x_1=121,x_2=144$ 为节点的二次插值的截断误差为

$$R_2(x)=\frac{1}{3!}f'''(\xi)(x-x_0)(x-x_1)(x-x_2)$$

故

$$|R_2(115)|=\left|\frac{1}{3!}\times\frac{3}{8}\xi^{-\frac{5}{2}}(115-100)(115-121)(115-144)\right|<0.001\ 7$$

现在用事后误差估计法来估计用节点 $x_0=100,x_1=121$ 的线性插值计算 $\sqrt{115}$ 的误差. 以 $x_0=100,x_1=121$ 为节点可算得 $\sqrt{115}$ 的近似值为 $\hat{y}=10.714$，用节点 $x_0=100,x_2=144$ 可算得 $\sqrt{115}$ 的近似值为 $\tilde{y}=10.682$，由式(2.2.17) 得插值结果 $\hat{y}$ 的误差为

$$\sqrt{115}-\hat{y}\approx\frac{115-121}{144-121}(10.682-10.714)=0.008\ 35$$

**例 2.4**　已知 $y=e^{-x}$ 的值见表 2-5.

**表　2-5**

| $x$ | 0 | 0.5 | 1 |
|---|---|---|---|
| $e^{-x}$ | 1 | 0.606 531 | 0.367 879 |

对函数 $e^{-x}$ 建立二次拉格朗日插值多项式 $L_2(x)$，并估计 $L_2(x)$ 在区间[0,1]上的截断误差.

**解**
$$l_0(x)=\frac{(x-0.5)(x-1)}{(0-0.5)(0-1)}=2x^2-3x+1$$

$$l_1(x)=\frac{(x-0)(x-1)}{(0.5-0)(0.5-1)}=-4x^2+4x$$

$$l_2(x)=\frac{(x-0)(x-0.5)}{(1-0)(1-0.5)}=2x^2-x$$

故　$L_2(x)=y_0l_0(x)+y_1l_1(x)+y_2l_2(x)=0.309\ 634x^2-0.941\ 755x+1$

用式(2.2.14) 估计误差为

$$|R_2(x)|=\left|\frac{-e^{-\xi}}{3!}x(x-0.5)(x-1)\right|\leqslant\left|\frac{x(x-0.5)(x-1)}{6}\right|$$

记 $\omega(x)=x(x-0.5)(x-1)$，现在求 $|\omega(x)|$ 在区间$[0,1]$上的最大值. $\omega'(x)=3x^2-3x+0.5$，由 $\omega'(x)=0$，得

$$x_{1,2}=\frac{3\pm\sqrt{3}}{6},\quad \omega(x_1)=-\frac{\sqrt{3}}{36},\quad \omega(x_2)=\frac{\sqrt{3}}{36},\quad \omega(0)=\omega(1)=0$$

有 $|\omega(x)|$ 在区间$[0,1]$上的最大值为$\frac{\sqrt{3}}{36}$. 故得

$$|R_2(x)|\leqslant\frac{1}{6}\times\frac{\sqrt{3}}{36}\approx 0.008$$

## 第三节　牛顿插值法

拉格朗日插值多项式易于构造，形式简单，但如果为了提高插值多项式的精度需要增加插值节点时，原来已有的数据就不能再利用，所有的插值基函数要重新计算，当 $n$ 较大时，计算量非常大. 因此，拉格朗日插值适用于节点已定的情形. 本节介绍的牛顿插值公式克服了这个缺点，当节点增加时，只需在原有基础上增加部分计算量. 本节先介绍与之相关的差商和差分的概念与性质，然后给出任意分布的节点和等距节点情况下的牛顿插值公式.

### 一、差商与差分

1. 差商的概念

**定义 2.2**　给出函数 $f(x)$ 在 $n+1$ 个互异节点 $x_0,x_1,\cdots,x_n$ 处的函数值 $f(x_0),f(x_1),\cdots,f(x_n)$，称$\frac{f(x_1)-f(x_0)}{x_1-x_0}$为 $f(x)$ 关于 $x_0,x_1$ 的一阶差商，简称一阶差商，记作 $f[x_0,x_1]$，即

$$f[x_0,x_1]=\frac{f(x_1)-f(x_0)}{x_1-x_0}$$

称

$$f[x_0,x_1,x_2]=\frac{f[x_1,x_2]-f[x_0,x_1]}{x_2-x_0}$$

为 $f(x)$ 的二阶差商.

一般地，称

$$f[x_0,x_1,x_2,\cdots,x_{n-1},x_n]=\frac{f[x_1,x_2,\cdots,x_n]-f[x_0,x_1,\cdots,x_{n-1}]}{x_n-x_0}$$

为 $f(x)$ 关于 $x_0,x_1,x_2,\cdots,x_{n-1},x_n$ 的 $n$ 阶差商.

在计算差商时常采用如表 2-6 所示的列表形式.

**表　2-6**

| $x_k$ | $f(x_k)$ | 一阶差商 | 二阶差商 | 三阶差商 |
|---|---|---|---|---|
| $x_0$ | $f(x_0)$ | | | |
| | | $f[x_0,x_1]$ | | |
| $x_1$ | $f(x_1)$ | | $f[x_0,x_1,x_2]$ | |
| | | $f[x_1,x_2]$ | | $f[x_0,x_1,x_2,x_3]$ |
| $x_2$ | $f(x_2)$ | | $f[x_1,x_2,x_3]$ | ⋮ |
| | | $f[x_2,x_3]$ | ⋮ | |
| $x_3$ | $f(x_3)$ | ⋮ | | |
| ⋮ | ⋮ | | | |

差商具有以下性质：

**性质 2.1**　函数 $f(x)$ 的 $n$ 阶差商 $f[x_0,x_1,\cdots,x_n]$ 可由函数 $f(x_j)(j=0,1,2,\cdots,n)$ 的线性组合表示，即

$$f[x_0,x_1,\cdots,x_n]=\sum_{j=0}^{n}\frac{f(x_j)}{(x_j-x_0)\cdots(x_j-x_{j-1})(x_j-x_{j+1})\cdots(x_j-x_n)}$$

例如，$$f[x_0,x_1]=\frac{f(x_1)-f(x_0)}{x_1-x_0}=\frac{f(x_0)}{x_0-x_1}+\frac{f(x_1)}{x_1-x_0}$$

$$f[x_0,x_1,x_2]=\frac{f[x_1,x_2]-f[x_0,x_1]}{x_2-x_0}=\frac{f(x_0)}{(x_0-x_1)(x_0-x_2)}+\frac{f(x_1)}{(x_1-x_0)(x_1-x_2)}+\frac{f(x_2)}{(x_2-x_0)(x_2-x_1)}$$

由性质 2.1 易得如下性质：

**性质 2.2**　差商具有对称性，即差商与节点排列顺序无关.

例如，$$f[x_0,x_1,x_2]=f[x_1,x_0,x_2]=f[x_1,x_2,x_0]$$

2. *差分的概念*

差商中的节点是任意分布的，当节点为等距时，我们引进差分的概念.

**定义 2.3**　已知函数 $f(x)$ 在等距节点 $x_k=x_0+kh(k=0,1,\cdots,n)$ 上的函数值 $f(x_k)=f_k(k=0,1,\cdots,n)$，函数 $f(x)$ 在每个小区间上的增量 $f_{k+1}-f_k$ 称为函数 $f(x)$ 在 $x_k$ 处以 $h$ 为步长的一阶向前差分，简称一阶向前差分，记作 $\Delta f_k$，称 $f_k-f_{k-1}$ 为函数 $f(x)$ 在 $x_k$ 处的一阶向后差分，记作 $\nabla f_k$，即

$$\Delta f_k=f_{k+1}-f_k,\quad \nabla f_k=f_k-f_{k-1}$$

称一阶差分的差分 $\Delta f_{k+1}-\Delta f_k$ 为 $f(x)$ 在 $x_k$ 处的二阶向前差分，记作 $\Delta^2 f_k$，同样，有 $f(x)$ 在 $x_k$ 处的二阶向后差分，即

$$\Delta^2 f_k=\Delta f_{k+1}-\Delta f_k=f_{k+2}-2f_{k+1}+f_k$$

$$\nabla^2 f_k=\nabla f_k-\nabla f_{k-1}=f_k-2f_{k-1}+f_{k-2}$$

一般地，可定义 $f(x)$ 在 $x_k$ 处的 $n$ 阶向前差分和 $n$ 阶向后差分为

$$\Delta^n f_k=\Delta^{n-1}f_{k+1}-\Delta^{n-1}f_k$$

$$\nabla^n f_k = \nabla^{n-1} f_k - \nabla^{n-1} f_{k-1}$$

计算各阶差分,可列表进行,表 2-7 为各阶向前差分,表 2-8 为各阶向后差分.

**表 2-7**

| $x_k$ | $f_k$ | $\Delta f_k$ | $\Delta^2 f_k$ | $\Delta^3 f_k$ | $\Delta^4 f_k$ |
|---|---|---|---|---|---|
| $x_0$ | $f_0$ | | | | |
| | | $\Delta f_0$ | | | |
| $x_1$ | $f_1$ | | $\Delta^2 f_0$ | | |
| | | $\Delta f_1$ | | $\Delta^3 f_0$ | |
| $x_2$ | $f_2$ | | $\Delta^2 f_1$ | | $\Delta^4 f_0$ |
| | | $\Delta f_2$ | | $\Delta^3 f_1$ | |
| $x_3$ | $f_3$ | | $\Delta^2 f_2$ | | |
| | | $\Delta f_3$ | | | |
| $x_4$ | $f_4$ | | | | |

**表 2-8**

| $x_k$ | $f_k$ | $\nabla f_k$ | $\nabla^2 f_k$ | $\nabla^3 f_k$ | $\nabla^4 f_k$ |
|---|---|---|---|---|---|
| $x_0$ | $f_0$ | | | | |
| | | $\nabla f_1$ | | | |
| $x_1$ | $f_1$ | | $\nabla^2 f_2$ | | |
| | | $\nabla f_2$ | | $\nabla^3 f_3$ | |
| $x_2$ | $f_2$ | | $\nabla^2 f_3$ | | $\nabla^4 f_4$ |
| | | $\nabla f_3$ | | $\nabla^3 f_4$ | |
| $x_3$ | $f_3$ | | $\nabla^2 f_4$ | | |
| | | $\nabla f_4$ | | | |
| $x_4$ | $f_4$ | | | | |

**注** 由向前差分与向后差分的定义可以看出,对同一个函数表来说,向前差分表与向后差分表在数据上完全相同.

差分具有以下性质:

**性质 2.3** 在等距节点 $x_k = x_0 + kh(k=0,1,\cdots,n)$ 的情况下,$k$ 阶差商与 $k$ 阶向前差分的关系为

$$f[x_0, x_1, \cdots, x_k] = \frac{\Delta^k f_0}{k!\ h^k}$$

$k$ 阶差商与 $k$ 阶向后差分的关系为

$$f[x_n, x_{n-1}, \cdots, x_{n-k}] = \frac{\nabla^k f_n}{k!\ h^k}$$

由差商与差分的定义即可推得性质 2.3,由性质 2.3 和性质 2.1 易得如下性质:

**性质 2.4** 各阶差分均能表示为函数值的线性组合

$$\Delta^n f_k = \sum_{i=0}^{n} (-1)^i \binom{n}{i} f_{k+n-i}, \quad \nabla^n f_k = \sum_{i=0}^{n} (-1)^i \binom{n}{i} f_{k-i}$$

其中$\binom{n}{i}=\frac{n!}{i!\ (n-i)!}$.

例如，$\Delta^2 f_k = f_{k+2} - 2f_{k+1} + f_k$，　$\nabla^2 f_k = f_k - 2f_{k-1} + f_{k-2}$

## 二、牛顿插值

### 1. 牛顿插值公式

直线的对称形式启示我们，可以用插值基函数的方法构造拉格朗日插值公式，而利用直线的点斜式计算有时更加方便，因此我们从直线的点斜式出发，利用差商来构造插值多项式.

在过两点$(x_0, y_0)$和$(x_1, y_1)$的直线的点斜式方程(2.2.2)中，注意到其中$\frac{y_1 - y_0}{x_1 - x_0} = f[x_0, x_1]$，并用$N_1(x)$记式(2.2.2)的右端，即

$$N_1(x) = f(x_0) + f[x_0, x_1](x - x_0) \tag{2.3.1}$$

则容易验证$N_1(x)$为满足插值条件$N_1(x_i) = f(x_i)(i=0,1)$的插值函数. 式(2.3.1)也可以由$f(x)$的一阶差商直接得出. 由差商定义，有

$$f(x) = f(x_0) + f[x, x_0](x - x_0) \tag{2.3.2}$$

$$f[x, x_0] = f[x_0, x_1] + f[x, x_0, x_1](x - x_1) \tag{2.3.3}$$

将式(2.3.3)代入式(2.3.2)，得

$$f(x) = f(x_0) + f[x_0, x_1](x - x_0) + f[x, x_0, x_1](x - x_0)(x - x_1) \tag{2.3.4}$$

由上式可得插值多项式$N_1(x) = f(x_0) + f[x_0, x_1](x - x_0)$，且余项为

$$R_1(x) = f(x) - N_1(x) = f[x, x_0, x_1](x - x_0)(x - x_1)$$

按此方法，若新增加一个节点$x_2$，由三阶差商的定义，有

$$f[x, x_0, x_1] = f[x_0, x_1, x_2] + f[x, x_0, x_1, x_2](x - x_2)$$

将上式代入式(2.3.4)，可以得到

$$f(x) = f(x_0) + f[x_0, x_1](x - x_0) + f[x_0, x_1, x_2](x - x_0)(x - x_1) + f[x, x_0, x_1, x_2](x - x_0)(x - x_1)(x - x_2)$$

记

$$N_2(x) = f(x_0) + f[x_0, x_1](x - x_0) + f[x_0, x_1, x_2](x - x_0)(x - x_1) \tag{2.3.5}$$

容易验证$N_2(x)$为满足插值条件$N_2(x_i) = f(x_i)(i=0,1,2)$的二次插值多项式，其余项为

$$R_2(x) = f(x) - N_2(x) = f[x, x_0, x_1, x_2](x - x_0)(x - x_1)(x - x_2)$$

$N_1(x)$和$N_2(x)$有如下关系：

$$N_2(x) = N_1(x) + f[x_0, x_1, x_2](x - x_0)(x - x_1)$$

这是一个递推式,当节点增加一个时,只需要多计算一项即可.以此类推,可以得到

$$f(x)=f(x_0)+f[x_0,x_1](x-x_0)+\cdots+ f[x,x_0,\cdots,x_{n-1}](x-x_0)(x-x_1)\cdots(x-x_{n-1}) \tag{2.3.6}$$

如果再增加一个节点 $x_n$,由 $f(x)$ 的 $n$ 阶差商的定义,有

$$f[x,x_0,\cdots,x_{n-1}]=f[x_0,\cdots,x_{n-1},x_n]+ f[x,x_0,\cdots,x_{n-1},x_n](x-x_n)$$

将上式代入式(2.3.6),得

$$f(x)=f(x_0)+f[x_0,x_1](x-x_0)+\cdots+ f[x_0,\cdots,x_n](x-x_0)(x-x_1)\cdots(x-x_{n-1})+ f[x,x_0,\cdots,x_n](x-x_0)(x-x_1)\cdots(x-x_n)$$

记

$$N_n(x)=f(x_0)+f[x_0,x_1](x-x_0)+\cdots+ f[x_0,\cdots,x_n](x-x_0)(x-x_1)\cdots(x-x_{n-1}) \tag{2.3.7}$$

容易验证,$N_n(x)$ 为满足插值条件 $N_n(x_i)=f(x_i)(i=0,1,2,\cdots,n)$ 的 $n$ 次插值多项式,称式(2.3.7)为牛顿插值公式.其余项为

$$R_n(x)=f(x)-N_n(x)= f[x,x_0,\cdots,x_n](x-x_0)(x-x_1)\cdots(x-x_n)= f[x,x_0,\cdots,x_n]\omega_{n+1}(x) \tag{2.3.8}$$

**注** (1) 求牛顿插值公式,首先列出如表 2-6 所示的差商表,其中带下画线的值就是牛顿插值公式中的系数.对于给定 $x\in[a,b]$,计算牛顿插值多项式 $N_n(x)$ 的值,需要做 $(n^2+n)/2$ 次除法、$n$ 次乘法运算,比 $n$ 次拉格朗日插值公式节省近 3/4 的工作量.

(2) 容易看出,$N_n(x)$ 满足递推关系

$$N_n(x)=N_{n-1}(x)+f[x_0,\cdots,x_n](x-x_0)(x-x_1)\cdots(x-x_{n-1})$$

由此可见,如果有了 $n-1$ 次插值多项式 $N_{n-1}(x)$,再增加一个节点,只需在已有的 $N_{n-1}(x)$ 后面添加一项就可得到需要的 $n$ 次插值多项式,计算非常方便.

(3) 根据 $n$ 次插值多项式的唯一性可知,$n$ 次拉格朗日插值公式的余项与牛顿插值公式余项相同.因此,根据式(2.2.14)与式(2.3.8)可得

$$f[x,x_0,\cdots,x_n]=\frac{f^{(n+1)}(\xi)}{(n+1)!}$$

其中 $\xi$ 介于由 $x_0,x_1,\cdots,x_n$ 所界定的区间内.如果把 $x$ 看做一个节点,则有

$$f[x_0,\cdots,x_n]=\frac{f^{(n)}(\xi)}{n!}$$

这就是差商与导数的关系.

(4) 式(2.3.8)中的 $n+1$ 阶差商 $f[x,x_0,\cdots,x_n]$ 与 $x$ 处的函数值有关,故无法计算出它的精确值.因此,在实际计算时,往往通过增加一个节点,对余项作出估计.例如,在当 $n+1$ 阶差商变化不大时,可用 $f[x_0,\cdots,x_n,x_{n+1}]$ 近似代替 $f[x,x_0,\cdots,x_n]$.

(5) 牛顿插值多项式 $N_n(x)$ 也可以由构造基函数的办法导出.由线性代数知,任何一个不高于 $n$ 次的多项式,都可以表示成 $1,x-x_0,(x-x_0)(x-x_1),\cdots(x-x_0)(x-x_1)\cdots(x-x_{n-1})$ 的线性组合,即把 $n$ 次多项式可写成

$$N_n(x)=a_0+a_1(x-x_0)+a_2(x-x_0)(x-x_1)+\cdots+a_n(x-x_0)(x-x_1)\cdots(x-x_{n-1})$$

将插值条件 $N_n(x_i)=f(x_i)(i=0,1,2,\cdots,n)$ 代入上式,求得待定系数 $a_i(i=0,1,\cdots n)$,便得牛顿插值公式(2.3.7).

**例 2.5**　对例 2.2 中的插值条件,用牛顿插值公式计算 $\sqrt{115}$.

**解**　由所给数据确定各阶差商,见表 2-9.

**表　2-9**

| $x_k$ | $\sqrt{x_k}$ | 一阶差商 | 二阶差商 |
|---|---|---|---|
| 100 | 10 | | |
| | | 0.047 619 | |
| 121 | 11 | | −0.000 094 |
| | | 0.043 478 | |
| 144 | 12 | | |

即

$$f(x_0)=10,\quad f[x_0,x_1]=0.047\,619,\quad f[x_0,x_1,x_2]=-0.000\,094$$

用牛顿线性插值公式

$$N_1(x)=f(x_0)+f[x_0,x_1](x-x_0)$$

得
$$N_1(115)=10+0.047\,619\times(115-100)=10.714\,285$$

用牛顿二次插值公式

$$N_2(x)=N_1(x)+f[x_0,x_1,x_2](x-x_0)(x-x_1)$$

得
$$N_2(115)=N_1(115)+(-0.000\,094)\times(115-100)(115-121)=10.722\,745$$

**例 2.6**　用节点 $0,\frac{\pi}{6},\frac{\pi}{4},\frac{\pi}{3},\frac{\pi}{2}$,试作函数 $\sin x$ 的四次牛顿插值多项式,并计算 $\sin\frac{\pi}{12}$ 的近似值.

**解**　先列差商表,见表 2-10.

表 2-10

| $x_k$ | $f(x_k)$ | 一阶差商 | 二阶差商 | 三阶差商 | 四阶差商 |
|---|---|---|---|---|---|
| $0$ | $0$ | | | | |
| | | 0.954 929 65 | | | |
| $\frac{\pi}{6}$ | $\frac{1}{2}$ | | −0.208 607 61 | | |
| | | 0.791 089 62 | | −0.136 489 09 | |
| $\frac{\pi}{4}$ | $\frac{\sqrt{2}}{2}$ | | −0.351 538 65 | | 0.028 797 11 |
| | | 0.607 024 41 | | −0.091 254 70 | |
| $\frac{\pi}{3}$ | $\frac{\sqrt{3}}{2}$ | | −0.44710035 | | |
| | | 0.255 872 62 | | | |
| $\frac{\pi}{2}$ | $1$ | | | | |

则

$$N_4(x)=0+0.954\,929\,65(x-0)+(-0.208\,607\,61)(x-0)(x-\frac{\pi}{6})+$$

$$(-0.136\,489\,09)(x-0)(x-\frac{\pi}{6})(x-\frac{\pi}{4})+$$

$$0.028\,797\,11(x-0)(x-\frac{\pi}{6})(x-\frac{\pi}{4})(x-\frac{\pi}{3})$$

$$\sin\frac{\pi}{12}\approx N_4(\frac{\pi}{12})=0.258\,587\,91$$

2.等距节点的牛顿插值公式

上面讨论的是节点任意分布时的牛顿插值公式，当节点等距分布时，可以用差分代替差商，这时插值公式可以简化，同时也可以避免除法运算，减少运算次数.

设 $x_k=x_0+kh(k=0,1,\cdots,n)$ 为等距节点，$x$ 为插值点.为了使误差尽可能小，我们尽可能取最靠近 $x$ 的若干点作为插值节点.当 $x$ 靠近表头时(例如 $x_0<x<x_1$)，取 $x_0,x_1,\cdots,x_n$ 为插值节点.在等距节点条件下，由性质2.3中差商与向前差分的关系，牛顿插值公式可写成

$$N_n(x)=f_0+\frac{\Delta f_0}{h}(x-x_0)+\frac{\Delta^2 f_0}{2!\ h^2}(x-x_0)(x-x_1)+\cdots+$$

$$\frac{\Delta^n f_0}{n!\ h^n}(x-x_0)(x-x_1)\cdots(x-x_{n-1})$$

令 $x=x_0+th(0<t<1)$，则

$$N_n(x)=N_n(x_0+th)=f_0+t\Delta f_0+\frac{t(t-1)}{2!}\Delta^2 f_0+\cdots+$$

$$\frac{t(t-1)\cdots(t-n+1)}{n!}\Delta^n f_0 \tag{2.3.9}$$

这个用向前差分表示的插值多项式称为牛顿向前插值公式. 余项为

$$R_n(x_0+th)=\frac{t(t-1)\cdots(t-n)}{(n+1)!}h^{n+1}f^{(n+1)}(\xi)\quad(\xi\in(x_0,x_n))\tag{2.3.10}$$

当 $n=1$ 时,式(2.3.9) 即为线性牛顿向前插值公式:

$$N_1(x_0+th)=f_0+t\Delta f_0\tag{2.3.11}$$

当 $n=2$ 时,式(2.3.9) 即为二次牛顿向前插值公式:

$$N_2(x_0+th)=f_0+t\Delta f_0+\frac{t(t-1)}{2}\Delta^2 f_0\tag{2.3.12}$$

当 $x$ 靠近表末时(例如 $x_{n-1}<x<x_n$),取 $x_n,x_{n-1},\cdots,x_0$ 为插值节点,则 $x_k=x_n+(k-n)h$,令 $x=x_n+th(-1<t<0)$,由性质 2.3 中差商与向后差分的关系,牛顿插值公式可用向后差分化简为

$$N_n(x)=N_n(x_n+th)=f_n+t\nabla f_n+\frac{t(t+1)}{2!}\nabla^2 f_n+\cdots+\frac{t(t+1)\cdots(t+n-1)}{n!}\nabla^n f_n\tag{2.3.13}$$

这个用向后差分表示的插值多项式称为牛顿向后插值公式. 余项为

$$R_n(x_n+th)=\frac{t(t+1)\cdots(t+n)}{(n+1)!}h^{n+1}f^{(n+1)}(\xi)(\xi\in(x_0,x_n))\tag{2.3.14}$$

线性和二次牛顿向后插值公式分别为

$$N_1(x_n+th)=f_n+t\nabla f_n\tag{2.3.15}$$

$$N_2(x_n+th)=f_n+t\nabla f_n+\frac{t(t+1)}{2}\nabla^2 f_n\tag{2.3.16}$$

**例 2.7**　从表 2-11 给定的函数值出发,用二次牛顿插值公式计算 $\sqrt{1.01}$ 和 $\sqrt{1.28}$,并估计误差.

**表　2-11**

| $x$ | 1.00 | 1.05 | 1.10 | 1.15 | 1.20 | 1.25 | 1.30 |
|---|---|---|---|---|---|---|---|
| $\sqrt{x}$ | 1.000 00 | 1.024 70 | 1.048 81 | 1.072 38 | 1.095 45 | 1.118 03 | 1.140 18 |

**解**　在等距节点情况下,利用函数表构造差分表,见表 2-12.

因为 $x=1.01$ 介于 1.00 和 1.05 之间,所以用二次牛顿向前插值公式计算. 表 2-12 中用下画直线表述的数据依次是 $\sqrt{x}$ 在 $x_0=1.00$ 处的函数值和各阶向前差分值,$h=0.05$,$t=\dfrac{x-x_0}{h}=\dfrac{1.01-1.00}{0.05}=0.2$. 将它们代入二次牛顿

向前插值公式(2.3.12),得

$$\sqrt{1.01} \approx N_2(1.01) = 1.000\,00 + 0.2 \times 0.024\,70 + \frac{0.2 \times (0.2-1)}{2} \times (-0.000\,59) = 1.004\,99$$

表 2-12

| $x$ | $f(x)=\sqrt{x}$ | $\Delta f$ | $\Delta^2 f$ | $\Delta^3 f$ |
|---|---|---|---|---|
| 1.00 | 1.000 00 | | | |
| | | 0.024 70 | | |
| 1.05 | 1.024 70 | | −0.000 59 | |
| | | 0.024 11 | | 0.000 05 |
| 1.10 | 1.048 81 | | −0.000 54 | |
| | | 0.023 57 | | 0.000 04 |
| 1.15 | 1.072 38 | | −0.000 50 | |
| | | 0.023 07 | | 0.000 01 |
| 1.20 | 1.095 45 | | −0.000 49 | |
| | | 0.022 58 | | 0.000 06 |
| 1.25 | 1.118 03 | | −0.000 43 | |
| | | 0.022 15 | | |
| 1.30 | 1.140 18 | | | |

由余项公式(2.3.10)可知

$$|R_2(1.01)| = \left| \frac{0.2 \times (0.2-1) \times (0.2-2)}{3!} \times (0.05)^3 \times \frac{3}{8}\xi^{-\frac{5}{2}} \right| \leqslant 0.000\,002$$

因为 $x=1.28$ 位于表尾 $x_6=1.30$ 附近,故用二次牛顿向后插值公式计算.表 2-12 中用波浪下画线表述的数据依次是$\sqrt{x}$ 在 $x_6=1.30$ 处的函数值、各阶向后差分值. $t=\dfrac{x-x_6}{h}=\dfrac{1.28-1.30}{0.05}=-0.4$,所以

$$\sqrt{1.28} \approx N_2(1.28) = 1.140\,18 + (-0.4) \times 0.022\,15 + \frac{(-0.4) \times (-0.4+1)}{2} \times (-0.000\,43) = 1.131\,37$$

$$|R_2(1.28)| = \left| \frac{(-0.4) \times (-0.4+1) \times (-0.4+2)}{3!} \times (0.05)^3 \times \frac{3}{8}\xi^{-\frac{5}{2}} \right| \leqslant 0.000\,002$$

## 第四节　埃尔米特插值

前两节我们利用一些节点处的函数值构造出插值多项式,这样的插值多项式只能保证在节点处函数值相等,即曲线在这些点相交.然而许多实际问

题，如铁轨拐弯处两条曲线的衔接，不仅需要曲线在这点相交，还需要连接光滑，并有相同的弯曲度即曲率，那么就要求插值多项式在给定节点处不仅函数值相等，而且一阶、二阶导数也要相同，因此需要研究插值条件为节点处的函数值和若干阶导数值的插值问题. 本节主要解决插值条件为节点处的函数值和一阶导数值的问题，其方法可以推广到高阶导的情形.

问题的提法是：已知 $f(x_i)=y_i(i=0,1,\cdots,n)$，$f'(x_i)=m_i(i=0,1,\cdots,n)$，求插值多项式 $H(x)$，满足插值条件

$$H(x_i)=y_i(i=0,1,\cdots,n),\quad H'(x_i)=m_i(i=0,1,\cdots,n)\tag{2.4.1}$$

满足这些插值条件的多项式称为埃尔米特插值多项式.

现在我们以两个点上的函数值和导数值构造三次插值多项式为例，说明求埃尔米特插值多项式的方法. 已给函数 $f(x)$ 在互异两点 $x_0,x_1$ 处的函数值与导数值为

$$f(x_0)=y_0,\quad f(x_1)=y_1,\quad f'(x_0)=m_0,\quad f'(x_1)=m_1$$

这里共给出 4 个条件，因此可以确定一个三次多项式 $H_3(x)$，要求 $H_3(x)$ 满足插值条件

$$H_3(x_0)=y_0,\quad H_3(x_1)=y_1,\quad H'_3(x_0)=m_0,\quad H'_3(x_1)=m_1\tag{2.4.2}$$

现在采用构造插值基函数的办法来求 $H_3(x)$. 所求的是一个三次插值多项式，因此需要构造 4 个插值基函数，且每个基函数是三次多项式. 由于插值条件是 $x_0,x_1$ 处的函数值与导数值，因此把基函数分成两类 $h_i(x)$ 和 $\varphi_i(x)$ $(i=0,1)$，分别满足

$$h_0(x_0)=1,\quad h_0(x_1)=0,\quad h'_0(x_0)=0,\quad h'_0(x_1)=0\tag{2.4.3}$$

$$h_1(x_0)=0,\quad h_1(x_1)=1,\quad h'_1(x_0)=0,\quad h'_1(x_1)=0\tag{2.4.4}$$

$$\varphi_0(x_0)=0,\quad \varphi_0(x_1)=0,\quad \varphi'_0(x_0)=1,\quad \varphi'_0(x_1)=0\tag{2.4.5}$$

$$\varphi_1(x_0)=0,\quad \varphi_1(x_1)=0,\quad \varphi'_1(x_0)=0,\quad \varphi'_1(x_1)=1\tag{2.4.6}$$

于是 $H_3(x)$ 可以表示为

$$H_3(x)=y_0h_0(x)+y_1h_1(x)+m_0\varphi_0(x)+m_1\varphi_1(x)\tag{2.4.7}$$

容易验证，式(2.4.7) 即为满足插值条件(2.4.2) 的三次多项式.

现在分别求出插值基函数 $h_0(x)$，$h_1(x)$，$\varphi_0(x)$ 和 $\varphi_1(x)$ 的表达式.

由式(2.4.3) 可知，$x_1$ 是函数 $h_0(x)$ 的二重零点，故 $h_0(x)$ 具有下列形式：

$$h_0(x)=(ax+b)(x-x_1)^2\tag{2.4.8}$$

再由 $h_0(x_0)=1$，$h'_0(x_0)=0$，得

$$\begin{cases} x_0 a + b = \dfrac{1}{(x_0 - x_1)^2} \\ (3x_0 - x_1)a + 2b = 0 \end{cases}$$

解得 $a = -\dfrac{2}{(x_0 - x_1)^3}$，$b = \dfrac{3x_0 - x_1}{(x_0 - x_1)^3}$，代入式(2.4.8)便得

$$h_0(x) = \left(1 + 2\frac{x - x_0}{x_1 - x_0}\right)\left(\frac{x - x_1}{x_0 - x_1}\right)^2 \tag{2.4.9}$$

用同样的办法可以得到

$$h_1(x) = \left(1 + 2\frac{x - x_1}{x_0 - x_1}\right)\left(\frac{x - x_0}{x_1 - x_0}\right)^2 \tag{2.4.10}$$

由式(2.4.5)可知，$x_0$ 是函数 $\varphi_0(x)$ 的零点，$x_1$ 是函数 $\varphi_0(x)$ 的二重零点，故 $\varphi_0(x)$ 具有下列形式：

$$\varphi_0(x) = c(x - x_0)(x - x_1)^2$$

再由 $\varphi_0'(x_0) = 1$，得 $c = \dfrac{1}{(x_0 - x_1)^2}$，代入上式便得

$$\varphi_0(x) = (x - x_0)\left(\frac{x - x_1}{x_0 - x_1}\right)^2 \tag{2.4.11}$$

同理，得

$$\varphi_1(x) = (x - x_1)\left(\frac{x - x_0}{x_1 - x_0}\right)^2 \tag{2.4.12}$$

这 4 个插值基函数的图形如图 2-4 所示

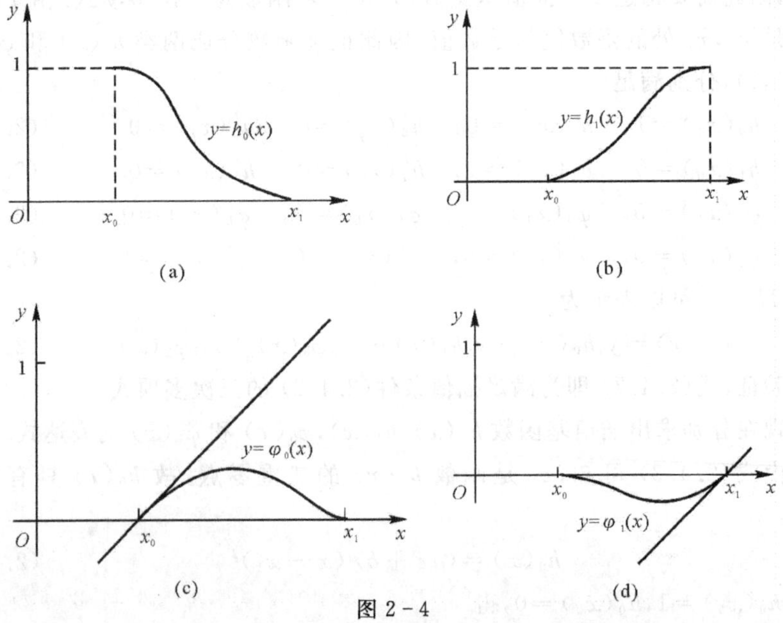


图 2-4

将式(2.4.9)～式(2.4.12)代入式(2.4.7)，即得三次埃尔米特插值多项式为

$$H_3(x)=y_0\left(1+2\frac{x-x_0}{x_1-x_0}\right)\left(\frac{x-x_1}{x_0-x_1}\right)^2+y_1\left(1+2\frac{x-x_1}{x_0-x_1}\right)\left(\frac{x-x_0}{x_1-x_0}\right)^2+$$

$$m_0(x-x_0)\left(\frac{x-x_1}{x_0-x_1}\right)^2+m_1(x-x_1)\left(\frac{x-x_0}{x_1-x_0}\right)^2 \tag{2.4.13}$$

**例 2.8**　已知插值条件，见表 2-13.

**表　2-13**

| $x$ | 1 | 2 |
|---|---|---|
| $f(x)$ | 2 | 3 |
| $f'(x)$ | 1 | $-1$ |

求其三次埃尔米特插值多项式.

**解**　满足已知插值条件的埃尔米特插值多项式为

$$H_3(x)=y_0h_0(x)+y_1h_1(x)+m_0\varphi_0(x)+m_1\varphi_1(x)$$

其中插值基函数 $h_0(x)$，$h_1(x)$，$\varphi_0(x)$ 和 $\varphi_1(x)$ 为

$$h_0(x)=\left(1+2\frac{x-1}{2-1}\right)\left(\frac{x-2}{1-2}\right)^2=(2x-1)(x-2)^2$$

$$h_1(x)=\left(1+2\frac{x-2}{1-2}\right)\left(\frac{x-1}{2-1}\right)^2=(-2x+5)(x-1)^2$$

$$\varphi_0(x)=(x-1)\left(\frac{x-2}{1-2}\right)^2=(x-1)(x-2)^2$$

$$\varphi_1(x)=(x-2)\left(\frac{x-1}{2-1}\right)^2=(x-2)(x-1)^2$$

于是

$$H_3(x)=-2x^3+8x^2-9x+5$$

**定理 2.3**　设 $f(x)$ 在区间 $[a,b]$ 上具有四阶导数，$H_3(x)$ 是满足插值条件(2.4.2)的三次埃尔米特插值多项式，则余项为

$$R_3(x)=f(x)-H_3(x)=\frac{f^{(4)}(\xi)}{4!}(x-x_0)^2(x-x_1)^2\quad(\xi\in(a,b)) \tag{2.4.14}$$

**证**　由插值条件(2.4.2)知，$x_0$，$x_1$ 分别为 $R_3(x)$ 的二重零点，故 $R_3(x)$ 可表示为

$$R_3(x)=\alpha(x)(x-x_0)^2(x-x_1)^2 \tag{2.4.15}$$

其中 $\alpha(x)$ 是 $x$ 的某个函数. 对任意 $x\in[a,b]$，且 $x\neq x_0,x_1$，作辅助函数

$$\psi(t)=f(t)-H_3(t)-\alpha(x)(t-x_0)^2(t-x_1)^2$$

显然，$\psi(t)$ 具有四阶导数，并且有 $x_0$，$x_1$，$x$ 三个零点，且 $x_0$，$x_1$ 是二重零点. 由

罗尔定理得，$\psi'(t)$ 在 $x_0,x_1,x$ 构成的两个开区间上至少各有一个零点，设为 $\xi_0,\xi_1$，从而 $\psi'(t)$ 共有 4 个零点 $x_0,x_1,\xi_0$ 和 $\xi_1$. 再反复利用罗尔定理可以推出，至少存在一个 $\xi\in(a,b)$ 使 $\psi^{(4)}(\xi)=0$，即

$$f^{(4)}(\xi)-H_3^{(4)}(\xi)-4!\ \alpha(x)=0$$

注意到 $H_3(x)$ 为次数不超过三次的多项式，故 $H_3^{(4)}(\xi)=0$，于是由上式可得

$$\alpha(x)=\frac{f^{(4)}(\xi)}{4!}$$

将其代入式(2.4.15)，得

$$R_3(x)=\frac{f^{(4)}(\xi)}{4!}(x-x_0)^2(x-x_1)^2\quad(\xi\in(a,b))$$

类似上述方法，一般地可以构造出满足插值条件(2.4.1)的 $2n+1$ 次埃尔米特插值多项式，即

$$H_{2n+1}(x)=\sum_{i=0}^{n}y_i\left[1+2(x-x_i)\sum_{\substack{j=0\\j\neq i}}^{n}\frac{1}{x_j-x_i}\right]\prod_{\substack{j=0\\j\neq i}}^{n}\left(\frac{x-x_j}{x_i-x_j}\right)^2+$$
$$\sum_{i=0}^{n}m_i(x-x_i)\prod_{\substack{j=0\\j\neq i}}^{n}\left(\frac{x-x_j}{x_i-x_j}\right)^2\tag{2.4.16}$$

**定理 2.4** 满足插值条件(2.4.1)的埃尔米特插值多项式是唯一的.

**证** 设 $H_{2n+1}(x)$ 和 $\widetilde{H}_{2n+1}(x)$ 都是满足插值条件(2.4.1)的埃尔米特插值多项式，令

$$\varphi(x)=H_{2n+1}(x)-\widetilde{H}_{2n+1}(x)$$

则每个节点 $x_i(i=0,1,\cdots,n)$ 均为 $\varphi(x)$ 的二重根，因此 $\varphi(x)=0$ 有 $2n+2$ 个根，但 $\varphi(x)=0$ 是一个次数不高于 $2n+1$ 次的多项式，所以 $\varphi(x)\equiv 0$，即 $H_{2n+1}(x)\equiv\widetilde{H}_{2n+1}(x)$，唯一性得证.

类似于定理 2.3 的证明方法，可以得到以下定理.

**定理 2.5** 设 $f(x)$ 在区间$[a,b]$上具有 $2n+2$ 阶导数，$H_{2n+1}(x)$ 为满足插值条件(2.4.1)的 $2n+1$ 次埃尔米特插值多项式，则插值多项式的余项为

$$R_{2n+1}(x)=f(x)-H_{2n+1}(x)=$$
$$\frac{f^{(2n+2)}(\xi)}{(2n+2)!}(x-x_0)^2(x-x_1)^2\cdots(x-x_n)^2\quad(\xi\in(a,b))\tag{2.4.17}$$

## 第五节 分段低次插值

前几节介绍了在给定 $n+1$ 个节点和相应的函数值后构造 $n$ 次多项式的

方法，并给出了余项. 从余项的表达式可以看到，插值多项式与被插函数逼近的程度与节点的个数以及位置是有关系的. 适当地提高插值多项式的次数，有可能提高计算结果的精确度，那么是否节点越多，插值多项式次数越高，逼近精度就越好呢？答案是否定的. 当插值节点增多，插值多项式次数较高时，不能保证非节点处插值精度得到改善，有时反而误差更大，出现插值多项式振荡的现象. 1901 年，德国数学家龙格(Runge) 给出了一个等距节点插值多项式的例子.

例如，给定函数 $f(x)=\dfrac{1}{1+25x^2}$，$x\in[-1,1]$.

取等距节点 $x_i=-1+i(i=0,1,2)$ 作二次插值多项式 $P_2(x)$，再以 $x_i=-1+\dfrac{2}{5}i(i=0,1,\cdots,5)$ 为节点做五次插值多项式 $P_5(x)$，最后以 $x_i=-1+\dfrac{1}{5}i(i=0,1,\cdots,10)$ 为节点做十次插值多项式 $P_{10}(x)$. 函数 $f(x)=\dfrac{1}{1+25x^2}$，$y=P_2(x)$，$y=P_5(x)$ 和 $y=P_{10}(x)$ 的图形($x\in[-1,1]$) 如图2-5所示.

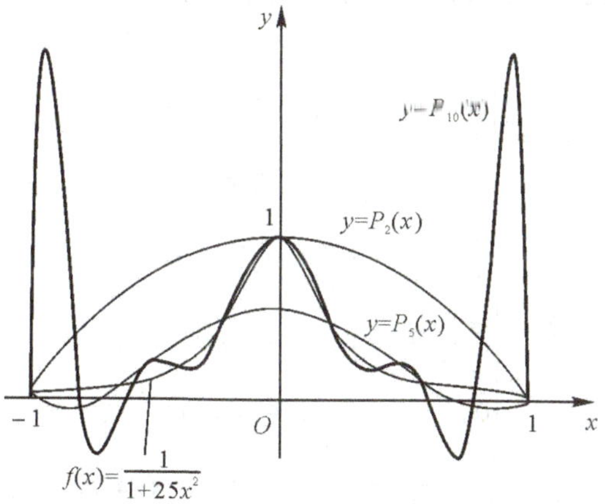


图 2-5

从图中可知，随着节点增多，插值多项式次数增高，$P_5(x)$ 比 $P_2(x)$ 较好地逼近 $f(x)$，而 $P_{10}(x)$ 并非处处都比 $P_5(x)$ 更好地逼近 $f(x)$，只是在局部范围如左区间[$-0.2,0.2$] 上 $P_{10}(x)$ 比 $P_5(x)$ 较好地逼近 $f(x)$，在其他地方误差就较大，尤其在区间[$-1,1$] 端点附近误差就更大. 进一步分析表明，当 $n$ 增大时，该函数在等距节点下的高次插值多项式在区间[$-1,1$] 两端会发生剧烈的振荡.这种现象称为龙格(Runge)现象.

另外,从舍入误差来看,高次插值多项式误差的传播较为严重,误差积累会加大.因此,一般都要避免使用高次插值,改进的方法很多,其中一个常用的方法就是分段低次插值,即把整个插值区间分成若干个小区间,在每个小区间上进行低次插值,从而得到的插值函数是一分段函数.

下面介绍两种简单的分段低次插值方法:分段线性插值和分段埃尔米特插值.

## 一、分段线性插值

设函数 $y=f(x)$ 在区间 $[a,b]$ 上的 $n+1$ 个不同节点 $x_0,x_1,\cdots,x_n$ 处的函数值为 $y_0,y_1,\cdots,y_n$,欲求分段一次多项式 $P_1(x)$,使其满足

$$P_1(x_0)=y_0,\quad P_1(x_1)=y_1,\cdots,P_1(x_n)=y_n \tag{2.5.1}$$

在每个小区间 $[x_i,x_{i+1}]$ 上用一次插值,则有

$$p_i(x)=y_i\frac{x-x_{i+1}}{x_i-x_{i+1}}+y_{i+1}\frac{x-x_i}{x_{i+1}-x_i} \tag{2.5.2}$$

则 $P_1(x)$ 就是在每一区间 $[x_i,x_{i+1}]$ 上表达式为 $p_i(x)$ 的分段线性多项式,它满足插值条件(2.5.1). $P_1(x)$ 也可以用基函数表示.

构造基函数

$$l_0(x)=\begin{cases}\dfrac{x-x_1}{x_0-x_1}, & x_0\leqslant x\leqslant x_1\\ 0, & x_1<x\leqslant x_n\end{cases}$$

$$l_i(x)=\begin{cases}\dfrac{x-x_{i-1}}{x_i-x_{i-1}}, & x_{i-1}\leqslant x\leqslant x_i\\ \dfrac{x-x_{i+1}}{x_i-x_{i+1}}, & x_i<x\leqslant x_{i+1}\\ 0, & x\in[a,b],x\notin[x_{i-1},x_{i+1}]\end{cases}$$

$$l_n(x)=\begin{cases}\dfrac{x-x_{n-1}}{x_n-x_{n-1}}, & x_{n-1}\leqslant x\leqslant x_n\\ 0, & x_0\leqslant x<x_{n-1}\end{cases}$$

它们的图形如图 2-6 所示.

$l_i(x)(i=0,1,\cdots,n)$ 是分段线性连续函数,且满足 $l_i(x_j)=\begin{cases}1, & i=j\\ 0, & i\neq j\end{cases}$,

则有

$$P_1(x)=\sum_{i=0}^{n}y_il_i(x) \tag{2.5.3}$$

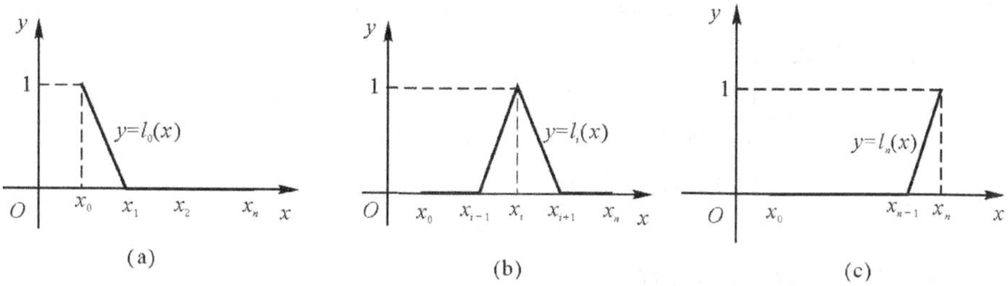


图　2-6

显然式(2.5.3)为满足插值条件(2.5.1)的分段线性插值多项式.从几何上看,它就是用连接相邻节点的折线段代替曲线,如图 2-7 所示.

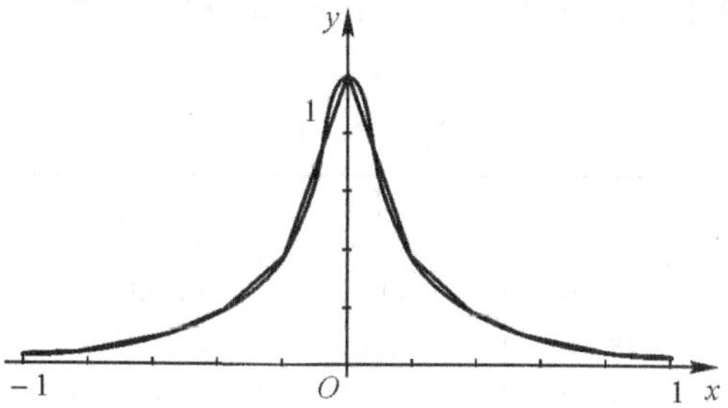


图　2-7

**例 2.9**　设函数 $f(x)=\dfrac{1}{1+25x^2}$,将区间[-1,1]分成10等份,用分段线性插值求 $f(-0.9)$,$f(-0.3)$,$f(0.1)$ 和 $f(0.7)$ 的近似值,并估计误差.

**解**　将区间[-1,1]分成10个小区间$[x_{i-1},x_i](i=1,\cdots,10)$,节点为 $x_i=-1+0.2i(i=0,1,\cdots,10)$,$h=\dfrac{1-(-1)}{10}=0.2$.

在区间[-1,-0.8]上,有

$$P_1(x)=\frac{1}{1+25\times(-1)^2}\frac{x+0.8}{-1+0.8}+\frac{1}{1+25\times(-0.8)^2}\frac{x+1}{-0.8+1}=0.101\,81x+0.140\,27$$

得

$$f(-0.9)\approx P_1(-0.9)=0.048\,64$$

在区间[-0.4,-0.2]上,有

$$P_1(x)=\frac{1}{1+25\times(-0.4)^2}\frac{x+0.2}{-0.4+0.2}+\frac{1}{1+25\times(-0.2)^2}\frac{x+0.4}{-0.2+0.4}=1.500\,00x+0.800\,00$$

得 $$f(-0.3) \approx P_1(-0.3) = 0.350\ 00$$

在区间[0,0.2]上，有

$$P_1(x) = \frac{1}{1+25\times 0^2}\frac{x-0.2}{0-0.2} + \frac{1}{1+25\times 0.2^2}\frac{x-0}{0.2-0} = -2.500\ 00x + 1.000\ 00$$

得 $$f(0.1) \approx P_1(0.1) = 0.750\ 00$$

在区间[0.6,0.8]上，有

$$P_1(x) = \frac{1}{1+25\times(0.6)^2}\frac{x-0.8}{0.6-0.8} + \frac{1}{1+25\times 0.8^2}\frac{x-0.6}{0.8-0.6} = -0.205\ 88x + 0.223\ 53$$

得 $$f(0.7) \approx P_1(0.7) = 0.079\ 41$$

将分段线性插值和 10 次拉格朗日插值多项式计算的结果列表，见表 2－14.

**表 2－14**

| $x$ | $-0.9$ | $-0.3$ | $0.1$ | $0.7$ |
|---|---|---|---|---|
| $f(x)$ | 0.047 06 | 0.307 69 | 0.800 00 | 0.075 47 |
| $P_1(x)$ | 0.048 64 | 0.350 00 | 0.750 00 | 0.079 41 |
| $L_{10}(x)$ | 1.578 72 | 0.235 35 | 0.843 40 | －0.226 20 |

由表中可以看到，分段线性插值比较好地逼近 $f(x)$.

**定理 2.6** 设 $f(x)$ 在 $[a,b]$ 上具有二阶导数，$x_0,x_1,\cdots,x_n$ 是 $[a,b]$ 上互不相同的节点，$P_1(x)$ 为满足插值条件 $P_1(x_i)=f(x_i)(i=0,1,\cdots,n)$ 的分段线性插值多项式. 那么对于任意的 $x\in[a,b]$，有

$$|R(x)| = |f(x) - P_1(x)| \leqslant \frac{h^2}{8}M \tag{2.5.4}$$

其中 $M=\max\limits_{a\leqslant x\leqslant b}|f''(x)|$，$h=\max\limits_{0\leqslant i\leqslant n-1}|x_{i+1}-x_i|$.

**证** 由线性插值余项估计，在每个区间 $[x_i,x_{i+1}]$ 上有

$$f(x) - P_1(x) = \frac{f''(\xi_i)}{2!}(x-x_i)(x-x_{i+1}) \quad (\xi_i \in (x_i,x_{i+1}))$$

故 $$|f(x) - P_1(x)| \leqslant \frac{M}{2}|(x-x_i)(x-x_{i+1})|$$

由于 $$\max_{x_i\leqslant x\leqslant x_{i+1}}\{|(x-x_i)(x-x_{i+1})|\} = \frac{(x_{i+1}-x_i)^2}{4}$$

故 $$|f(x) - P_1(x)| \leqslant \frac{(x_{i+1}-x_i)^2}{8}M$$

因此，在区间$[a,b]$上有

$$|f(x)-P_1(x)|\leqslant\frac{h^2}{8}M$$

## 二、分段埃尔米特插值

分段线性插值函数在节点处只能保证连续，但光滑性很差. 如果要求在节点处具有一定的光滑性，就要求插值函数在这些点处具有一阶连续导数，这时我们可以用分段埃尔米特插值来解决这个问题.

设函数$y=f(x)$在区间$[a,b]$上的$n+1$个不同节点$x_0,x_1,\cdots,x_n$处的函数值为$y_0,y_1,\cdots,y_n$，导数值为$m_0,m_1,\cdots,m_n$，欲求分段三次多项式$H_3(x)$，使其满足

$$H_3(x_i)=y_i,\quad H_3'(x_i)=m_i\,(i=0,1,\cdots,n)\tag{2.5.5}$$

在每个小区间$[x_i,x_{i+1}]$上作三次埃尔米特插值，则有

$$\begin{aligned}H_{3i}(x)=&y_i\left(1+2\frac{x-x_i}{x_{i+1}-x_i}\right)\left(\frac{x-x_{i+1}}{x_i-x_{i+1}}\right)^2+\\&y_{i+1}\left(1+2\frac{x-x_{i+1}}{x_i-x_{i+1}}\right)\left(\frac{x-x_i}{x_{i+1}-x_i}\right)^2+m_i(x-x_i)\left(\frac{x-x_{i+1}}{x_i-x_{i+1}}\right)^2+\\&m_{i+1}(x-x_{i+1})\left(\frac{x-x_i}{x_{i+1}-x_i}\right)^2\quad(x_i\leqslant x\leqslant x_{i+1})\end{aligned}\tag{2.5.6}$$

则$H_3(x)$就是在每一区间$[x_i,x_{i+1}]$上表达式为$H_{3i}(x)$的分段三次埃尔米特多项式，它满足插值条件(2.5.5).

如果用构造基函数的方法，根据两点三次埃尔米特插值公式，不难作出插值基函数为

$$h_0(x)=\begin{cases}\left(1+2\dfrac{x-x_0}{x_1-x_0}\right)\left(\dfrac{x-x_1}{x_0-x_1}\right)^2, & x_0\leqslant x\leqslant x_1\\0, & x_1<x\leqslant x_n\end{cases}$$

$$h_i(x)=\begin{cases}\left(1+2\dfrac{x-x_i}{x_{i-1}-x_i}\right)\left(\dfrac{x-x_{i-1}}{x_i-x_{i-1}}\right)^2, & x_{i-1}\leqslant x\leqslant x_i\\\left(1+2\dfrac{x-x_i}{x_{i+1}-x_i}\right)\left(\dfrac{x-x_{i+1}}{x_i-x_{i+1}}\right)^2, & x_i<x\leqslant x_{i+1}\\0, & x\in[a,b],x\notin[x_{i-1},x_{i+1}]\end{cases}$$

$$h_n(x)=\begin{cases}\left(1+2\dfrac{x-x_n}{x_{n-1}-x_n}\right)\left(\dfrac{x-x_{n-1}}{x_n-x_{n-1}}\right)^2, & x_{n-1}\leqslant x\leqslant x_n\\0, & x_0\leqslant x<x_{n-1}\end{cases}$$

$$\varphi_0(x)=\begin{cases}(x-x_0)\left(\dfrac{x-x_1}{x_0-x_1}\right)^2, & x_0\leqslant x\leqslant x_1\\ 0, & x_1<x\leqslant x_n\end{cases}$$

$$\varphi_i(x)=\begin{cases}(x-x_i)\left(\dfrac{x-x_{i-1}}{x_i-x_{i-1}}\right)^2, & x_{i-1}\leqslant x\leqslant x_i\\ (x-x_i)\left(\dfrac{x-x_{i+1}}{x_i-x_{i+1}}\right)^2, & x_i<x\leqslant x_{i+1}\\ 0, & x\in[a,b],x\notin[x_{i-1},x_{i+1}]\end{cases}$$

$$\varphi_n(x)=\begin{cases}(x-x_n)\left(\dfrac{x-x_{n-1}}{x_n-x_{n-1}}\right)^2, & x_{n-1}\leqslant x\leqslant x_n\\ 0, & x_0\leqslant x<x_{n-1}\end{cases}$$

于是,分段三次埃尔米特插值函数可以表示为

$$H_3(x)=\sum_{i=0}^{n}[y_ih_i(x)+m_i\varphi_i(x)] \tag{2.5.7}$$

由三次埃尔米特插值余项,在每个区间$[x_i,x_{i+1}]$上有

$$f(x)-H_3(x)=\frac{f^{(4)}(\xi_i)}{4!}(x-x_i)^2(x-x_{i+1})^2 \quad (\xi_i\in(x_i,x_{i+1}))$$

记$M=\max\limits_{a\leqslant x\leqslant b}|f^{(4)}(x)|$,由于$\max\limits_{x_i\leqslant x\leqslant x_{i+1}}\{(x-x_i)^2(x-x_{i+1})^2\}=\dfrac{(x_{i+1}-x_i)^4}{16}$,则

$$|R_3(x)|\leqslant\frac{(x_{i+1}-x_i)^4}{384}M$$

因此,在区间$[a,b]$上有

$$|R_3(x)|\leqslant\frac{h^4}{384}M \tag{2.5.8}$$

其中$h=\max\limits_{0\leqslant i\leqslant n-1}|x_{i+1}-x_i|$.

## 第六节　样条插值

由前面的讨论可知,给定$n+1$个节点上的函数值可作$n$次插值多项式,但当$n$较大时,高次插值不仅计算复杂,而且还会出现振荡的现象.如果采用分段线性插值,虽然计算简单,逼近情况也比较好,但光滑性比较差,这在实际问题中,往往不能满足某些工程技术的高精度要求.如飞机的机翼,一般要求尽可能使用流线型设计,使空气沿机翼表面形成光滑的流线,减少空气阻力,否则,表面若有微小凹凸,在飞机飞行中,气流不能沿机翼表面平滑流动而产

生漩涡，造成飞机阻力增大，有时会出现严重问题，因此机翼设计、船体放样等要求有二阶光滑度，即有连续的二阶导数. 要解决这些问题，可以考虑在节点具有连续的二阶导数的分段低次插值，但在实际问题中节点上的导数值往往没有给出，因此不能用分段埃尔米特插值，为此我们有必要引进新的插值方法，这就是样条插值法.

### 一、三次样条插值的基本概念

样条函数的概念最早出现于 1946 年，它在 20 世纪 60 年代得到广泛的应用和发展. 样条是指工程技术上为将一些指定点(样点) 连成一条光滑曲线，而使用的一种绘图工具，它是一种富有弹性的细长条，用压铁将样条固定在样点上，让其他地方自由弯曲，然后依样画下光滑的曲线，此曲线称为样条曲线. 它实际上是分段曲线连接而成，在连接点处有二阶连续导数. 样条曲线由于光滑度非常好，用数学知识加以概括，就得到样条函数的概念. 样条函数的种类很多，本节只介绍其中应用最广泛的三次样条插值函数.

**定义 2.4**　设在区间$[a,b]$上给定一组节点 $a=x_0<x_1<\cdots<x_n=b$，和相应的函数值 $y_0,y_1,\cdots,y_n$. 如果函数 $S(x)$ 满足：

(1)$S(x)$ 在每个区间$[x_{i-1},x_i](i=1,2,\cdots,n)$上是不高于三次的多项式；

(2)$S(x_i)=y_i(i=0,1,2,\cdots,n)$；

(3)$S''(x)$ 在$[a,b]$ 上连续.

则称 $S(x)$ 为三次样条插值函数.

由定义 2.4 可知，样条函数 $S(x)$ 在每一个小区间$[x_{i-1},x_i](i=1,2,\cdots,n)$ 上都是三次多项式，即

$$S_i(x)=a_ix^3+b_ix^2+c_ix+d_i \quad (i=1,2,\cdots,n)$$

其中 $a_i,b_i,c_i$ 和 $d_i(i=1,2\cdots,n)$ 为待定系数，在整个插值区间$[a,b]$上共有 $4n$ 个待定系数，为了确定它们的值，必须有 $4n$ 个条件. 由定义 2.4 的条件(1) 和(2) 可知，$S(x)$ 在节点 $x_i(i=0,1,\cdots,n)$ 处连续且取值 $y_i$，即

$$S(x_i-0)=S(x_i+0)=y_i \quad (i=1,\cdots,n-1)$$

$$S(x_0+0)=y_0$$

$$S(x_n-0)=y_n$$

共有 $2n$ 个已知条件；而由条件(3) 可知，$S'(x)$ 和 $S''(x)$ 在节点 $x_i(i=1,2,\cdots,n-1)$ 处连续，即

$$S'(x_i-0)=S'(x_i+0) \quad (i=1,2,\cdots,n-1)$$

$$S''(x_i-0)=S''(x_i+0) \quad (i=1,2,\cdots,n-1)$$

共有 $2n-2$ 个已知条件，这样共计给出了 $S(x)$ 的 $4n-2$ 个条件，而待定系数

有 $4n$ 个,因此还需要 2 个条件才能完全确定 $S(x)$. 这两个条件通常在区间的两端点处给出,在区间端点处给出的条件称为边界条件,常见的边界条件有以下三类:

(1) 给定两端点的一阶导数值.

$$S'(x_0+0)=y'_0,\quad S'(x_n-0)=y'_n$$

(2) 给定两端点的二阶导数值.

$$S''(x_0+0)=y''_0,\quad S''(x_n-0)=y''_n$$

特别地,$S''(x_0+0)=S''(x_n-0)=0$ 称为自然边界条件. 满足自然边界条件的样条函数称为自然样条插值函数.

(3) 周期性边界条件,即当 $f(x)$ 是以 $b-a$ 为周期的周期函数时,要求 $S(x)$ 也是周期函数,这时边界条件应满足 $f(a)=f(b)$,即当 $y_0=y_n$ 时,有

$$S'(x_0+0)=S'(x_n-0)$$
$$S''(x_0+0)=S''(x_n-0)$$

这样就可以得到关于 $a_i,b_i,c_i,d_i(i=1,2,\cdots,n)$ 为未知量的 $4n$ 个方程,从而唯一确定三次样条插值函数 $S(x)$. 但是当 $n$ 较大时,一般不去直接求解线性方程组,这样做工作量太大,不便于实际应用. 下面介绍一种能求三次样条插值函数 $S(x)$ 的简便方法.

## 二、三次样条插值函数的求法

设在节点 $x_i$ 处 $S(x)$ 的二阶导数为

$$S''(x_i)=M_i\quad(i=0,1,2,\cdots,n)$$

因为在子区间 $[x_{i-1},x_i]$ 上 $S(x)=S_i(x)$ 是次数不高于三次的多项式,于是 $S''(x)$ 是线性函数. 由于 $S''(x_{i-1})=M_{i-1}$,$S''(x_i)=M_i$,对函数 $S''(x)$ 在两点 $(x_{i-1},M_{i-1})$ 和 $(x_i,M_i)$ 上用线性插值,得

$$S''_i(x)=M_{i-1}\frac{x-x_i}{x_{i-1}-x_i}+M_i\frac{x-x_{i-1}}{x_i-x_{i-1}}\quad(x\in[x_{i-1},x_i])$$

记 $h_i=x_i-x_{i-1}$,则有

$$S''_i(x)=M_{i-1}\frac{x_i-x}{h_i}+M_i\frac{x-x_{i-1}}{h_i}$$

对 $S''_i(x)$ 积分一次,得

$$S'_i(x)=-M_{i-1}\frac{(x_i-x)^2}{2h_i}+M_i\frac{(x-x_{i-1})^2}{2h_i}+A_i$$

再积分一次,得

$$S_i(x)=M_{i-1}\frac{(x_i-x)^3}{6h_i}+M_i\frac{(x-x_{i-1})^3}{6h_i}+A_i(x-x_{i-1})+B_i$$

其中 $A_i, B_i$ 为积分常数. 由插值条件 $S_i(x_{i-1})=y_{i-1}, S_i(x_i)=y_i$ 可得

$$A_i=\frac{y_i-y_{i-1}}{h_i}-\frac{h_i}{6}(M_i-M_{i-1})$$

$$B_i=y_{i-1}-\frac{1}{6}h_i^2M_{i-1}$$

从而得到

$$S_i(x)=M_{i-1}\frac{(x_i-x)^3}{6h_i}+M_i\frac{(x-x_{i-1})^3}{6h_i}+\left(y_{i-1}-\frac{h_i^2M_{i-1}}{6}\right)\frac{x_i-x}{h_i}+\left(y_i-\frac{h_i^2M_i}{6}\right)\frac{x-x_{i-1}}{h_i}\quad(x\in[x_{i-1},x_i], i=1,2,\cdots,n)\tag{2.6.1}$$

综合以上讨论，只要确定 $M_0, M_1, \cdots, M_n$ 这 $n+1$ 个值，就可以确定三次样条插值函数 $S(x)$.

为此，我们利用一阶导数在子区间连接点上的条件 $S'(x_i-0)=S'(x_i+0)$，即

$$S'_i(x_i-0)=S'_{i+1}(x_i+0)\tag{2.6.2}$$

对式(2.6.1)求导，可得

$$S'_i(x)=-M_{i-1}\frac{(x_i-x)^2}{2h_i}+M_i\frac{(x-x_{i-1})^2}{2h_i}+\frac{y_i-y_{i-1}}{h_i}-\frac{M_i-M_{i-1}}{6}h_i\quad(x\in[x_{i-1},x_i])$$

由上式，在区间 $[x_{i-1},x_i]$ 的左端点 $x_{i-1}$ 处，有

$$S'_i(x_{i-1}+0)=-\frac{h_i}{3}M_{i-1}-\frac{h_i}{6}M_i+f[x_{i-1},x_i]\tag{2.6.3}$$

由式(2.6.3)可类似推得，在区间 $[x_i,x_{i+1}]$ 的左端点 $x_i$ 处，有

$$S'_{i+1}(x_i+0)=-\frac{h_{i+1}}{3}M_i-\frac{h_{i+1}}{6}M_{i+1}+f[x_i,x_{i+1}]\tag{2.6.4}$$

在区间 $[x_{i-1},x_i]$ 的右端点 $x_i$ 处，有

$$S'_i(x_i-0)=\frac{h_i}{3}M_i+\frac{h_i}{6}M_{i-1}+f[x_{i-1},x_i]\tag{2.6.5}$$

将式(2.6.4)和式(2.6.5)代入式(2.6.2)，整理便得

$$\frac{h_i}{6}M_{i-1}+\frac{h_i+h_{i+1}}{3}M_i+\frac{h_{i+1}}{6}M_{i+1}=f[x_i,x_{i+1}]-f[x_{i-1},x_i]$$

将上式两边同乘以 $\frac{6}{h_i+h_{i+1}}$，并令 $\lambda_i=\frac{h_i}{h_i+h_{i+1}}, \mu_i=\frac{h_{i+1}}{h_i+h_{i+1}}$，化简得

$$\lambda_iM_{i-1}+2M_i+\mu_iM_{i+1}=6f[x_{i-1},x_i,x_{i+1}]\quad(i=1,2,\cdots,n-1)\tag{2.6.6}$$

式(2.6.6)是一个含有 $n+1$ 个未知数,$n-1$ 个方程的线性方程组,要得到唯一的参数 $M_i(i=0,1,\cdots,n)$,需要补充边界条件.

(1) 在第一种边界条件下,把 $S'(x_0+0)=y'_0$,$S'(x_n-0)=y'_n$ 分别代入式(2.6.4)和式(2.6.5),即得两个方程:

$$2M_0+M_1=\frac{6}{h_1}[f[x_0,x_1]-y'_0] \tag{2.6.7}$$

$$M_{n-1}+2M_n=\frac{6}{h_n}[y'_n-f[x_{n-1},x_n]] \tag{2.6.8}$$

把式(2.6.6),(2.6.7)和(2.6.8)联立,得确定 $M_0,M_1,\cdots,M_n$ 的线性方程组为

$$\begin{bmatrix} 2 & 1 & & & & \\ \lambda_1 & 2 & \mu_1 & & & \\ & \lambda_2 & 2 & \mu_2 & & \\ & & \ddots & \ddots & \ddots & \\ & & & \lambda_{n-1} & 2 & \mu_{n-1} \\ & & & & 1 & 2 \end{bmatrix}\begin{bmatrix} M_0 \\ M_1 \\ M_2 \\ \vdots \\ M_{n-1} \\ M_n \end{bmatrix}=6\begin{bmatrix} \dfrac{f[x_0,x_1]-y'_0}{h_1} \\ f[x_0,x_1,x_2] \\ f[x_1,x_2,x_3] \\ \vdots \\ f[x_{n-2},x_{n-1},x_n] \\ \dfrac{y'_n-f[x_{n-1},x_n]}{h_n} \end{bmatrix} \tag{2.6.9}$$

(2) 在第二种边界条件下,由于 $M_0=S''(x_0)=y''_0$,$M_n=S''(x_n)=y''_n$ 已知,这时式(2.6.6)中的第一个方程变为

$$2M_1+\mu_1M_2=6f[x_0,x_1,x_2]-\lambda_1M_0$$

第 $n-1$ 个方程变为

$$\lambda_{n-1}M_{n-2}+2M_{n-1}=6f[x_{n-2},x_{n-1},x_n]-\mu_{n-1}M_n$$

即得含有 $n-1$ 个未知数 $M_1,M_2,\cdots,M_{n-1}$,$n-1$ 个方程的线性方程组为

$$\begin{bmatrix} 2 & \mu_1 & & & & \\ \lambda_2 & 2 & \mu_2 & & & \\ & \lambda_3 & 2 & \mu_3 & & \\ & & \ddots & \ddots & \ddots & \\ & & & \lambda_{n-2} & 2 & \mu_{n-2} \\ & & & & \lambda_{n-1} & 2 \end{bmatrix}\begin{bmatrix} M_1 \\ M_2 \\ M_3 \\ \vdots \\ M_{n-2} \\ M_{n-1} \end{bmatrix}=\begin{bmatrix} 6f[x_0,x_1,x_2]-\lambda_1M_0 \\ 6f[x_1,x_2,x_3] \\ 6f[x_2,x_3,x_4] \\ \vdots \\ 6f[x_{n-3},x_{n-2},x_{n-1}] \\ 6f[x_{n-2},x_{n-1},x_n]-\mu_{n-1}M_n \end{bmatrix} \tag{2.6.10}$$

(3) 在第三种边界条件下,由 $S'(x_0+0)=S'(x_n-0)$ 可得

$$-\frac{h_1}{3}M_0-\frac{h_1}{6}M_1+f[x_0,x_1]=\frac{h_n}{3}M_n+\frac{h_n}{6}M_{n-1}+f[x_{n-1},x_n]$$

由 $S''(x_0+0)=S''(x_n-0)$ 可得 $M_0=M_n$，代入上式并整理得

$$2M_0+\mu_0M_1+\lambda_0M_{n-1}=6\,\frac{f[x_0,x_1]-f[x_{n-1},x_n]}{h_1+h_n}$$

其中 $\mu_0=\dfrac{h_1}{h_1+h_n}$，$\lambda_0=\dfrac{h_n}{h_1+h_n}$. 将上式与式(2.6.6)联立，即得含有 $n$ 个未知数 $M_0,M,\cdots,M_{n-1}$，$n$ 个方程的线性方程组为

$$\begin{bmatrix}2 & \mu_0 & & & & \lambda_0\\ \lambda_1 & 2 & \mu_1 & & & \\ & \lambda_2 & 2 & \mu_2 & & \\ & & \ddots & \ddots & \ddots & \\ & & & \lambda_{n-2} & 2 & \mu_{n-2}\\ & & & & \lambda_{n-1} & 2\end{bmatrix}\begin{bmatrix}M_0\\ M_1\\ M_2\\ \vdots\\ M_{n-2}\\ M_{n-1}\end{bmatrix}=6\begin{bmatrix}\dfrac{f[x_0,x_1]-f[x_{n-1},x_n]}{h_1+h_n}\\ f[x_0,x_1,x_2]\\ f[x_1,x_2,x_3]\\ \vdots\\ f[x_{n-3},x_{n-2},x_{n-1}]\\ f[x_{n-2},x_{n-1},x_n]\end{bmatrix}\tag{2.6.11}$$

利用线性代数的知识，可以证明方程组(2.6.9)，(2.6.10)和(2.6.11)的系数矩阵都是非奇异的，从而都有唯一解.

**例 2.10** 已知函数 $f(x)$ 在区间 $[0,5]$ 上的函数值：$f(0)=0$，$f(1)=-2$，$f(4)=-8$，$f(5)=-4$，求满足边界条件 $S'(0)=\dfrac{5}{2}$，$S'(5)=\dfrac{19}{4}$ 的三次样条插值函数 $S(x)$，并计算 $S(0.5)$，$S(3)$，$S(5)$.

**解** 这是在第一种边界条件下的插值问题，故确定 $M_0,M_1,M_2,M_3$ 的方程组形如

$$\begin{bmatrix}2 & 1 & 0 & 0\\ \lambda_1 & 2 & \mu_1 & 0\\ 0 & \lambda_2 & 2 & \mu_2\\ 0 & 0 & 1 & 2\end{bmatrix}\begin{bmatrix}M_0\\ M_1\\ M_2\\ M_3\end{bmatrix}=6\begin{bmatrix}\dfrac{f[x_0,x_1]-y'_0}{h_1}\\ f[x_0,x_1,x_2]\\ f[x_1,x_2,x_3]\\ \dfrac{y'_3-f[x_2,x_3]}{h_3}\end{bmatrix}$$

由 $x_0=0,x_1=1,x_2=4,x_3=5$ 得

$$h_1=1,\quad h_2=3,\quad h_3=1$$

$$\mu_1=\frac{h_2}{h_1+h_2}=\frac{3}{4},\quad \mu_2=\frac{h_3}{h_2+h_3}=\frac{1}{4}$$

$$\lambda_1=\frac{1}{4},\quad \lambda_2=\frac{3}{4}$$

$$f[x_0,x_1,x_2]=0,\quad f[x_1,x_2,x_3]=\frac{3}{2}$$

$$\frac{f[x_0,x_1]-y_0'}{h_1}=-\frac{9}{2},\quad \frac{y_3'-f[x_2,x_3]}{h_3}=\frac{3}{4}$$

将上述数据代入方程组，得

$$\begin{bmatrix}2 & 1 & 0 & 0\\ \frac{1}{4} & 2 & \frac{3}{4} & 0\\ 0 & \frac{3}{4} & 2 & \frac{1}{4}\\ 0 & 0 & 1 & 2\end{bmatrix}\begin{bmatrix}M_0\\ M_1\\ M_2\\ M_3\end{bmatrix}=\begin{bmatrix}-27\\ 0\\ 9\\ \frac{9}{2}\end{bmatrix}$$

解得 $M_0=-\frac{27}{2}, M_1=0, M_2=\frac{9}{2}, M_3=0$，将它们代入式(2.6.1)，经整理得所求的三次样条插值函数为

$$S(x)=\begin{cases}\frac{9}{4}x^3-\frac{27}{4}x^2+\frac{5}{2}x, & 0\leqslant x<1\\ \frac{1}{4}x^3-\frac{3}{4}x^2-\frac{7}{2}x+2, & 1\leqslant x<4\\ -\frac{3}{4}x^3+\frac{45}{4}x^2-\frac{103}{2}x+66, & 4\leqslant x\leqslant 5\end{cases}$$

$x=0.5$ 在区间 $[0,1]$ 上，故 $S(0.5)=S_1(0.5)=-0.156\ 25$，同理 $S(3)=S_2(3)=-8.5$，$S(5)=S_3(5)=-4$.

上述求三次样条插值函数的方法，是以 $S''(x_i)=M_i(i=0,1,\cdots,n)$ 为参变量，得到由 $M_i$ 表示的 $S(x)$，再利用 $S'(x)$ 在插值区间内的节点的连续性和边界条件，列出确定 $M_i(i=0,1,\cdots,n)$ 的线性方程组，这个方程组在力学上称为三弯矩方程组，由此解出 $M_i(i=0,1,\cdots,n)$，从而得到三次样条插值函数 $S(x)$；我们还可以以 $S'(x_i)=m_i(i=0,1,\cdots,n)$ 为参变量，得到由 $m_i$ 表示的 $S(x)$，再利用 $S''(x)$ 在插值区间内的节点的连续性和边界条件，列出确定 $m_i(i=0,1,\cdots,n)$ 的线性方程组，这个方程组在力学上称为三转角方程组，并由此解出 $m_i(i=0,1,\cdots,n)$，从而得到三次样条插值函数 $S(x)$，这里不再详细讨论，有兴趣的读者可查阅相关资料.

三次样条插值函数的误差估计由下述定理给出.

**定理 2.7** 设 $f(x)$ 在 $[a,b]$ 上具有二阶连续导数，$S(x)$ 是 $[a,b]$ 上以 $x_0,x_1,\cdots,x_n$ 为插值节点的三次样条插值函数，那么对于任意的 $x\in[a,b]$，有

$$|R(x)|=|f(x)-S(x)|\leqslant\frac{h}{2}M \tag{2.6.12}$$

其中 $$M=\max_{a\leqslant x\leqslant b}|f''(x)|,\ h=\max_{0\leqslant i\leqslant n-1}|x_{i+1}-x_i|$$

# 习　题　二

1. 利用函数 $y=\sqrt{x}$ 在 $x_0=4$ 和 $x_1=9$ 的值计算$\sqrt{5}$，并估计误差.

2. 已知函数表，见表 2-15.

**表　2-15**

| $x$ | 1.127 50 | 1.150 30 | 1.173 50 | 1.197 20 |
|---|---|---|---|---|
| $f(x)$ | 0.119 10 | 0.139 54 | 0.159 32 | 0.179 03 |

应用一次拉格朗日插值多项式计算 $f(1.130\ 00)$ 的近似值.

3. 已知 $\sin 30°=\frac{1}{2}$，$\sin 45°=\frac{\sqrt{2}}{2}$，$\sin 60°=\frac{\sqrt{3}}{2}$，分别利用 $\sin x$ 的一次、二次拉格朗日插值计算 $\sin 50°$，并估计误差.

4. 证明：由如表 2-16 所示的插值条件所确定的拉格朗日插值多项式是一个二次多项式. 该题说明了什么问题？

**表　2-16**

| $x$ | 0 | $\frac{1}{2}$ | 1 | $\frac{3}{2}$ | 2 | $\frac{5}{2}$ |
|---|---|---|---|---|---|---|
| $f(x)$ | $-1$ | $-\frac{3}{4}$ | 0 | $\frac{5}{4}$ | 3 | $\frac{21}{4}$ |

5. 设 $f(x)=x^7+5x^3+1$，求差商 $f[1,2]$，$f[1,2,2^2]$，$f[1,2^1,\cdots,2^7]$.

6. 设函数 $y=f(x)$ 在各节点的取值见表 2-17，试给出差分表，计算各阶差分值.

**表　2-17**

| $x$ | 0 | 0.2 | 0.4 | 0.6 | 0.8 | 1.0 |
|---|---|---|---|---|---|---|
| $f(x)$ | 1 | 0.818 731 | 0.670 320 | 0.548 812 | 0.449 329 | 0.367 879 |

7. 设 $f(0)=0$，$f(1)=16$，$f(2)=46$，求 $f[0,1]$，$f[0,1,2]$ 以及 $f(x)$ 的二次牛顿插值多项式.

8. 给定数据表，见表 2-18.

**表　2-18**

| $x$ | 1 | 2 | 4 | 6 | 7 |
|---|---|---|---|---|---|
| $f(x)$ | 4 | 1 | 0 | 1 | 1 |

求四次牛顿插值多项式，并写出插值余项.

9. 给出 $f(x)$ 的函数表，见表 2-19，写出牛顿插值公式，并计算 $f(0.596)$.

表 2-19

| $x$ | 0.4 | 0.55 | 0.65 | 0.80 | 0.90 | 1.05 |
|---|---|---|---|---|---|---|
| $f(x)$ | 0.410 75 | 0.578 15 | 0.696 75 | 0.888 11 | 1.026 52 | 1.253 86 |

10. 利用 $f(x)=\sin x$ 的函数表（见表 2-20）分别用二次牛顿向前插值公式和向后插值公式求 sin 0.578 91 的近似值，并估计误差.

表 2-20

| $x$ | 0.4 | 0.5 | 0.6 | 0.7 |
|---|---|---|---|---|
| $\sin x$ | 0.389 42 | 0.479 43 | 0.564 64 | 0.644 22 |

11. 已知数据表，见表 2-21.

表 2-21

| $x$ | 0 | 1 |
|---|---|---|
| $f(x)$ | 1 | 0 |
| $f'(x)$ | 0 | $-1$ |

构造不超过三次的插值多项式并写出其插值余项.

12. 设 $f(x)$ 在 $[x_0, x_1]$ 上有四阶连续导数，用构造基函数法求不超过三次的插值多项式，使满足下列插值条件：

$$P(x_i)=y_i,\quad P''(x_i)=M_i,\quad i=0,1$$

13. 已知函数 $f(x)$ 在三个节点上的函数值 $f(30)=0.500$，$f(45)=0.707$，$f(60)=0.816$，求 $f(x)$ 在区间 $[30,60]$ 上的分段线性插值函数 $P(x)$.

14. 设要在区间 $[1,10]$ 上构造 $f(x)=\lg x$ 在等距节点下的函数表，问怎样选取步长，才能保证用分段线性插值求 $\lg x$ 的近似值时，截断误差不超过 $10^{-6}$.

15. 用分段埃尔米特插值计算区间 $[0,1]$ 上非节点处的函数 $e^x$ 的近似值，在等距节点下，要使截断误差不超过 $10^{-6}$，需要多少个节点处的函数值及其导数值？

16. 设函数 $y=f(x)$ 在 $[1,5]$ 上满足条件：$f(1)=1$，$f(2)=3$，$f(4)=4$，$f(5)=2$，求满足上述插值条件的三次样条插值函数.

17. 对插值条件，见表 2-22，

**表　2-22**

| $x$ | 0 | 1 | 2 | 3 |
|---|---|---|---|---|
| $f(x)$ | 0 | 1 | 1 | 0 |

试分别求出满足下列边界条件的三次样条插值函数：

(1)$S'(0)=1,S'(3)=2$；

(2)$S''(0)=1,S''(3)=2$.

# 第三章 曲线拟合

上一章我们通过插值法构造插值多项式 $P(x)$ 作为 $f(x)$ 的近似函数，在一定程度上解决了求函数近似表达式的问题. 但在科学实验和生产实践中，提供的数据往往较多，并且这些数据不可避免地带有误差，如果要求近似曲线 $y=P(x)$ 严格通过所给的每个数据点，就会使曲线保留原有的误差，如果个别点的误差较大，就会引起插值函数产生严重的波动，使得插值效果很不理想. 为此，我们从另一种观点出发来构造近似函数，并不要求近似函数通过所有的数据点，只要求所得到的近似函数从总体上能反映被逼近函数的趋势. 换句话说，就是求一条曲线，使数据点均在此曲线的上方或下方附近，这条曲线反映出给定数据的一般趋势.

## 第一节 最小二乘法

设已给定 $m$ 组数据 $(x_i,y_i)(i=1,2,\cdots,m)$，欲求一函数 $y=\varphi(x)$，使得从总体上看，它与所给数据都尽可能接近. 这样的函数称为拟合函数，其图形称为拟合曲线，这样的问题称为曲线拟合问题. 我们以下面的例子来说明建立拟合函数 $\varphi(x)$ 的一种办法，即最小二乘法.

**例 3.1** 某种铜导线在温度 $t_i$ 时的电阻 $R_i$ 见表 3-1，求出电阻 $R$ 与温度 $t$ 的近似表达式.

**表 3-1**

| $i$ | 1 | 2 | 3 | 4 | 5 | 6 | 7 |
|---|---|---|---|---|---|---|---|
| $t_i$/℃ | 19.10 | 25.00 | 30.10 | 36.00 | 40.00 | 45.10 | 50.00 |
| $R_i$/Ω | 76.30 | 77.80 | 79.25 | 80.80 | 82.35 | 83.90 | 85.10 |

为了研究电阻 $R$ 与温度 $t$ 的这两个量之间的关系，把温度 $t$ 作为自变量，电阻 $R$ 作为因变量，把这 7 对数据点画在图 3-1 中. 可以看出电阻 $R$ 随着温度 $t$ 的增大而增大，他们之间大致呈线性关系. 因此很自然地想到用一条直线来表示两者之间的关系，可设这两个量的关系为一线性函数，即

$$R=a+bt \tag{3.1.1}$$

其中，$a,b$ 待定. 从图上可以看出，$(t_i, R_i)(i=1,2,\cdots,7)$ 并不在一条直线上，因此无论怎样确定 $a$ 与 $b$，所得直线都不能通过所有点. 如果用某种方式确定了 $\hat{a},\hat{b}$，则由式(3.1.1)可以确定 $\hat{R}(t)$，使得从总体上看，它与所给数据都尽可能接近，即

$$\hat{R}(t_i) \approx R_i \quad (i=1,2,\cdots,7)$$

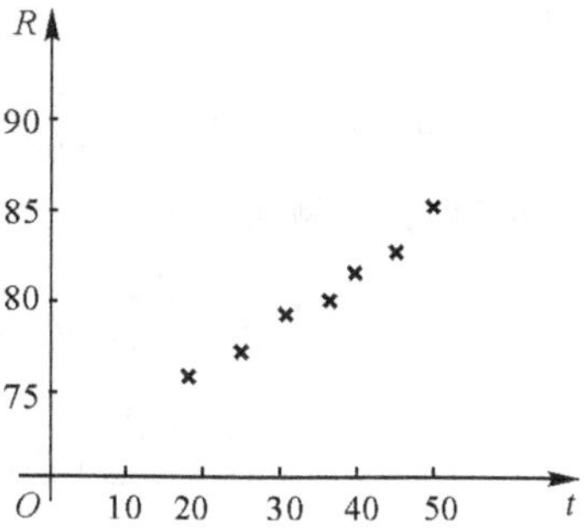


图　3-1

度量 $\hat{R}(t)$ 与所给数据的接近程度可以有多种方式，例如可以考虑偏差绝对值之和最小，即求 $a,b$ 使

$$D(a,b)=\sum_{i=1}^{7}|\delta_i|=\sum_{i=1}^{7}|a+bt_i-R_i|$$

取最小值；使偏差平方和达到最小，即求 $a,b$ 使

$$D(a,b)=\sum_{i=1}^{7}\delta_i^2=\sum_{i=1}^{7}(a+bt_i-R_i)^2$$

取最小值. 为了便于计算、分析与应用，我们较多地根据偏差平方和最小的原则(称为最小二乘原则)来选取拟合曲线. 按最小二乘原则选择拟合曲线的方法称为最小二乘法.

一般地，用最小二乘法解决问题包含两个基本步骤：首先根据所给数据点的变化趋势与问题的实际背景，确定拟合函数 $\varphi(x)$ 的形式；然后按最小二乘原则确定拟合函数中的未知参数，从而求得拟合曲线 $y=\hat{\varphi}(x)$

## 第二节　多项式曲线拟合

所求的拟合函数可以是多种函数类，其中最简单的是多项式，我们要着重讨论多项式拟合问题. 问题的提法是：已给定 $m$ 组数据 $(x_i, y_i)(i=1,2,\cdots,m)$，求一 $n$ 次多项式

$$P(x)=a_0+a_1x+\cdots+a_nx^n$$

适当地选取 $a_0,a_1,\cdots,a_n$，使得

$$\sum_{i=1}^{m}[P(x_i)-y_i]^2=\sum_{i=1}^{m}[(a_0+a_1x_i+\cdots+a_nx_i^n)-y_i]^2 \qquad (3.2.1)$$

最小.

为了求出拟合多项式，先由已知数据点画出散点图，从而确定拟合多项式的次数，然后求系数 $a_i(i=0,1,\cdots,n)$，使式(3.2.1)达到最小. 也即求多元

函数

$$D(a_0,a_1,\cdots,a_n)=\sum_{i=1}^{m}\left[(a_0+a_1x_i+\cdots+a_nx_i^n)-y_i\right]^2 \tag{3.2.2}$$

的最小值.具体做法如下:

$$\frac{\partial D}{\partial a_k}=2\sum_{i=1}^{m}\left[(a_0+a_1x_i+\cdots+a_nx_i^n)-y_i\right]x_i^k=$$

$$2\left[\sum_{i=1}^{m}\left(\sum_{j=0}^{n}a_jx_i^{j+k}\right)-\sum_{i=1}^{m}y_ix_i^k\right]$$

由多元函数极值的一阶必要条件$\dfrac{\partial D}{\partial a_k}=0(k=0,1,\cdots,n)$,得

$$\sum_{j=0}^{n}\left(\sum_{i=1}^{m}x_i^{j+k}\right)a_j=\sum_{i=1}^{m}y_ix_i^k \quad (k=0,1,\cdots,n) \tag{3.2.3}$$

即

$$\begin{pmatrix} m & \sum_{i=1}^{m}x_i & \cdots & \sum_{i=1}^{m}x_i^n \\ \sum_{i=1}^{m}x_i & \sum_{i=1}^{m}x_i^2 & \cdots & \sum_{i=1}^{m}x_i^{n+1} \\ \vdots & \vdots & & \vdots \\ \sum_{i=1}^{m}x_i^n & \sum_{i=1}^{m}x_i^{n+1} & \cdots & \sum_{i=1}^{m}x_i^{2n} \end{pmatrix}\begin{pmatrix} a_0 \\ a_1 \\ \vdots \\ a_n \end{pmatrix}=\begin{pmatrix} \sum_{i=1}^{m}y_i \\ \sum_{i=1}^{m}x_iy_i \\ \vdots \\ \sum_{i=1}^{m}x_i^ny_i \end{pmatrix} \tag{3.2.4}$$

称方程组(3.2.3)或(3.2.4)为正规方程.

**定理 3.1** 设点 $x_1,x_2,\cdots,x_m$ 互异,$m\geqslant n+1$,则正规方程组(3.2.4)的解存在且唯一.

**证** 把方程组(3.2.4)写成矩阵形式为

$$\boldsymbol{Q}^{\mathrm{T}}\boldsymbol{Q}\boldsymbol{a}=\boldsymbol{Q}^{\mathrm{T}}\boldsymbol{y} \tag{3.2.5}$$

其中

$$\boldsymbol{Q}=\begin{pmatrix} 1 & x_1 & x_1^2 & \cdots & x_1^n \\ 1 & x_2 & x_2^2 & \cdots & x_2^n \\ \vdots & \vdots & \vdots & & \vdots \\ 1 & x_{n+1} & x_{n+1}^2 & \cdots & x_{n+1}^n \\ \vdots & \vdots & \vdots & & \vdots \\ 1 & x_m & x_m^2 & \cdots & x_m^n \end{pmatrix},\quad \boldsymbol{a}=\begin{pmatrix} a_0 \\ a_1 \\ \vdots \\ a_n \end{pmatrix},\quad \boldsymbol{y}=\begin{pmatrix} y_1 \\ y_2 \\ \vdots \\ y_{n+1} \\ \vdots \\ y_m \end{pmatrix}$$

记 $\boldsymbol{Q}$ 的前 $n+1$ 行构成的矩阵为$\boldsymbol{Q}_1$,后 $m-(n+1)$ 行构成的矩阵为$\boldsymbol{Q}_2$,于是

$$\boldsymbol{Q}=\begin{pmatrix} \boldsymbol{Q}_1 \\ \boldsymbol{Q}_2 \end{pmatrix}$$

$$Q_1 = \begin{pmatrix} 1 & x_1 & x_1^2 & \cdots & x_1^n \\ 1 & x_2 & x_2^2 & \cdots & x_2^n \\ \vdots & \vdots & \vdots & & \vdots \\ 1 & x_{n+1} & x_{n+1}^2 & \cdots & x_{n+1}^n \end{pmatrix}$$

$Q_1$ 的行列式为范德蒙行列式，有

$$\det Q_1 = \prod_{1\leqslant i<j\leqslant n+1} (x_j - x_i) \neq 0$$

得方程组

$$Q_1 z = 0$$

只有零解.从而

$$Qz = 0 \text{ 或 } \begin{pmatrix} Q_1 \\ Q_2 \end{pmatrix} z = 0$$

只有零解.因此对任意非零向量 $z$，$Qz$ 必不为零向量，故 $|Qz| > 0$，故

$$z^{\mathrm{T}} Q^{\mathrm{T}} Q z = (Qz)^{\mathrm{T}}(Qz) = |Qz|^2 > 0$$

即$Q^{\mathrm{T}}Q$ 为正定矩阵，其行列式不为零，故正规方程(3.2.5) 的解存在且唯一.

上面推得，正规方程(3.2.4) 的解是式(3.2.1) 取得最小值的必要条件；下面定理表明，若 $\hat{a}_0, \hat{a}_1, \cdots, \hat{a}_n$ 是正规方程组(3.2.4) 的解，则它一定使式(3.2.1) 达到最小.

**定理 3.2** 设 $\hat{a} = (\hat{a}_0, \hat{a}_1, \cdots, \hat{a}_n)^{\mathrm{T}}$ 是正规方程组(3.2.3) 或(3.2.4) 的解，则它使 $D(a_0, a_1, \cdots, a_n) = \sum\limits_{i=1}^{m} [(a_0 + a_1 x_i + \cdots + a_n x_i^n) - y_i]^2$ 取得最小值.

**证** 即要证

$$\sum_{i=1}^{m} \Big[\Big(\sum_{k=0}^{n} a_k x_i^k\Big) - y_i\Big]^2 - \sum_{i=1}^{m} \Big[\Big(\sum_{k=0}^{n} \hat{a}_k x_i^k\Big) - y_i\Big]^2 \geqslant 0$$

由于

$$\sum_{i=1}^{m} \Big[\Big(\sum_{k=0}^{n} a_k x_i^k\Big) - y_i\Big]^2 = |Qa - y|^2$$

$$\sum_{i=1}^{m} \Big[\Big(\sum_{k=0}^{n} \hat{a}_k x_i^k\Big) - y_i\Big]^2 = |Q\hat{a} - y|^2$$

于是

$$\sum_{i=1}^{m} \Big[\Big(\sum_{k=0}^{n} a_k x_i^k\Big) - y_i\Big]^2 - \sum_{i=1}^{m} \Big[\Big(\sum_{k=0}^{n} \hat{a}_k x_i^k\Big) - y_i\Big]^2 =$$

$$|Qa - y|^2 - |Q\hat{a} - y|^2 = (Qa - y)^{\mathrm{T}}(Qa - y) - (Q\hat{a} - y)^{\mathrm{T}}(Q\hat{a} - y) =$$

$$(a^{\mathrm{T}} Q^{\mathrm{T}} Q a - a^{\mathrm{T}} Q^{\mathrm{T}} y - y^{\mathrm{T}} Q a + y^{\mathrm{T}} y) - (\hat{a}^{\mathrm{T}} Q^{\mathrm{T}} Q \hat{a} - \hat{a}^{\mathrm{T}} Q^{\mathrm{T}} y - y^{\mathrm{T}} Q \hat{a} + y^{\mathrm{T}} y) =$$

$$a^{\mathrm{T}} Q^{\mathrm{T}} Q a - 2 a^{\mathrm{T}} Q^{\mathrm{T}} y - \hat{a}^{\mathrm{T}} Q^{\mathrm{T}} Q \hat{a} + 2 \hat{a}^{\mathrm{T}} Q^{\mathrm{T}} y =$$

$$[\boldsymbol{a}^{\mathrm{T}}(\boldsymbol{Q}^{\mathrm{T}}\boldsymbol{Q})\boldsymbol{a}-2\boldsymbol{a}^{\mathrm{T}}(\boldsymbol{Q}^{\mathrm{T}}\boldsymbol{Q})\hat{\boldsymbol{a}}+\hat{\boldsymbol{a}}^{\mathrm{T}}(\boldsymbol{Q}^{\mathrm{T}}\boldsymbol{Q})\hat{\boldsymbol{a}}]+$$
$$[2\,\boldsymbol{a}^{\mathrm{T}}(\boldsymbol{Q}^{\mathrm{T}}\boldsymbol{Q})\hat{\boldsymbol{a}}-2\,\hat{\boldsymbol{a}}^{\mathrm{T}}(\boldsymbol{Q}^{\mathrm{T}}\boldsymbol{Q})\hat{\boldsymbol{a}}]+[2\,\hat{\boldsymbol{a}}^{\mathrm{T}}\,\boldsymbol{Q}^{\mathrm{T}}\boldsymbol{y}-2\,\boldsymbol{a}^{\mathrm{T}}\,\boldsymbol{Q}^{\mathrm{T}}\boldsymbol{y}]=$$
$$(\boldsymbol{a}-\hat{\boldsymbol{a}})^{\mathrm{T}}(\boldsymbol{Q}^{\mathrm{T}}\boldsymbol{Q})(\boldsymbol{a}-\hat{\boldsymbol{a}})+2\,(\boldsymbol{a}-\hat{\boldsymbol{a}})^{\mathrm{T}}(\boldsymbol{Q}^{\mathrm{T}}\boldsymbol{Q})\hat{\boldsymbol{a}}-2\,(\boldsymbol{a}-\hat{\boldsymbol{a}})^{\mathrm{T}}\,\boldsymbol{Q}^{\mathrm{T}}\boldsymbol{y}$$

上式中，由 $\hat{\boldsymbol{a}}=(\hat{a}_0,\hat{a}_1,\cdots,\hat{a}_n)^{\mathrm{T}}$ 是正规方程组的解，有

$$(\boldsymbol{a}-\hat{\boldsymbol{a}})^{\mathrm{T}}(\boldsymbol{Q}^{\mathrm{T}}\boldsymbol{Q})\hat{\boldsymbol{a}}=(\boldsymbol{a}-\hat{\boldsymbol{a}})^{\mathrm{T}}\,\boldsymbol{Q}^{\mathrm{T}}\boldsymbol{y}$$

又由定理 3.1 的证明知$\boldsymbol{Q}^{\mathrm{T}}\boldsymbol{Q}$ 为正定矩阵，故

$$(\boldsymbol{a}-\hat{\boldsymbol{a}})^{\mathrm{T}}(\boldsymbol{Q}^{\mathrm{T}}\boldsymbol{Q})(\boldsymbol{a}-\hat{\boldsymbol{a}})\geqslant 0$$

于是
$$\sum_{i=1}^{m}\left[\left(\sum_{k=0}^{n}a_k x_i^k\right)-y_i\right]^2-\sum_{i=1}^{m}\left[\left(\sum_{k=0}^{n}\hat{a}_k x_i^k\right)-y_i\right]^2=$$
$$(\boldsymbol{a}-\hat{\boldsymbol{a}})^{\mathrm{T}}(\boldsymbol{Q}^{\mathrm{T}}\boldsymbol{Q})(\boldsymbol{a}-\hat{\boldsymbol{a}})\geqslant 0$$

定理 3.2 表明，在确定了拟合函数为 $n$ 次多项式 $P(x)=a_0+a_1x+\cdots+a_nx^n$ 之后，可以通过求解正规方程组(3.2.4)，求得使式(3.2.1) 达到最小值的 $\hat{a}_0,\hat{a}_1,\cdots,\hat{a}_n$，从而得到拟合多项式为

$$y=\hat{a}_0+\hat{a}_1x+\cdots+\hat{a}_nx^n \tag{3.2.6}$$

用上述方法求得的拟合函数能否较好地反映被逼近的函数，我们往往通过由式(3.2.6) 算出的函数值(称为拟合值)，即

$$\hat{y}_i=\hat{a}_0+\hat{a}_1x_i+\cdots+\hat{a}_nx_i^n$$

与实际值的偏差平方和的平方根(称为均方误差)，即

$$\sqrt{\sum_{i=1}^{m}\delta_i^2}=\sqrt{\sum_{i=1}^{m}(\hat{y}_i-y_i)^2} \tag{3.2.7}$$

和最大偏差

$$\max_{1\leqslant i\leqslant m}|\delta_i|=\max_{1\leqslant i\leqslant m}|\hat{y}_i-y_i| \tag{3.2.8}$$

来检验是否可以接受所得的拟合函数.

现在求出例 3.1 中的拟合函数. 由已给数据描绘的散点图可知，选择拟合函数为一次多项式(3.1.1). 计算得

$$\sum_{i=1}^{7}t_i=245.30,\quad \sum_{i=1}^{7}t_i^2=9\,325.83$$
$$\sum_{i=1}^{7}R_i=565.50,\quad \sum_{i=1}^{7}t_iR_i=20\,029.445$$

写出正规方程.

$$\begin{pmatrix}7 & 245.30\\ 245.30 & 9\,325.83\end{pmatrix}\begin{pmatrix}a\\ b\end{pmatrix}=\begin{pmatrix}565.50\\ 20\,029.445\end{pmatrix}$$

求解方程得 $a=70.572\,0,b=0.291\,5$，则所得拟合函数为

$$R = 70.5720 + 0.2915t \tag{3.2.9}$$

由上式算出拟合值，见表 3－2.

**表 3－2**

| $j$ | 1 | 2 | 3 | 4 | 5 | 6 | 7 |
|---|---|---|---|---|---|---|---|
| $t_i$ | 19.10 | 25.00 | 30.10 | 36.00 | 40.00 | 45.10 | 50.00 |
| $R_i$ | 76.30 | 77.80 | 79.25 | 80.80 | 82.35 | 83.90 | 85.10 |
| $\hat{R}_i$ | 76.139 7 | 77.859 5 | 79.346 2 | 81.066 0 | 82.232 0 | 83.718 7 | 85.147 0 |

并计算均方误差为 $\sqrt{\sum_{i=1}^{7}\delta_i^2}=0.3978$ 和最大偏差为 $\max\limits_{1\leqslant i\leqslant 7}|\delta_i|=0.2660$，如果误差允许，我们就可以用拟合函数(3.2.9)来计算温度在 19.1 ~ 50.0℃ 之间的电阻. 否则，就应考虑改变拟合函数的类型或增加实验数据等办法建立新的拟合函数.

**例 3.2** 求一个多项式拟合表 3－3 中的数据.

**表 3－3**

| $x$ | 1 | 3 | 5 | 6 | 7 | 8 | 9 | 10 |
|---|---|---|---|---|---|---|---|---|
| $y$ | 10 | 5 | 2 | 1 | 1 | 2 | 3 | 4 |

**解** 将表中给出的数据点描绘在图中，如图 3－2 所示，由图 3－2 可以看出，10 个点大体分布在一条抛物线附近，故可选拟合函数为二次多项式，即令

$$y = a_0 + a_1x + a_2x^2$$

表 3－4 列出了正规方程组的系数和右端项.

**表 3－4**

| $i$ | $x_i$ | $y_i$ | $x_iy_i$ | $x_i^2$ | $x_i^2y_i$ | $x_i^3$ | $x_i^4$ |
|---|---|---|---|---|---|---|---|
| 1 | 1 | 10 | 10 | 1 | 10 | 1 | 1 |
| 2 | 3 | 5 | 15 | 9 | 45 | 27 | 81 |
| 3 | 5 | 2 | 10 | 25 | 50 | 125 | 625 |
| 4 | 6 | 1 | 6 | 36 | 36 | 216 | 1 296 |
| 5 | 7 | 1 | 7 | 49 | 49 | 343 | 2 401 |
| 6 | 8 | 2 | 16 | 64 | 128 | 512 | 4 096 |
| 7 | 9 | 3 | 27 | 81 | 243 | 729 | 6 561 |
| 8 | 10 | 4 | 40 | 100 | 400 | 1 000 | 10 000 |
| $\sum$ | 49 | 28 | 131 | 365 | 961 | 2 953 | 25 061 |

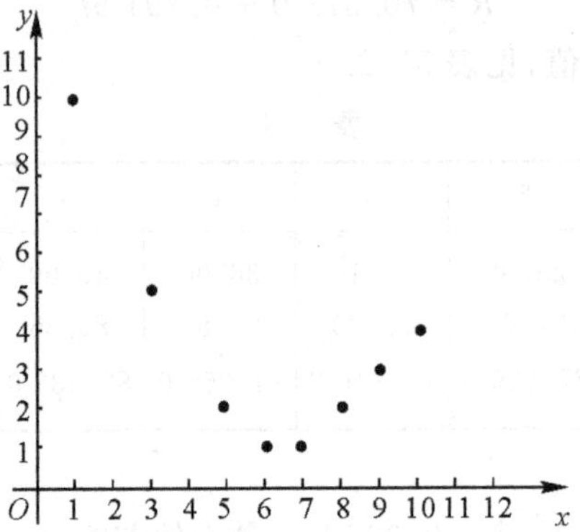


图 3-2

建立正规方程组

$$\begin{pmatrix} 8 & \sum_{i=1}^{8} x_i & \sum_{i=1}^{8} x_i^2 \\ \sum_{i=1}^{8} x_i & \sum_{i=1}^{8} x_i^2 & \sum_{i=1}^{8} x_i^3 \\ \sum_{i=1}^{8} x_i^2 & \sum_{i=1}^{8} x_i^3 & \sum_{i=1}^{8} x_i^4 \end{pmatrix} \begin{pmatrix} a_0 \\ a_1 \\ a_2 \end{pmatrix} = \begin{pmatrix} \sum_{i=1}^{8} y_i \\ \sum_{i=1}^{8} x_i y_i \\ \sum_{i=1}^{8} x_i^2 y_i \end{pmatrix}$$

将表 3-4 的数据代入得方程组

$$\begin{cases} 8a_0 + 49a_1 + 365a_2 = 28 \\ 49a_0 + 365a_1 + 2\ 953a_2 = 131 \\ 365a_0 + 2\ 953a_1 + 25\ 061a_2 = 961 \end{cases}$$

解方程组，得 $a_0 = 13.397\ 7, a_1 = -3.674\ 1, a_2 = 0.276\ 3$，于是拟合多项式为

$$y = 13.397\ 7 - 3.674\ 1x + 0.276\ 3x^2$$

在许多实际问题中，变量之间的内在关系并非都呈多项式形式，但有时可以通过变量代换转化为多项式拟合问题，现举例说明.

**例 3.3** 炼钢厂出钢时所用的钢包，在使用过程中由于钢水对耐火材料的侵蚀，使其容积不断增大，经过试验，钢包的容积 $y$ 与相应的使用次数 $x$ 的数据见表 3-5. 我们希望找出使用次数与增大的容积之间的关系.

**解** 先画出数据的散点图，如图 3-3 所示. 可以看出，曲线随 $x$ 的增大而上升，且上升速度由快变慢；钢包的容积不会无穷增大，当 $x$ 趋于无穷时，变量 $y$ 趋于某一常数，且有一水平渐近线. 具有这些特点的函数很多，显然不是多项式，下面我们根据曲线的特点选取两种形式的函数进行拟合.

表　3－5

| $i$ | $x$ | $y$ | $i$ | $x$ | $y$ |
|---|---|---|---|---|---|
| 1 | 2 | 106.42 | 8 | 11 | 110.59 |
| 2 | 3 | 108.20 | 9 | 14 | 110.60 |
| 3 | 4 | 109.58 | 10 | 15 | 110.90 |
| 4 | 5 | 109.50 | 11 | 16 | 110.76 |
| 5 | 7 | 110.00 | 12 | 18 | 111.00 |
| 6 | 8 | 109.93 | 13 | 19 | 111.20 |
| 7 | 10 | 110.49 | | | |

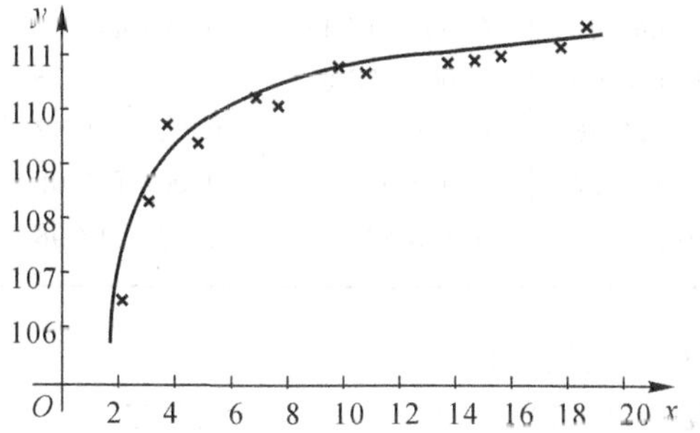


图　3－3

(1) 选用双曲线形式的函数.

$$y=\frac{x}{ax+b} \tag{3.2.10}$$

如果直接按最小二乘原则去确定参数 $a$ 和 $b$，则问题归结为求解非线性方程组，计算很麻烦. 将式(3.2.10) 改写为

$$\frac{1}{y}=a+\frac{b}{x}$$

引入新变量 $Y=\frac{1}{y}, X=\frac{1}{x}$，则式(3.2.10) 就变为

$$Y=a+bX$$

由表 3－5 所给的数据算出新变量 $X$ 和 $Y$ 的数据，及正规方程组的系数和右端项列于表 3－6 中.

表 3-6

| $i$ | $X=\frac{1}{x}$ | $Y=\frac{1}{y}$ | $X^2$ | $XY$ |
|---|---|---|---|---|
| 1 | 0.500 000 00 | 0.009 396 73 | 0.250 000 00 | 0.004 698 37 |
| 2 | 0.333 333 33 | 0.009 242 14 | 0.111 111 11 | 0.003 080 71 |
| 3 | 0.250 000 00 | 0.009 125 75 | 0.062 500 00 | 0.002 281 44 |
| 4 | 0.200 000 00 | 0.009 132 42 | 0.040 000 00 | 0.001 826 48 |
| 5 | 0.142 857 14 | 0.009 090 91 | 0.020 408 16 | 0.001 298 70 |
| 6 | 0.125 000 00 | 0.009 096 70 | 0.015 625 00 | 0.001 137 09 |
| 7 | 0.100 000 00 | 0.009 050 59 | 0.010 000 00 | 0.000 905 06 |
| 8 | 0.090 909 09 | 0.009 042 41 | 0.008 264 46 | 0.000 822 04 |
| 9 | 0.071 428 57 | 0.009 041 59 | 0.005 102 04 | 0.000 645 83 |
| 10 | 0.066 666 67 | 0.009 017 13 | 0.004 444 44 | 0.000 601 14 |
| 11 | 0.062 500 00 | 0.009 028 53 | 0.003 906 25 | 0.000 564 28 |
| 12 | 0.055 555 56 | 0.009 009 01 | 0.003 086 42 | 0.000 500 50 |
| 13 | 0.052 631 57 | 0.008 992 81 | 0.002 770 08 | 0.000 473 31 |
| $\sum$ | 2.050 881 93 | 0.118 266 72 | 0.537 217 96 | 0.018 834 95 |

由表 3-6 的数据写出正规方程组

$$\begin{cases} 13a+2.050\,881\,93b=0.118\,266\,72 \\ 2.050\,881\,93a+0.537\,217\,96b=0.018\,834\,95 \end{cases}$$

解方程组，得 $a=0.008\,966\,63$，$b=0.000\,829\,20$，故

$$Y=0.008\,966\,63+0.000\,829\,20X$$

得双曲拟合函数 $$y=\frac{x}{0.008\,966\,63x+0.000\,829\,20}$$

(2) 选用指数形式的函数.

$$y=a\mathrm{e}^{\frac{b}{x}} \quad (a>0,b<0) \tag{3.2.11}$$

类似上面的方法，我们不直接用最小二乘法求参数 $a$ 和 $b$，对上式两边取对数，得

$$\ln y=\ln a+\frac{b}{x}$$

令 $Y=\ln y$，$X=\frac{1}{x}$，则式(3.2.11)就变为

$$Y=A+bX$$

其中 $A=\ln a$，由表 3-5 所给的数据算出新变量 $X$ 和 $Y$ 的数据，及正规方程组的系数和右端项列于表 3-7 中.

**表 3-7**

| $i$ | $X=\frac{1}{x}$ | $Y=\ln y$ | $X^2$ | $XY$ |
|---|---|---|---|---|
| 1 | 0.500 000 00 | 4.667 393 53 | 0.250 000 00 | 2.333 696 77 |
| 2 | 0.333 333 33 | 4.683 981 37 | 0.111 111 11 | 1.561 327 11 |
| 3 | 0.250 000 00 | 4.696 654 88 | 0.062 500 00 | 1.174 163 72 |
| 4 | 0.200 000 00 | 4.695 924 55 | 0.040 000 00 | 0.939 184 91 |
| 5 | 0.142 857 14 | 4.700 480 37 | 0.020 408 16 | 0.671 497 18 |
| 6 | 0.125 000 00 | 4.699 843 80 | 0.015 625 00 | 0.587 480 48 |
| 7 | 0.100 000 00 | 4.704 925 02 | 0.010 000 00 | 0.470 492 50 |
| 8 | 0.090 909 09 | 4.705 829 67 | 0.008 264 46 | 0.427 802 69 |
| 9 | 0.071 428 57 | 4.705 920 09 | 0.005 102 04 | 0.336 137 14 |
| 10 | 0.066 666 67 | 4.708 628 89 | 0.004 444 44 | 0.313 908 61 |
| 11 | 0.062 500 00 | 4.707 365 70 | 0.003 906 25 | 0.294 210 36 |
| 12 | 0.055 555 56 | 4.709 530 20 | 0.003 086 42 | 0.261 640 59 |
| 13 | 0.052 631 57 | 4.711 330 38 | 0.002 770 08 | 0.247 964 72 |
| $\sum$ | 2.050 881 93 | 61.097 808 45 | 0.537 217 96 | 9.619 506 78 |

由表 3-7 的数据写出正规方程组

$$\begin{cases} 13A + 2.050\ 881\ 93b = 61.097\ 808\ 45 \\ 2.050\ 881\ 93A + 0.537\ 217\ 96b = 9.619\ 506\ 78 \end{cases}$$

解方程组，得 $A = 4.714\ 075\ 75$，$b = -0.090\ 291\ 08$，有

$$Y = 4.714\ 075\ 75 - 0.090\ 291\ 08X$$

$a = e^A = 111.505\ 704\ 4$，于是得指数拟合函数为

$$y = 111.505\ 704\ 4e^{-\frac{0.090\ 291\ 08}{x}}$$

把实测值和由双曲拟合函数和指数拟合函数算出的拟合值列于表 3-8.

**表 3-8**

| $i$ | $x$ | 实测值 | 拟合值(双曲函数) | 拟合值(指数函数) |
|---|---|---|---|---|
| 1 | 2 | 106.42 | 106.595 830 2 | 106.583 659 3 |
| 2 | 3 | 108.20 | 108.189 630 5 | 108.199 714 0 |
| 3 | 4 | 109.58 | 109.004 537 9 | 109.016 907 0 |
| 4 | 5 | 109.50 | 109.499 401 6 | 109.510 182 3 |
| 5 | 7 | 110.00 | 110.070 490 7 | 110.076 659 1 |
| 6 | 8 | 109.93 | 110.250 179 7 | 110.254 283 4 |
| 7 | 10 | 110.49 | 110.502 732 2 | 110.503 438 9 |
| 8 | 11 | 110.59 | 110.594 856 6 | 110.594 180 5 |
| 9 | 14 | 110.60 | 110.792 784 1 | 110.788 877 7 |
| 10 | 15 | 110.90 | 110.841 274 2 | 110.836 522 4 |
| 11 | 16 | 110.76 | 110.883 737 8 | 110.878 228 4 |
| 12 | 18 | 111.00 | 110.954 583 0 | 110.947 773 2 |
| 13 | 19 | 111.20 | 110.984 439 6 | 110.977 068 3 |

由表3-8算得双曲拟合函数的均方误差为$\sqrt{\sum_{i=1}^{13}\delta_i^2}=0.757\ 829\ 1$，最大偏差为$\max\limits_{1\leqslant i\leqslant 13}|\delta_i|=0.575\ 462\ 1$；指数拟合函数的均方误差为$\sqrt{\sum_{i=1}^{13}\delta_i^2}=0.749\ 202\ 6$，最大偏差为$\max\limits_{1\leqslant i\leqslant 13}|\delta_i|=0.563\ 093\ 0$，所以用指数拟合函数能较好地反映钢包使用次数与增大容积之间的关系.

## 第三节　加权最小二乘法

在拟合问题中所用的数据是实验或生产实际得到的数据，各数据的可靠程度以及重要性不尽相同，因此在求拟合曲线时，常常用赋予数据较大的权来体现具有较高可靠性、精度较高或地位较重要的那些数据，这就是加权最小二乘法.

仍研究拟合函数为多项式的加权最小二乘法. 即已知 $m$ 组数据$(x_i,y_i)$ $(i=1,2,\cdots,m)$，对 $n$ 次多项式

$$P(x)=a_0+a_1x+\cdots+a_nx^n$$

求 $a_0,a_1,\cdots,a_n$，使得

$$\sum_{i=1}^{m}w_i\left[P(x_i)-y_i\right]^2=\sum_{i=1}^{m}w_i\left[\sum_{k=0}^{n}a_kx_i^k-y_i\right]^2 \tag{3.3.1}$$

为最小. 其中 $w_i(i=1,2,\cdots,m)$ 称为权，它的大小反映了数据$(x_i,y_i)(i=1,2,\cdots,m)$ 的精度，可靠性等. 用类似于本章第二节的方法求式(3.3.1) 的最小值，得到以 $a_0,a_1,\cdots,a_n$ 为未知量的方程组，即加权多项式拟合的正规方程组为

$$\begin{bmatrix}\sum_{i=1}^{m}w_i & \sum_{i=1}^{m}w_ix_i & \cdots & \sum_{i=1}^{m}w_ix_i^n\\ \sum_{i=1}^{m}w_ix_i & \sum_{i=1}^{m}w_ix_i^2 & \cdots & \sum_{i=1}^{m}w_ix_i^{n+1}\\ \vdots & \vdots & & \vdots\\ \sum_{i=1}^{m}w_ix_i^n & \sum_{i=1}^{m}w_ix_i^{n+1} & \cdots & \sum_{i=1}^{m}w_ix_i^{2n}\end{bmatrix}\begin{bmatrix}a_0\\ a_1\\ \vdots\\ a_n\end{bmatrix}=\begin{bmatrix}\sum_{i=1}^{m}w_iy_i\\ \sum_{i=1}^{m}w_ix_iy_i\\ \vdots\\ \sum_{i=1}^{m}w_ix_i^ny_i\end{bmatrix} \tag{3.3.2}$$

同样可以证明正规方程组(3.3.2) 具有唯一解 $\hat{a}_0,\hat{a}_1,\cdots,\hat{a}_n$，且使式(3.3.1) 达到最小.

第二节所求的问题，相当于取权均为 $w_i=1(i=1,2,\cdots,m)$ 时的情况.

**例 3.4**　已知一组实验数据及权，见表 3-9.

**表　3-9**

| $i$ | 1 | 2 | 3 | 4 | 5 |
|---|---|---|---|---|---|
| $x_i$ | 1 | 2 | 3 | 4 | 5 |
| $y_i$ | 4 | 4.5 | 6 | 8 | 8.5 |
| $w_i$ | 2 | 1 | 3 | 1 | 1 |

试求最小二乘拟合曲线.

**解**　将表中给出的数据点描绘在图中，如图 3-4 所示.

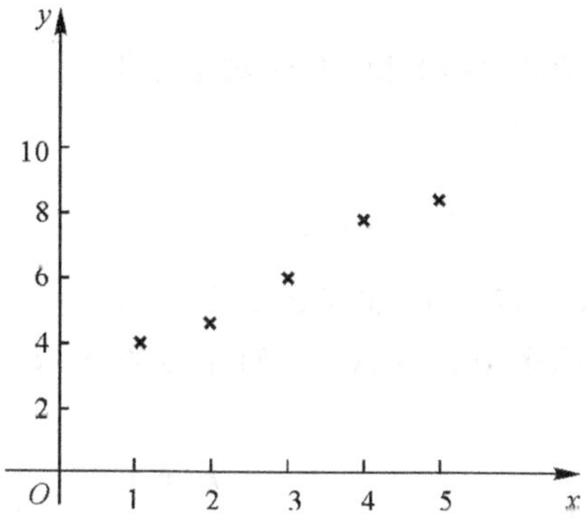


图　3-4

数据点分布在一条直线附近，故选拟合函数为一次多项式，即令

$$y = a_0 + a_1 x$$

计算得

$$\sum_{i=1}^{5} w_i = 8,\quad \sum_{i=1}^{5} w_i x_i = 22,\quad \sum_{i=1}^{5} w_i x_i^2 = 74$$

$$\sum_{i=1}^{5} w_i y_i = 47,\quad \sum_{i=1}^{5} w_i x_i y_i = 145.5$$

于是正规方程组为

$$\begin{cases} 8a_0 + 22a_1 = 47 \\ 22a_0 + 74a_1 = 145.5 \end{cases}$$

解得 $\hat{a}_0 = 2.564\,8$，$\hat{a}_1 = 1.203\,7$，故拟合函数为

$$y = 2.564\,8 + 1.203\,7x$$

## 第四节　正交多项式拟合

在前文中我们是用代数多项式 $P(x)=a_0+a_1x+\cdots+a_nx^n$ 来拟合已给的数据.虽然正规方程组有唯一解,但如果多项式次数比较高,会给求解正规方程组带来很大的困难.为解决这方面的问题,本节介绍一种用正交多项式求拟合多项式的方法,这种方法利用正交多项式的性质,使求解正规方程组的问题变得非常简单.

### 一、正交多项式

**定义 3.1**　若多项式 $f(x)$ 和 $g(x)$ 对于点集 $x_i(i=1,2,\cdots,m)$ 和权 $w_i$ $(i=1,2,\cdots,m)$,有

$$\sum_{i=1}^{m}w_if(x_i)g(x_i)=0$$

则称 $f(x)$ 和 $g(x)$ 关于点集 $x_i$ 和权 $w_i(i=1,2,\cdots,m)$ 正交.

**定义 3.2**　若一组多项式$\{P_k(x)\}$对于点集 $x_i(i=1,2,\cdots,m)$ 和权 $w_i$ $(i=1,2,\cdots,m)$,有

$$\sum_{i=1}^{m}w_iP_k(x_i)P_j(x_i)=\begin{cases}0, & k\neq j\\ A_k>0, & k=j\end{cases}\quad(k,j=0,1,2,\cdots)$$

则称$\{P_k(x)\}$为关于点集 $x_i(i=1,2,\cdots,m)$ 和权 $w_i(i=1,2,\cdots,m)$ 的正交多项式族.

**定义 3.3**　设 $\rho(x)$ 为定义在区间$[a,b]$上的非负函数,且具有性质:

(1) $\int_a^b\rho(x)\mathrm{d}x>0$;

(2) $\int_a^b x^n\rho(x)\mathrm{d}x(n=1,2,\cdots)$ 存在.

则称 $\rho(x)$ 为区间$[a,b]$上的权函数.

**定义 3.4**　设多项式 $f(x)$ 和 $g(x)$ 在区间$[a,b]$上有定义,若

$$\int_a^b\rho(x)f(x)g(x)\mathrm{d}x=0$$

则称 $f(x)$ 和 $g(x)$ 在区间$[a,b]$上关于权函数 $\rho(x)$ 正交.

**定义 3.5**　设$\{P_i(x)\}$为定义在区间$[a,b]$上的多项式族,若

$$\int_a^b\rho(x)P_k(x)P_j(x)\mathrm{d}x=\begin{cases}0, & k\neq j\\ A>0, & k=j\end{cases}\quad(k,j=0,1,2,\cdots)$$

则称$\{P_i(x)\}$为区间$[a,b]$上关于权函数 $\rho(x)$ 的正交多项式族.

如果在提到正交多项式时，没有提到权，就意味着权函数 $\rho(x)=1(x\in[a,b])$ 或权 $w_i=1(i=1,2,\cdots,m)$.

正交多项式具有以下性质.

**性质 3.1**　正交多项式族 $P_0(x),P_1(x),\cdots,P_n(x),\cdots$ 中的任意有限个函数线性无关.

**性质 3.2**　任意一次数不大于 $n$ 的多项式 $q(x)$ 与正交多项式族中的 $k$ 次多项式 $P_k(x)(k\geqslant n+1)$ 正交.

**证**　由性质 3.1 知，$P_0(x),P_1(x),\cdots,P_n(x)$ 为次数不超过 $n$ 的多项式集合的一组基，故 $q(x)$ 可由正交多项式 $P_0(x),P_1(x),\cdots,P_n(x)$ 线性表示，即存在不全为零的一组常数 $c_0,c_1,\cdots,c_n$，有

$$q(x)=\sum_{j=0}^{n}c_jP_j(x)$$

则

$$\int_a^b\rho(x)P_k(x)q(x)\mathrm{d}x=\sum_{j=0}^{n}c_j\int_a^b\rho(x)P_k(x)P_j(x)\mathrm{d}x$$

而

$$\int_a^b\rho(x)P_k(x)P_j(x)\mathrm{d}x=0\quad(k\geqslant n+1,j=0,1,\cdots,n)$$

故

$$\int_a^b\rho(x)P_k(x)q(x)\mathrm{d}x=0\quad(k\geqslant n+1)$$

**性质 3.3**　正交多项式族 $P_0(x),P_1(x),\cdots,P_n(x),\cdots$ 中任意相邻三项之间有如下关系：

$$P_{k+1}(x)=(x-\alpha_{k+1})P_k(x)-\beta_kP_{k-1}(x)$$

## 二、正交多项式拟合

已知 $m$ 组数据 $(x_i,y_i)(i=1,2,\cdots,m)$，考虑更一般形式的拟合函数

$$y=a_0P_0(x)+a_1P_1(x)+\cdots+a_nP_n(x)=\sum_{k=0}^{n}a_kP_k(x)\tag{3.4.1}$$

其中 $P_k(x)$ 是 $k$ 次多项式，称为拟合函数的基函数. 用最小二乘法，求式(3.4.1)中的系数 $a_k$，使

$$D(a_0,a_1,\cdots,a_n)=\sum_{i=1}^{m}w_i\left[\sum_{k=0}^{n}a_kP_k(x_i)-y_i\right]^2$$

达到最小，其中 $w_i>0(i=1,2,\cdots,m)$ 为第 $i$ 个数据的权. 与本章第二节方法类似，对 $a_k(k=0,1,\cdots,n)$ 求偏导并令其为零，得到正规方程组

$$\sum_{j=0}^{n}\left[\sum_{i=1}^{m}w_iP_k(x_i)P_j(x_i)\right]a_j=\sum_{i=1}^{m}w_iy_iP_k(x_i)\quad(k=0,1,\cdots n)\tag{3.4.2}$$

写成矩阵形式为

$$\begin{pmatrix} \sum_{i=1}^{m} w_i P_0(x_i)P_0(x_i) & \sum_{i=1}^{m} w_i P_0(x_i)P_1(x_i) & \cdots & \sum_{i=1}^{m} w_i P_0(x_i)P_n(x_i) \\ \sum_{i=1}^{m} w_i P_1(x_i)P_0(x_i) & \sum_{i=1}^{m} w_i P_1(x_i)P_1(x_i) & \cdots & \sum_{i=1}^{m} w_i P_1(x_i)P_n(x_i) \\ \vdots & \vdots & & \vdots \\ \sum_{i=1}^{m} w_i P_n(x_i)P_0(x_i) & \sum_{i=1}^{m} w_i P_n(x_i)P_1(x_i) & \cdots & \sum_{i=1}^{m} w_i P_n(x_i)P_n(x_i) \end{pmatrix} \begin{pmatrix} a_0 \\ a_1 \\ \vdots \\ a_n \end{pmatrix} = \begin{pmatrix} \sum_{i=1}^{m} w_i y_i P_0(x_i) \\ \sum_{i=1}^{m} w_i y_i P_1(x_i) \\ \vdots \\ \sum_{i=1}^{m} w_i y_i P_n(x_i) \end{pmatrix} \tag{3.4.3}$$

对于方程组(3.4.2)或(3.4.3)，可以看到，如果能找到多项式 $P_k(x)(k=0,1,\cdots,n)$，满足 $\sum_{i=1}^{m} w_i P_k(x_i)P_j(x_i)=0(k\neq j;k,j=0,1,\cdots,n)$，则正规方程(3.4.3)就简化成

$$\begin{pmatrix} \sum_{i=1}^{m} w_i P_0(x_i)P_0(x_i) & 0 & \cdots & 0 \\ 0 & \sum_{i=1}^{m} w_i P_1(x_i)P_1(x_i) & \cdots & 0 \\ \vdots & \vdots & & \vdots \\ 0 & 0 & \cdots & \sum_{i=1}^{m} w_i P_n(x_i)P_n(x_i) \end{pmatrix} \begin{pmatrix} a_0 \\ a_1 \\ \vdots \\ a_n \end{pmatrix} = \begin{pmatrix} \sum_{i=1}^{m} w_i y_i P_0(x_i) \\ \sum_{k=1}^{m} w_i y_i P_1(x_i) \\ \vdots \\ \sum_{i=1}^{m} w_i y_i P_n(x_i) \end{pmatrix} \tag{3.4.4}$$

这个方程的系数矩阵是一对角矩阵，容易求出

$$\hat{a}_k=\frac{\sum_{i=1}^{m}w_iy_iP_k(x_i)}{\sum_{i=1}^{m}w_i[P_k(x_i)]^2} \tag{3.4.5}$$

由以上分析可知，如果我们选取的拟合函数的基函数 $P_k(x)(k=0,1,\cdots,n)$ 是关于数据组 $x_i(i=1,2,\cdots,m)$ 和权 $w_i(i=1,2,\cdots,m)$ 的正交多项式，就可以直接由式(3.4.5) 算出待定系数 $\hat{a}_k(i=0,1,\cdots,n)$，从而得出拟合函数

$$y=\hat{a}_0P_0(x)+\hat{a}_1P_1(x)+\cdots+\hat{a}_nP_n(x)$$

构造正交多项式的方法很多，这里介绍一种由性质 3.3 构造正交多项式的方法. 即由递推式

$$\begin{cases}P_0(x)=1\\P_1(x)=x-\alpha_1\\P_{k+1}(x)=(x-\alpha_{k+1})P_k(x)-\beta_kP_{k-1}(x)\end{cases} \tag{3.4.6}$$

其中

$$\alpha_{k+1}=\frac{\sum_{i=1}^{m}w_ix_i[P_k(x_i)]^2}{\sum_{i=1}^{m}w_i[P_k(x_i)]^2} \tag{3.4.7}$$

$$\beta_k=\frac{\sum_{i=1}^{m}w_i[P_k(x_i)]^2}{\sum_{i=1}^{m}w_i[P_{k-1}(x_i)]^2} \tag{3.4.8}$$

构造的多项式族 $P_k(x)(k=0,1,\cdots,n)$ 为最高次项的系数为 1 的 $k$ 次多项式. 可以证明，它们是关于数据组 $x_k$ 和权 $w_k(k=1,2,\cdots,m)$ 的正交多项式族.

**例 3.5**　已知数据，见表 3-10.

**表　3-10**

| $x_i$ | $-1$ | $-0.5$ | 0 | 0.5 | 1 |
|---|---|---|---|---|---|
| $y_i$ | 1.000 | 0.495 | 0.001 | 0.480 | 1.010 |

用正交多项式拟合方法求一个二次多项式与该数据组拟合.

**解**　取权为 $w_i=1(i=0,1,2)$，由式(3.4.6)，(3.4.7) 和(3.4.8) 求出正交多项式 $P_0(x)$，$P_1(x)$ 和 $P_2(x)$. 由式(3.4.5) 计算出 $\hat{a}_k(k=0,1,2)$，从而得拟合二次多项式

$$y=\hat{a}_0P_0(x)+\hat{a}_1P_1(x)+\hat{a}_2P_2(x)$$

具体计算如下：

$$P_0(x)=1$$

$$\hat{a}_0=\frac{\sum_{i=1}^{5}y_iP_0(x_i)}{\sum_{i=1}^{5}[P_0(x_i)]^2}=\frac{\sum_{i=1}^{5}y_i}{5}=0.597\ 2$$

$$\alpha_1=\frac{\sum_{i=1}^{5}x_i[P_0(x_i)]^2}{\sum_{i=1}^{5}[P_0(x_i)]^2}=\frac{\sum_{i=1}^{5}x_i}{5}=0$$

$$P_1(x)=(x-\alpha_1)=x$$

$$\hat{a}_1=\frac{\sum_{i=1}^{5}y_iP_1(x_i)}{\sum_{i=1}^{5}[P_1(x_i)]^2}=\frac{0.002\ 5}{2.5}=0.001$$

$$\alpha_2=\frac{\sum_{i=1}^{5}x_i[P_1(x_i)]^2}{\sum_{i=1}^{5}[P_1(x_i)]^2}=\frac{\sum_{i=1}^{5}x_i^3}{2.5}=0,\quad \beta_1=\frac{\sum_{i=1}^{m}[P_1(x_i)]^2}{\sum_{i=1}^{m}[P_0(x_i)]^2}=\frac{2.5}{5}=0.5$$

$$P_2(x)=(x-\alpha_2)P_1(x)-\beta_1P_0(x)=x^2-0.5$$

$$\hat{a}_2=\frac{\sum_{i=1}^{5}y_iP_2(x_i)}{\sum_{i=1}^{5}[P_2(x_i)]^2}=0.869\ 4$$

于是拟合多项式为

$$y=0.162\ 5+0.001x+0.869\ 4x^2$$

## 习　题　三

1. 试用最小二乘法求一次多项式，拟合表 3－11 中的数据.

**表　3－11**

| $x_i$ | $-2$ | $-1$ | 0 | 1 | 2 |
|---|---|---|---|---|---|
| $y_i$ | 0 | 0.2 | 0.5 | 0.8 | 1 |

2. 已知实验数据，见表 3-12.

**表　3-12**

| $x_i$ | 36.9 | 46.7 | 63.7 | 77.8 | 84.0 | 87.5 |
|---|---|---|---|---|---|---|
| $y_i$ | 181 | 197 | 235 | 270 | 283 | 292 |

用最小二乘法求拟合多项式，并算出均方误差与最大偏差.

3. 试用最小二乘法求一次和二次多项式，拟合表 3-13 中的数据.

**表　3-13**

| $x_i$ | −1.00 | −0.75 | −0.50 | −0.25 | 0 | 0.25 | 0.50 | 0.75 | 1.00 |
|---|---|---|---|---|---|---|---|---|---|
| $y_i$ | −0.220 9 | 0.329 5 | 0.882 6 | 1.439 2 | 2.000 3 | 2.564 5 | 3.133 4 | 3.706 1 | 4.283 6 |

4. 设从某一实验中测得两个变量 $x$ 与 $y$ 的一组数据，见表 3-14.

**表　3-14**

| $x_i$ | −2 | −1 | 0 | 1 | 2 |
|---|---|---|---|---|---|
| $y_i$ | −0.1 | 0.1 | 0.4 | 0.9 | 1.6 |

用二次多项式拟合这组给定的数据.

5. 观察物体的直线运动，得出数据，见表 3-15.

**表　3-15**

| $t_i$/s | 0 | 0.9 | 1.9 | 3.0 | 3.9 | 5.0 |
|---|---|---|---|---|---|---|
| $s_i$/m | 0 | 10 | 30 | 51 | 80 | 111 |

试求运动方程.

6. 设 $x$ 与 $y$ 之间的经验公式为 $y=ae^{bx}$，试根据表 3-16 中的数据确定其中的常数 $a$ 和 $b$.

**表　3-16**

| $x_i$ | 1 | 2 | 3 | 4 | 5 | 6 | 7 | 8 |
|---|---|---|---|---|---|---|---|---|
| $y_i$ | 15.3 | 20.5 | 27.4 | 36.6 | 49.1 | 65.6 | 87.8 | 117.6 |

7. 根据表 3-17 中的数据，试用最小二乘法确定拟合公式 $y=ax^b$ 中的常数 $a$ 和 $b$.

**表 3-17**

| $x_i$ | 2.2 | 2.6 | 3.4 | 4.0 |
|---|---|---|---|---|
| $y_i$ | 65 | 61 | 54 | 50 |

8.已知数据,见表 3-18.

**表 3-18**

| $x_i$ | -3 | -2 | -1 | 0 | 1 | 2 | 3 |
|---|---|---|---|---|---|---|---|
| $y_i$ | -1.76 | 0.42 | 1.20 | 1.34 | 1.43 | 2.25 | 4.38 |

要求用公式 $y=a+bx^3$ 拟合所给数据,试确定拟合公式中的 $a$ 和 $b$.

9.已知数据,见表 3-19.

**表 3-19**

| $x_i$ | 0 | 0.9 | 1.9 | 3.0 | 3.9 | 5.0 |
|---|---|---|---|---|---|---|
| $y_i$ | 0.0 | 10.0 | 30.0 | 50.0 | 80.0 | 110.0 |

利用正交多项式做二次多项式与该数据组拟合.

# 第四章　数值积分与数值微分

实际问题中，常常需要计算函数 $f(x)$ 在区间 $[a,b]$ 上的定积分，由微积分基本公式：如果 $f(x)$ 在区间 $[a,b]$ 上连续，则

$$\int_a^b f(x)\mathrm{d}x = F(b) - F(a)$$

其中，$F(x)$ 为 $f(x)$ 的一个原函数. 但在工程技术和科学研究中，经常会遇到无法利用微积分基本公式计算定积分准确值的情况，如被积函数 $f(x)$ 的结构较复杂，求原函数很困难；$f(x)$ 的原函数存在，但不能用初等函数表示；或者无法知道 $f(x)$ 的精确解析表达式，仅能给出实验数据或图形等. 因此，需要研究计算定积分的近似方法，即数值积分法.

## 第一节　牛顿-柯特斯求积公式

当 $f(x)$ 的情况使得无法精确计算 $\int_a^b f(x)\mathrm{d}x$ 时，若能已知 $f(x)$ 在部分点上的函数值，利用已经学过的插值知识，可以构造一个多项式 $P(x)$ 来逼近被积函数 $f(x)$，而以多项式 $P(x)$ 为被积函数，在区间 $[a,b]$ 上的定积分是容易计算的，这样便得到计算定积分 $\int_a^b f(x)\mathrm{d}x$ 的一种数值积分方法，即

$$\int_a^b f(x)\mathrm{d}x \approx \int_a^b P(x)\mathrm{d}x$$

下文就根据这一想法构造计算积分的各种近似计算公式.

### 一、梯形公式

过 $x_0 = a, x_1 = b$ 两点作一次拉格朗日插值多项式

$$L_1(x) = \frac{x-b}{a-b}f(a) + \frac{x-a}{b-a}f(b)$$

$$\int_a^b L_1(x)\mathrm{d}x = \int_a^b \left(\frac{x-b}{a-b}f(a) + \frac{x-a}{b-a}f(b)\right)\mathrm{d}x = \frac{b-a}{2}(f(a)+f(b))$$

用 $L_1(x)$ 代替 $f(x)$，得

$$\int_a^b f(x)\mathrm{d}x \approx \frac{b-a}{2}(f(a)+f(b)) \tag{4.1.1}$$

称式(4.1.1)为梯形公式,式(4.1.1)也可写成

$$\int_a^b f(x)\mathrm{d}x \approx A_0 f(x_0)+A_1 f(x_1) \tag{4.1.2}$$

其中 $A_0=A_1=\dfrac{b-a}{2}$.

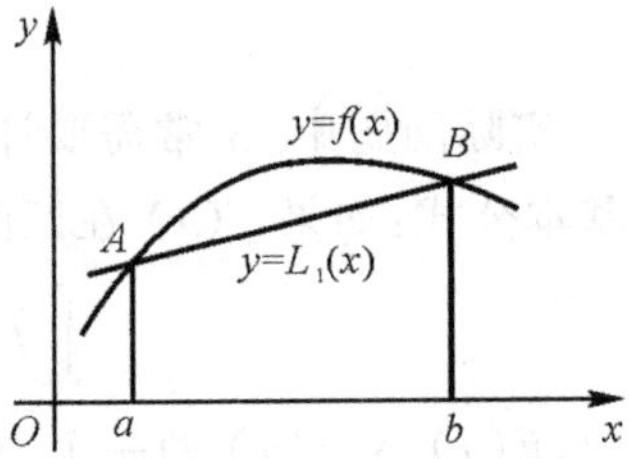


图　4-1

图 4-1 给出了梯形公式的几何意义: $\int_a^b f(x)\mathrm{d}x$ 是以 $y=f(x)$ 为顶的曲边梯形的面积, $\int_a^b L_1(x)\mathrm{d}x$ 是以直线段 $AB$ 为顶的梯形的面积,因此,梯形公式就是以梯形的面积来近似代替以 $y=f(x)$ 为顶的曲边梯形面积.

**定理 4.1**　若函数 $f(x)$ 在 $[a,b]$ 上具有连续的二阶导数,则梯形公式的截断误差为

$$R_1=\int_a^b f(x)\mathrm{d}x-\frac{b-a}{2}(f(a)+f(b))=-\frac{(b-a)^3}{12}f''(\eta) \quad (\eta\in[a,b]) \tag{4.1.3}$$

**证**

$$R_1=\int_a^b f(x)\mathrm{d}x-\int_a^b L_1(x)\mathrm{d}x=\int_a^b[f(x)-L_1(x)]\mathrm{d}x=\int_a^b \frac{f''(\xi)}{2!}(x-a)(x-b)\mathrm{d}x$$

其中, $\xi$ 是依赖于 $x$ 的函数. 由已知条件 $f''(x)$ 在 $[a,b]$ 上连续,而 $(x-a)(x-b)\leqslant 0$ 在 $[a,b]$ 上不变号,由积分中值定理,在 $[a,b]$ 上一定存在 $\eta$,使得

$$\int_a^b f''(\xi)(x-a)(x-b)\mathrm{d}x=f''(\eta)\int_a^b (x-a)(x-b)\mathrm{d}x=-\frac{(b-a)^3}{6}f''(\eta) \quad (\eta\in[a,b])$$

因此

$$R_1=-\frac{(b-a)^3}{12}f''(\eta) \quad (\eta\in[a,b])$$

定理得证.

## 二、辛普森公式

把区间 $[a,b]$ 二等分, $h=\dfrac{b-a}{2}$,取 $x_0=a$, $x_1=a+h=\dfrac{a+b}{2}$, $x_2=a+$

$2h=b$ 三点，作二次拉格朗日插值多项式

$$L_2(x)=f(x_0)\frac{(x-x_1)(x-x_2)}{(x_0-x_1)(x_0-x_2)}+f(x_1)\frac{(x-x_0)(x-x_2)}{(x_1-x_0)(x_1-x_2)}+f(x_2)\frac{(x-x_0)(x-x_1)}{(x_2-x_0)(x_2-x_1)}$$

令 $x=x_0+th$，则

$$\int_a^b L_2(x)\mathrm{d}x=\int_0^2\left[f(x_0)\frac{(t-1)(t-2)}{2}+f(x_1)\frac{t(t-2)}{-1}+f(x_2)\frac{t(t-1)}{2}\right]h\mathrm{d}t=\frac{h}{3}(f(x_0)+4f(x_1)+f(x_2))$$

用 $L_2(x)$ 代替 $f(x)$，则得

$$\int_a^b f(x)\mathrm{d}x\approx\frac{h}{3}(f(x_0)+4f(x_1)+f(x_2)) \tag{4.1.4}$$

或

$$\int_a^b f(x)\mathrm{d}x\approx\frac{b-a}{6}\left(f(a)+4f(\frac{a+b}{2})+f(b)\right) \tag{4.1.5}$$

也可写成

$$\int_a^b f(x)\mathrm{d}x\approx(A_0f(x_0)+A_1f(x_1)+A_2f(x_2))$$

其中 $A_0=A_2=\dfrac{b-a}{6}$，$A_1=\dfrac{4(b-a)}{6}$. 式(4.1.4)及(4.1.5)称为辛普森公式. 因为辛普森公式从几何上看是以抛物线为顶的曲边梯形面积来近似代替以 $y=f(x)$ 为顶的曲边梯形面积(见图 4－2)，所以辛普森公式也称为抛物线求积公式.

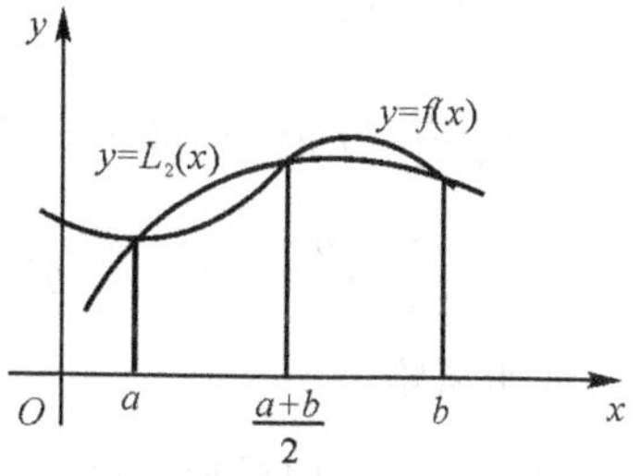


图　4－2

**定理 4.2**　若函数 $f(x)$ 在$[a,b]$上具有连续的四阶导数，则辛普森公式的截断误差为

$$R_2=\int_a^b f(x)\mathrm{d}x-\frac{b-a}{6}\left(f(a)+4f\left(\frac{a+b}{2}\right)+f(b)\right)=-\frac{(b-a)^5}{2\,880}f^{(4)}(\eta)\quad(\eta\in[a,b]) \tag{4.1.6}$$

证明从略.

**三、柯特斯公式**

现将区间$[a,b]$四等分，$h=\dfrac{b-a}{4}$，取 $x_0=a,x_1=a+h,x_2=a+2h,x_3=$

$a+3h, x_4=a+4h=b$ 为插值节点，作四次拉格朗日插值多项式 $L_4(x)$，并以 $L_4(x)$ 代替 $f(x)$ 在区间 $[a,b]$ 上作定积分，得

$$\int_a^b f(x)\mathrm{d}x \approx \frac{h}{45}(14f(x_0)+64f(x_1)+24f(x_2)+64f(x_3)+14f(x_4)) \tag{4.1.7}$$

或

$$\int_a^b f(x)\mathrm{d}x \approx \frac{b-a}{90}(7f(a)+32f(a+h)+12f(a+2h)+ 32f(a+3h)+7f(b)) \tag{4.1.8}$$

也可以表示为

$$\int_a^b f(x)\mathrm{d}x \approx A_0 f(x_0)+A_1 f(x_1)+A_2 f(x_2)+ A_3 f(x_3)+A_4 f(x_4)$$

其中 $A_0=A_4=\dfrac{7(b-a)}{90}, A_1=A_3=\dfrac{32(b-a)}{90}, A_2=\dfrac{12(b-a)}{90}$. 式(4.1.7)及(4.1.8)称为柯特斯公式.

**定理 4.3** 若函数 $f(x)$ 在 $[a,b]$ 上具有连续的六阶导数，则柯特斯公式的截断误差为

$$R_4=\int_a^b f(x)\mathrm{d}x - \frac{b-a}{90}(7f(a)+32f(a+h)+12f(a+2h)+32f(a+3h)+7f(b)) = -\frac{8}{945}\left(\frac{b-a}{4}\right)^7 f^{(6)}(\eta) \quad (\eta\in[a,b]) \tag{4.1.9}$$

证明从略.

**例 4.1** 试用梯形公式，辛普森公式和柯特斯公式计算定积分 $\int_{0.5}^1 \sqrt{x}\,\mathrm{d}x$.

**解** (1) 用梯形公式.

$$\int_{0.5}^1 \sqrt{x}\,\mathrm{d}x \approx \frac{0.5}{2}(\sqrt{0.5}+1)=0.426\ 776\ 70$$

(2) 用辛普森公式.

$$h=0.25,\quad x_k=a+kh(k=0,1,2),\quad x_0=0.5,\quad x_1=0.75,\quad x_2=1$$

$$\int_{0.5}^1 \sqrt{x}\,\mathrm{d}x \approx \frac{0.5}{6}(\sqrt{0.5}+4\sqrt{0.75}+1)=0.430\ 934\ 03$$

(3) 用柯特斯公式.

$$h=0.125,\quad x_k=a+kh(k=0,1,2,3,4)$$

$$x_0=0.5,\quad x_1=0.625,\quad x_2=0.75,\quad x_3=0.875,\quad x_4=1$$

$$\int_{0.5}^{1}\sqrt{x}\,dx \approx \frac{0.5}{90}(7\sqrt{0.5}+32\sqrt{0.625}+12\sqrt{0.75}+32\sqrt{0.875}+7)= 0.430\ 964\ 07$$

与积分的准确值

$$\int_{0.5}^{1}\sqrt{x}\,dx=\frac{2}{3}x^{\frac{3}{2}}\Big|_{0.5}^{1}=\frac{2}{3}(1-\sqrt{0.125})=0.430\ 964\ 40\cdots$$

比较,3 个求积公式的精度逐渐提高.

## 四、牛顿-柯特斯求积公式

一般地,将区间$[a,b]$进行$n$等分,$h=\dfrac{b-a}{n}$,其分点为$x_k=a+kh(k=0,1,\cdots,n)$,以这$n+1$个分点为插值节点,作函数$f(x)$的$n$次拉格朗日插值多项式$L_n(x)$,并以$L_n(x)$代替$f(x)$在区间$[a,b]$上作定积分,则

$$\int_a^b f(x)dx \approx \int_a^b L_n(x)dx=\sum_{k=0}^{n}A_k f(x_k) \tag{4.1.10}$$

其中

$$A_k=\int_a^b \frac{(x-x_0)\cdots(x-x_{k-1})(x-x_{k+1})\cdots(x-x_n)}{(x_k-x_0)\cdots(x_k-x_{k-1})(x_k-x_{k+1})\cdots(x_k-x_n)}dx$$

称式(4.1.10)为牛顿-柯特斯公式,使用牛顿-柯特斯公式的关键是计算系数$A_k(k=0,1,\cdots,n)$. 令$x=a+th$,于是

$$A_k=\int_0^n \frac{t(t-1)\cdots(t-k+1)(t-k-1)\cdots(t-n)}{k(k-1)\cdots(k-k+1))(k-k-1)\cdots(k-n)}h\,dt=$$

$$\frac{(-1)^{n-k}h}{k!\ (n-k)!}\int_0^n t(t-1)\cdots(t-k+1)(t-k-1)\cdots(t-n)dt=$$

$$(b-a)\frac{(-1)^{n-k}}{k!\ (n-k)!\ n}\int_0^n t(t-1)\cdots(t-k+1)(t-k-1)\cdots(t-n)dt \quad (k=0,1,\cdots,n)$$

引进记号

$$C_k^{(n)}=\frac{(-1)^{n-k}}{k!\ (n-k)!\ n}\int_0^n t(t-1)\cdots(t-k+1)(t-k-1)\cdots(t-n)dt$$

则有

$$A_k=(b-a)C_k^{(n)} \quad (k=0,1,2,\cdots,n)$$

$C_k^{(n)}$称为柯特斯系数. 显然$C_k^{(n)}$是不依赖于被积函数$f(x)$和区间$[a,b]$的常数,只要给出$n$就可以求得,表 4-1 给出$n$取值$1\sim 8$的柯特斯系数.

表 4-1

| $n$ | $C_k^{(n)}$ | | | | | | | | |
|---|---|---|---|---|---|---|---|---|---|
| 1 | $\frac{1}{2}$ | $\frac{1}{2}$ | | | | | | | |
| 2 | $\frac{1}{6}$ | $\frac{2}{3}$ | $\frac{1}{6}$ | | | | | | |
| 3 | $\frac{1}{8}$ | $\frac{3}{8}$ | $\frac{3}{8}$ | $\frac{1}{8}$ | | | | | |
| 4 | $\frac{7}{90}$ | $\frac{16}{45}$ | $\frac{2}{15}$ | $\frac{16}{45}$ | $\frac{7}{90}$ | | | | |
| 5 | $\frac{19}{288}$ | $\frac{25}{96}$ | $\frac{25}{144}$ | $\frac{25}{144}$ | $\frac{25}{96}$ | $\frac{19}{288}$ | | | |
| 6 | $\frac{41}{840}$ | $\frac{9}{35}$ | $\frac{9}{280}$ | $\frac{34}{105}$ | $\frac{9}{280}$ | $\frac{9}{35}$ | $\frac{41}{840}$ | | |
| 7 | $\frac{751}{17\,280}$ | $\frac{3\,577}{17\,280}$ | $\frac{1\,323}{17\,280}$ | $\frac{2\,989}{17\,280}$ | $\frac{2\,989}{17\,280}$ | $\frac{1\,323}{17\,280}$ | $\frac{3\,577}{17\,280}$ | $\frac{751}{17\,280}$ | |
| 8 | $\frac{989}{28\,350}$ | $\frac{5\,888}{28\,350}$ | $\frac{-928}{28\,350}$ | $\frac{10\,496}{28\,350}$ | $\frac{-4\,540}{28\,350}$ | $\frac{10\,496}{28\,350}$ | $\frac{-928}{28\,350}$ | $\frac{5\,888}{28\,350}$ | $\frac{989}{28\,350}$ |

从表 4-1 可以看出,柯特斯系数具有如下性质:

(1) 柯特斯系数具有对称性,即 $C_k^{(n)}=C_{n-k}^{(n)}$.

(2) 柯特斯系数之和等于 1,即 $\sum\limits_{k=0}^{n}C_k^{(n)}=1$.

柯特斯系数不总是正的. 当 $n\leqslant 7$ 时柯特斯系数恒正,可以分析,用牛顿-柯特斯公式计算结果的误差不会超过计算 $f(x_k)$ 时的最大误差;从 $n=8$ 开始柯特斯系数出现了负数,在计算 $f(x_k)$ 时小误差可能被放大. 因此实际计算时一般不采用 $n\geqslant 8$ 的牛顿-柯特斯公式.

用柯特斯系数,式(4.1.10) 可以写成

$$\int_a^b f(x)\mathrm{d}x\approx\sum_{k=0}^{n}(b-a)C_k^{(n)}f(x_k) \tag{4.1.11}$$

由表 4-1 可以看到,当 $n=1,n=2,n=4$ 时,式(4.1.11) 就分别是梯形公式、辛普森公式和柯特斯公式.

由于牛顿-柯特斯公式是以插值多项式近似代替被积函数而得到的,故称它们为插值型求积公式. 可以证明牛顿-柯特斯公式(4.1.10) 的截断误差为

$$R_n=\int_a^b f(x)\mathrm{d}x-\sum_{k=0}^{n}A_kf(x_k)=$$

$$\frac{1}{(n+1)!}\int_a^b f^{(n+1)}(\xi)(x-x_0)(x-x_1)\cdots(x-x_n)\mathrm{d}x= \tag{4.1.12}$$

$$\begin{cases}\dfrac{h^{n+3}f^{(n+2)}(\eta)}{(n+2)!}\displaystyle\int_0^n (t-\frac{n}{2})t(t-1)\cdots(t-n)\mathrm{d}t, & n\text{ 为偶数}\\ \dfrac{h^{n+2}f^{(n+1)}(\eta)}{(n+1)!}\displaystyle\int_0^n t(t-1)\cdots(t-n)\mathrm{d}t, & n\text{ 为奇数}\end{cases} \tag{4.1.13}$$

其中 $h=\dfrac{b-a}{n}$，$\eta\in[a,b]$.

## 五、代数精确度

前文已经讨论了牛顿-柯特斯公式的截断误差，它反映了求积公式的精确程度. 现从另一角度给出一种衡量数值积分公式近似程度的方法，即代数精确度.

**定义 4.1**　对于求积公式

$$\int_a^b f(x)\mathrm{d}x \approx \sum_{k=0}^{n} A_k f(x_k) \tag{4.1.14}$$

其中 $A_k$ 是不依赖于函数 $f(x)$ 的常数. 若当 $f(x)$ 为任意一个次数不高于 $m$ 次的代数多项式时，等式都成立，即式(4.1.14)精确成立，而当 $f(x)$ 是 $m+1$ 次多项式时，不能精确成立. 则称求积公式(4.1.14)具有 $m$ 次代数精确度.

当 $f(x)$ 为 $n$ 次多项式时，$f^{(n+1)}(x)=0$，由截断误差(4.1.13)可知 $R_n=0$，故有以下定理：

**定理 4.4**　$n+1$ 个节点的牛顿-柯特斯公式的代数精确度至少为 $n$. $n+1$ 个节点的插值型求积公式的代数精确度也至少为 $n$.

梯形公式具有 1 次代数精确度. 事实上，当 $f(x)=1$ 时，有

$$\int_a^b f(x)\mathrm{d}x = \int_a^b 1\mathrm{d}x = b-a$$

$$\frac{b-a}{2}(f(a)+f(b)) = \frac{b-a}{2}(1+1) = b-a$$

即式(4.1.1)精确成立.

当 $f(x)=x$ 时，有

$$\int_a^b f(x)\mathrm{d}x = \int_a^b x\mathrm{d}x = \frac{b^2-a^2}{2}$$

$$\frac{b-a}{2}(f(a)+f(b)) = \frac{b-a}{2}(a+b) = \frac{b^2-a^2}{2}$$

式(4.1.1)也精确成立，梯形公式的代数精确度至少为 1.

当 $f(x)=x^2$ 时，有

$$\int_a^b f(x)\mathrm{d}x = \int_a^b x^2\mathrm{d}x = \frac{b^3-a^3}{3}$$

$$\frac{b-a}{2}(f(a)+f(b))=\frac{b-a}{2}(a^2+b^2)\neq\int_a^b f(x)\mathrm{d}x$$

式(4.1.1)不再精确成立.因此,梯形公式具有1次代数精确度.容易验证,辛普森公式具有3次代数精确度,柯特斯公式具有5次代数精确度.

**例4.2** 考查求积公式

$$\int_{-1}^{1}f(x)\mathrm{d}x\approx\frac{1}{2}f(-1)+f(0)+\frac{1}{2}f(1)$$

的代数精确度,该求积公式是否为插值型求积公式?

**解** 取 $f(x)=1$,则

$$\int_{-1}^{1}1\mathrm{d}x=2,\frac{1}{2}f(-1)+f(0)+\frac{1}{2}f(1)=\frac{1}{2}+1+\frac{1}{2}=2$$

求积公式左右两端相等;

取 $f(x)=x$,则

$$\int_{-1}^{1}x\mathrm{d}x=0,\frac{1}{2}f(-1)+f(0)+\frac{1}{2}f(1)=-\frac{1}{2}+0+\frac{1}{2}=0$$

求积公式左右两端相等;

取 $f(x)=x^2$,则

$$\int_{-1}^{1}x^2\mathrm{d}x=\frac{2}{3},\frac{1}{2}f(-1)+f(0)+\frac{1}{2}f(1)=\frac{1}{2}+0+\frac{1}{2}=1$$

求积公式左右两端不相等,故求积公式只有1次代数精确度.而该求积公式有3个节点,由定理4.4知,所给求积公式不是插值型求积公式.

**例4.3** 确定求积公式

$$\int_{0}^{3h}f(x)\mathrm{d}x\approx A_0f(0)+A_1f(h)+A_2f(2h)$$

中的 $A_0$,$A_1$ 和 $A_2$,使其代数精确度尽量高,并指明确定的求积公式具有几次代数精确度.

**解** 求积公式中有 $A_0$,$A_1$ 和 $A_2$ 3个未知数,令求积公式对 $f(x)=1,x,x^2$ 均准确成立,得

$$\begin{cases}A_0+A_1+A_2=3h\\ hA_1+2hA_2=\dfrac{9}{2}h^2\\ h^2A_1+4h^2A_2=9h^3\end{cases}$$

解得 $A_0=\frac{3}{4}h,A_1=0,A_2=\frac{9}{4}h$,故求积公式为

$$\int_{0}^{3h}f(x)\mathrm{d}x\approx\frac{3}{4}hf(0)+\frac{9}{4}hf(2h)$$

其代数精确度至少为 2 次.

取 $f(x)=x^3$,代入上述求积公式,则

$$\int_0^{3h} f(x)\,\mathrm{d}x=\frac{81}{4}h^4,\quad \frac{3}{4}hf(0)+\frac{9}{4}hf(2h)=18h^4$$

求积公式左右两端不相等,因此只有 2 次代数精确度.

## 第二节　复化求积公式

由梯形公式、辛普森公式以及柯特斯求积公式的截断误差可以看到,随着求积节点数的增加,积分区间越小,则求积公式的截断误差也越小,求积公式也越精确. 但当节点数 $n \geqslant 8$ 时可能导致求积公式的舍入误差增大,因此不能通过增加节点用高阶牛顿-柯特斯公式提高精度. 鉴于分段低次插值的思想,人们经常把积分区间分成若干小区间,在每个小区间上采用低次插值公式,构造出相应的求积公式,然后再把它们加起来得到整个区间上的求积公式,这就是复化求积公式的基本思想.

### 一、复化梯形公式

把区间$[a,b]$划分为 $n$ 等份,$h=\dfrac{b-a}{n}$,$h$ 称为步长,节点为 $x_k=a+kh(k=0,1,\cdots,n)$. 在每个小区间$[x_k,x_{k+1}](k=0,1,\cdots,n-1)$上用梯形公式,有

$$I_k=\int_{x_k}^{x_{k+1}} f(x)\,\mathrm{d}x \approx \frac{h}{2}[f(x_k)+f(x_{k+1})]$$

由定积分的区间可加性,得

$$I=\int_a^b f(x)\,\mathrm{d}x=\sum_{k=0}^{n-1}\int_{x_k}^{x_{k+1}} f(x)\,\mathrm{d}x \approx \sum_{k=0}^{n-1}\frac{h}{2}[f(x_k)+f(x_{k+1})]=$$

$$\frac{h}{2}\left[f(a)+2\sum_{k=1}^{n-1}f(x_k)+f(b)\right]$$

记

$$T_n=\frac{h}{2}\left[f(a)+2\sum_{k=1}^{n-1}f(x_k)+f(b)\right] \tag{4.2.1}$$

称式(4.2.1)为复化梯形公式,下标 $n$ 表示将区间$[a,b]$划分为 $n$ 等份.

**定理 4.5**　若函数 $f(x)$ 在区间$[a,b]$上具有连续的二阶导数,则复化梯形公式(4.2.1)的截断误差为

$$R_T=\int_a^b f(x)\,\mathrm{d}x-T_n=-\frac{b-a}{12}h^2 f''(\eta)\quad (\eta\in[a,b]) \tag{4.2.2}$$

或简写成 $O(h^2)$.

**证** 由梯形公式的截断误差公式(4.1.3)可知，在每个小区间$[x_k, x_{k+1}]$($k=0,1,\cdots,n-1$)上的截断误差为

$$R_{T_k}=-\frac{h^3}{12}f''(\eta_k)\quad(\eta_k\in[x_k,x_{k+1}])$$

因此，在整个区间$[a,b]$上，复化梯形公式的截断误差为

$$R_T=\int_a^b f(x)\mathrm{d}x-T_n=-\frac{h^3}{12}\sum_{k=0}^{n-1}f''(\eta_k)$$

由于$f(x)$在区间$[a,b]$上具有连续的二阶导数，即$f''(x)$在$[a,b]$上连续，由介值定理知，存在$\eta\in[a,b]$，使得

$$\frac{1}{n}\sum_{k=0}^{n-1}f''(\eta_k)=f''(\eta)$$

于是 $$-\frac{h^3}{12}\sum_{k=0}^{n-1}f''(\eta_k)=\left(-\frac{nh}{12}h^2\right)\frac{1}{n}\sum_{k=0}^{n-1}f''(\eta_k)=-\frac{b-a}{12}h^2f''(\eta)$$

故得，复化梯形公式的截断误差为

$$R_T=-\frac{b-a}{12}h^2f''(\eta)\quad(\eta\in[a,b])$$

## 二、复化辛普森公式

把区间$[a,b]$划分为$n$等份，$h=\dfrac{b-a}{n}$，在每个小区间$[x_k,x_{k+1}]$上取中点$x_{k+\frac{1}{2}}$，将小区间二等分，共有$2n+1$个节点.在每个小区间$[x_k,x_{k+1}]$上用辛普森公式，有

$$I_k=\int_{x_k}^{x_{k+1}}f(x)\mathrm{d}x\approx\frac{h}{6}[f(x_k)+4f(x_{k+\frac{1}{2}})+f(x_{k+1})]$$

于是

$$\begin{aligned}I=\int_a^b f(x)\mathrm{d}x=\sum_{k=0}^{n-1}\int_{x_k}^{x_{k+1}}f(x)\mathrm{d}x\approx\\ \sum_{k=0}^{n-1}\frac{h}{6}[f(x_k)+4f(x_{k+\frac{1}{2}})+f(x_{k+1})]=\\ \frac{h}{6}\left[f(a)+4\sum_{k=0}^{n-1}f(x_{k+\frac{1}{2}})+2\sum_{k=1}^{n-1}f(x_k)+f(b)\right]\end{aligned}$$

记 $$S_n=\frac{h}{6}\left[f(a)+4\sum_{k=0}^{n-1}f(x_{k+\frac{1}{2}})+2\sum_{k=1}^{n-1}f(x_k)+f(b)\right]\tag{4.2.3}$$

称式(4.2.3)为复化辛普森公式.

**定理4.6** 若函数$f(x)$在区间$[a,b]$上有连续的四阶导数，则复化辛普森公式的截断误差为

$$R_S=\int_a^b f(x)\mathrm{d}x-S_n=-\frac{b-a}{180}\left(\frac{h}{2}\right)^4 f^{(4)}(\eta)\quad (\eta\in[a,b])$$

(4.2.4)

证明从略.

## 三、复化柯特斯公式

把区间$[a,b]$划分为$n$等份，$h=\dfrac{b-a}{n}$，再将每个小区间$[x_k,x_{k+1}]$四等分，分点依次为$x_{k+\frac{1}{4}},x_{k+\frac{1}{2}},x_{k+\frac{3}{4}}$，因此共有$4n+1$个节点. 在每个小区间$[x_k,x_{k+1}]$上用柯特斯公式，有

$$\int_{x_k}^{x_{k+1}} f(x)\mathrm{d}x\approx\frac{h}{90}[7f(x_k)+32f(x_{k+\frac{1}{4}})+12f(x_{k+\frac{1}{2}})+32f(x_{k+\frac{3}{4}})+7f(x_{k+1})]$$

于是

$$\begin{aligned}\int_a^b f(x)\mathrm{d}x&=\sum_{k=0}^{n-1}\int_{x_k}^{x_{k+1}} f(x)\mathrm{d}x\approx\sum_{k=0}^{n-1}\frac{h}{90}[7f(x_k)+32f(x_{k+\frac{1}{4}})+\\&12f(x_{k+\frac{1}{2}})+32f(x_{k+\frac{3}{4}})+7f(x_{k+1})]=\\&\frac{h}{90}\Big[7f(a)+32\sum_{k=0}^{n-1}f(x_{k+\frac{1}{4}})+12\sum_{k=0}^{n-1}f(x_{k+\frac{1}{2}})+\\&32\sum_{k=0}^{n-1}f(x_{k+\frac{3}{4}})+14\sum_{k=0}^{n-2}f(x_{k+1})+7f(b)\Big]\end{aligned}$$

记

$$\begin{aligned}C_n=\frac{h}{90}\Big[&7f(a)+32\sum_{k=0}^{n-1}f(x_{k+\frac{1}{4}})+12\sum_{k=0}^{n-1}f(x_{k+\frac{1}{2}})+\\&32\sum_{k=0}^{n-1}f(x_{k+\frac{3}{4}})+14\sum_{k=0}^{n-2}f(x_{k+1})+7f(b)\Big]\end{aligned}\quad(4.2.5)$$

称式(4.2.5)为复化柯特斯公式.

**定理 4.7**　若函数$f(x)$在区间$[a,b]$上有连续的六阶导数，则复化柯特斯公式的截断误差为

$$R_C=\int_a^b f(x)\mathrm{d}x-C_n=-\frac{2(b-a)}{945}\left(\frac{h}{4}\right)^6 f^{(6)}(\eta)\quad (\eta\in[a,b])$$

(4.2.6)

证明从略.

**例 4.4**　试取 7 个节点，分别用复化梯形公式、复化辛普森公式计算积分

$$\int_0^{\frac{\pi}{6}}\sqrt{4-\sin^2\theta}\,\mathrm{d}\theta$$

**解** $f(\theta)=\sqrt{4-\sin^2\theta}$，取 $h=\frac{1}{6}\left(\frac{\pi}{6}-0\right)=\frac{\pi}{36}$，计算 7 个点上的函数值，见表 4 - 2.

**表 4 - 2**

| $\theta$ | 0 | $\frac{\pi}{36}$ | $\frac{2\pi}{36}$ | $\frac{3\pi}{36}$ | $\frac{4\pi}{36}$ | $\frac{5\pi}{36}$ | $\frac{6\pi}{36}$ |
|---|---|---|---|---|---|---|---|
| $f(\theta)$ | 2 | 1.998 10 | 1.992 45 | 1.983 18 | 1.970 54 | 1.954 84 | 1.936 49 |

(1) 复化梯形公式. 将区间 $\left[0,\frac{\pi}{6}\right]$ 进行 6 等分，$h=\frac{\pi}{36}$，用 7 个点上的函数值计算，有

$$T_6=\frac{1}{2}\times\frac{\pi}{36}[2+2\times(1.998\,10+1.992\,45+1.983\,18+1.970\,54+1.954\,84)+1.936\,49]=1.035\,62$$

(2) 复化辛普森公式. 将区间 $\left[0,\frac{\pi}{6}\right]$ 进行 3 等分，$h=\frac{\pi}{18}$，再用每个小区间中点将小区间二等分，用 7 个点上的函数值计算，有

$$S_3=\frac{1}{6}\times\frac{\pi}{18}[2+4\times(1.998\,10+1.983\,18+1.954\,84)+2\times(1.992\,45+1.970\,54)+1.936\,49]=1.035\,76$$

**例 4.5** 给定定积分

$$I=\int_0^1 e^x\,dx$$

若要求截断误差不超过 $\frac{1}{2}\times10^{-4}$，利用复化梯形公式计算上述定积分，需要多少个节点？若用复化辛普森公式，又需要多少个节点？

**解** 由 $f(x)=e^x$，有 $f''(x)=f^{(4)}(x)=e^x$，故当 $0\leqslant x\leqslant 1$ 时，有

$$|f''(x)|=|f^{(4)}(x)|\leqslant e$$

用复化梯形公式计算，需要 $n+1$ 个等距节点，此时 $h=\frac{1}{n}$. 由复化梯形公式的截断误差式(4.2.2)，有

$$|R_T|=\left|\frac{1}{12}h^2f''(\eta)\right|\leqslant\frac{1}{12}eh^2$$

由

$$\frac{1}{12}eh^2\leqslant\frac{1}{2}\times10^{-4}$$

整理得

$$n \geqslant \sqrt{\frac{e}{6}} \times 10^2 \approx 67.308\ 76$$

故只要 $n=68$ 即可，也就是说，把区间[0,1]进行 68 等分，需要 69 个节点就可以保证截断误差不超过 $\frac{1}{2} \times 10^{-4}$.

用复化辛普森公式计算，需要 $2n+1$ 个等距节点，此时 $h=\frac{1}{n}$. 由复化辛普森公式的截断误差式(4.2.4)有

$$|R_S| = \left| \frac{1}{180} \left(\frac{h}{2}\right)^4 f^{(4)}(\eta) \right| \leqslant \frac{1}{2\ 880} eh^4$$

由

$$\frac{1}{2\ 880} eh^4 \leqslant \frac{1}{2} \times 10^{-4}$$

整理得

$$n \geqslant \sqrt[4]{\frac{e}{1\ 440}} \times 10 \approx 2.084\ 41$$

故取 $n=3$ 即可. 因此，用复化辛普森公式计算时，需要把区间[0,1]进行 6 等分，用 7 节点就可以满足计算要求.

**四、变步长求积公式**

复化求积公式对于提高计算精度是行之有效的，但复化公式的一个主要缺点在于要事先估计出步长，确定区间的等份数 $n$. 而在运用截断误差确定 $n$ 的值时需要求高阶导数，这一般是比较困难的，而且这样估计的 $n$ 往往偏大，从而增加了不必要的计算量. 为克服这些缺点，通常采用变步长的方法，即把步长逐次分半. 具体做法就是在求积过程中，根据精度要求，在前次划分区间的基础上，再把每个小区间二等分，在缩小了步长的情况下再应用复化求积公式，并充分利用原有的计算结果，减少计算量. 以前后两次计算结果之差来估计误差，直至所求积分值满足精度要求为止.

现在我们来看变步长的复化梯形求积法. 取 $n=1$，计算 $T_1$，如图 4-3(a) 所示.

$$T_1 = \frac{b-a}{2}[f(a)+f(b)]$$

用区间 $[a,b]$ 的中点 $x_{\frac{1}{2}}$ 把区间二等分为 $[a,x_{\frac{1}{2}}]$ 和 $[x_{\frac{1}{2}},b]$，$n=2$，如图 4-3(b) 所示，计算 $T_2$.

$$T_2 = \frac{b-a}{4}[f(a)+2f(x_{\frac{1}{2}})+f(b)] =$$

$$\frac{1}{2}\frac{b-a}{2}[f(a)+f(b)]+\frac{b-a}{2}f(x_{\frac{1}{2}})=\frac{T_1}{2}+\frac{b-a}{2}f(x_{\frac{1}{2}})$$

再用 $x_{\frac{1}{4}},x_{\frac{3}{4}}$ 二等分区间 $[a,x_{\frac{1}{2}}]$ 和 $[x_{\frac{1}{2}},b]$，即把区间 $[a,b]$ 四等分，如图 4-3(c) 所示，$n=4$，计算 $T_4$.

$$T_4=\frac{b-a}{8}[f(a)+2f(x_{\frac{1}{4}})+2f(x_{\frac{1}{2}})+2f(x_{\frac{3}{4}})+f(b)]=$$

$$\frac{1}{2}\frac{b-a}{4}[f(a)+2f(x_{\frac{1}{2}})+f(b)]+\frac{b-a}{4}[f(x_{\frac{1}{4}})+f(x_{\frac{3}{4}})]=$$

$$\frac{T_2}{2}+\frac{b-a}{4}[f(x_{\frac{1}{4}})+f(x_{\frac{3}{4}})]$$

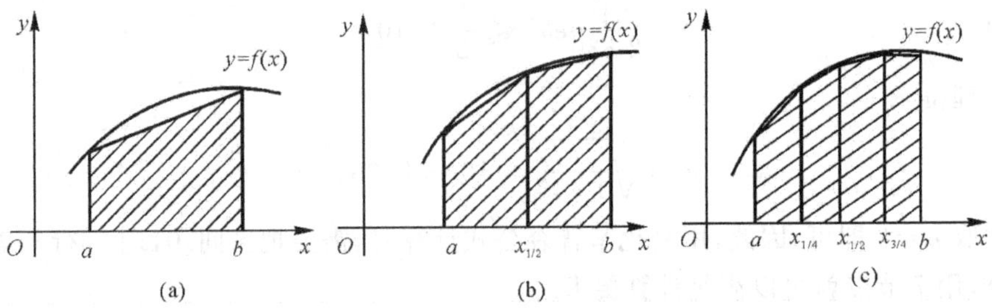


图 4-3

可以看到，每次新的近似计算是在前一次的基础上再将区间二等分，节点加密了一倍，原节点上的函数值不用重复计算，只须计算新增加点的函数值. 下文更一般地导出新近似值 $T_{2n}$ 与原有近似值 $T_n$ 之间的关系.

将区间 $[a,b]$ 进行 $n$ 等分，$h_n=\dfrac{b-a}{n}$，$x_k=a+kh_n(k=0,1,\cdots,n)$，复化梯形公式为

$$T_n=\frac{h_n}{2}\left[f(a)+2\sum_{k=1}^{n-1}f(x_k)+f(b)\right] \tag{4.2.7}$$

或写成 $$T_n=\frac{h_n}{2}\left[f(a)+2\sum_{k=1}^{n-1}f\left[a+k\frac{b-a}{n}\right]+f(b)\right]$$

再对每个小区间 $[x_k,x_{k+1}]$ 用中点 $x_{k+\frac{1}{2}}=a+\dfrac{2k+1}{2}h_n(k=0,1,\cdots,n-1)$ 进行二等分，这时将区间 $[a,b]$ 进行了 $2n$ 等分，$h_{2n}=\dfrac{b-a}{2n}=\dfrac{1}{2}h_n$. 在对区间 $[a,b]$ 进行 $2n$ 等分的 $2n+1$ 个节点中，$x_k(k=0,1,\cdots,n)$ 是将区间 $n$ 等分时的节点，$x_{k+\frac{1}{2}}$ 则是新增加的节点，因此

$$T_{2n}=\frac{h_{2n}}{2}\left\{f(a)+2\left[\sum_{k=1}^{n-1}f(x_k)+\sum_{k=0}^{n-1}f(x_{k+\frac{1}{2}})\right]+f(b)\right\}$$

将新增加的节点的函数值分离出来，有

$$T_{2n}=\frac{h_{2n}}{2}\left[f(a)+2\sum_{k=1}^{n-1}f(x_k)+f(b)\right]+h_{2n}\sum_{k=0}^{n-1}f(x_{k+\frac{1}{2}})=$$

$$\frac{1}{2}\,\frac{h_n}{2}\left[f(a)+2\sum_{k=1}^{n-1}f(x_k)+f(b)\right]+\frac{h_n}{2}\sum_{k=0}^{n-1}f(x_{k+\frac{1}{2}})$$

再由式(4.2.7)，即得

$$T_{2n}=\frac{1}{2}T_n+\frac{h_n}{2}\sum_{k=0}^{n-1}f(x_{k+\frac{1}{2}}) \tag{4.2.8}$$

或写成

$$T_{2n}=\frac{1}{2}T_n+\frac{b-a}{2n}\sum_{k=0}^{n-1}f\left[a+(2k+1)\,\frac{b-a}{2n}\right]$$

这是一递推式，可以看出，在已算出 $T_n$ 的基础上再计算 $T_{2n}$ 时，只要计算 $n$ 个新节点上的函数值就行了. 与直接利用复化梯形公式求 $T_{2n}$ 相比较，计算工作量几乎节省了一半

由复化梯形公式的截断误差式(4.2.2)，有

$$I-T_n=-\frac{b-a}{12}h^2f''(\eta_n),\quad \eta_n\in[a,b]$$

$$I-T_{2n}=-\frac{(b-a)}{12}\left(\frac{h}{2}\right)^2f''(\eta_{2n}),\quad \eta_{2n}\in[a,b]$$

当 $f''(\eta)$ 在区间$[a,b]$上连续，并假定 $f''(x)$ 在$[a,b]$变化不大或 $n$ 充分大时，$f''(\eta_n)\approx f''(\eta_{2n})$，则由上述两式，有

$$\frac{I-T_n}{I-T_{2n}}\approx 4$$

于是

$$I\approx T_{2n}+\frac{1}{3}(T_{2n}-T_n) \tag{4.2.9}$$

从式(4.2.9)看到，若用 $T_{2n}$ 作为积分真值的近似值，则其误差约为$\frac{1}{3}(T_{2n}-T_n)$. 由此可建立算法的终止准则：当$\frac{1}{3}\mid T_{2n}-T_n\mid\leqslant\varepsilon$（$\varepsilon$为欲达精度）时停止计算，并取 $T_{2n}$ 作为积分的近似值. 否则将区间再次分半算出新的近似值 $T_{4n}$，并检查不等式$\frac{1}{3}\mid T_{4n}-T_{2n}\mid\leqslant\varepsilon$ 是否成立，直到得到满足精度要求的结果为止.

同理，对复化辛普森公式和复化柯特斯公式也可以导出相应的递推式. 并且在假设 $f^{(4)}(x)$ 在$[a,b]$上变化不大时，有

$$I \approx S_{2n} + \frac{1}{15}(S_{2n} - S_n) \tag{4.2.10}$$

$f^{(6)}(x)$ 在$[a,b]$变化不大时，有

$$I \approx C_{2n} + \frac{1}{63}(C_{2n} - C_n) \tag{4.2.11}$$

**例 4.6** 用变步长复化梯形公式计算$\int_0^1 \frac{\sin x}{x}\mathrm{d}x$，要求误差不超过$\frac{1}{2}\times 10^{-3}$.

**解** 设$f(x)=\frac{\sin x}{x}$，它在$x=0$处的函数值定义为$f(0)=1$，$f(1)=0.841\ 471\ 0$.

首先，在区间$[0,1]$上用梯形公式.

$$T_1 = \frac{1}{2}[f(0)+f(1)] = 0.920\ 735\ 5$$

其次，将区间$[0,1]$二等分，将步长折半. 求出新节点$\frac{1}{2}$的函数值$f\left(\frac{1}{2}\right)=0.958\ 851\ 0$，则有

$$T_2 = \frac{T_1}{2} + \frac{1}{2}f\left(\frac{1}{2}\right) = 0.939\ 793\ 3$$

估计误差 $\frac{1}{3}\mid T_2 - T_1 \mid = 0.006\ 352\ 6 > \frac{1}{2}\times 10^{-3}$

不满足精度要求.

对区间$[0,1]$作第二次二等分，将步长折半. 并计算新节点$\frac{1}{4}$和$\frac{3}{4}$的函数值，$f\left(\frac{1}{4}\right)=0.989\ 615\ 8$，$f\left(\frac{3}{4}\right)=0.908\ 851\ 6$，于是

$$T_4 = \frac{T_2}{2} + \frac{1}{4}\left[f\left(\frac{1}{4}\right)+f\left(\frac{3}{4}\right)\right] = 0.944\ 513\ 5$$

估计误差 $\frac{1}{3}\mid T_4 - T_2 \mid = 0.001\ 573\ 4 > \frac{1}{2}\times 10^{-3}$

仍不满足精度要求.

继续对区间$[0,1]$作第三次二等分，再将步长折半. 4 个新节点$\frac{1}{8}$，$\frac{3}{8}$，$\frac{5}{8}$和$\frac{7}{8}$的函数值分别为

$$f\left(\frac{1}{8}\right)=0.997\ 397\ 9,\quad f\left(\frac{3}{8}\right)=0.976\ 726\ 8$$

$$f\left(\frac{5}{8}\right)=0.9361557, \quad f\left(\frac{7}{8}\right)=0.8771926$$

于是

$$T_8=\frac{T_4}{2}+\frac{1}{8}\left[f\left(\frac{1}{8}\right)+f\left(\frac{3}{8}\right)+f\left(\frac{5}{8}\right)+f\left(\frac{7}{8}\right)\right]=0.9456909$$

估计误差 $\qquad \frac{1}{3}\mid T_8-T_4\mid=0.0003925<\frac{1}{2}\times 10^{-3}$

故 $\qquad \int_0^1 \frac{\sin x}{x}\mathrm{d}x \approx 0.9456909$

对区间[0,1]还可以不断二分下去，表4-3列出了将区间[0,1]二等分10次的积分近似值的结果.

**表　4-3**

| $k$ | $T_{2^k}$ | $k$ | $T_{2^k}$ |
|---|---|---|---|
| 0 | 0.920 735 5 | 6 | 0.946 076 9 |
| 1 | 0.930 700 0 | 7 | 0.946 081 5 |
| 2 | 0.944 513 5 | 8 | 0.946 082 7 |
| 3 | 0.945 690 9 | 9 | 0.946 083 0 |
| 4 | 0.945 985 0 | 10 | 0.946 083 1 |
| 5 | 0.946 059 6 | | |

## 第三节　龙贝格求积公式

### 一、龙贝格公式

变步长梯形求积公式具有结构简单的优点，但其精度较差，收敛速度缓慢.因此用这种方法计算更复杂的、精确度要求高的积分近似值，显然费时又费力.

注意到，我们用 $T_{2n}$ 作为积分真值的近似值时，曾由式(4.2.9)有误差估计$\frac{1}{3}(T_{2n}-T_n)$.由此启发我们，如果用这个误差值作为 $T_{2n}$ 的一种修正，即以右端的的两项之和

$$T_{2n}+\frac{1}{3}(T_{2n}-T_n)=\frac{4}{3}T_{2n}-\frac{1}{3}T_n$$

作为积分 $I$ 的近似值，可以期望所得结果会比用 $T_{2n}$ 作为积分 $I$ 的近似值的效果更好.

通过直接验证，易知

$$S_n = \frac{4}{3}T_{2n} - \frac{1}{3}T_n \tag{4.3.1}$$

即用二等分前后两个梯形公式按式(4.3.1)作线性组合，就可以得到精确度更高的辛普森公式，从而加速了逼近效果.类似地，直接验算可知，式(4.2.10)右端的两项之和

$$S_{2n} + \frac{1}{15}(S_{2n} - S_n) = \frac{16}{15}S_{2n} - \frac{1}{15}S_n$$

正是具有更高精度的复化柯特斯公式，即

$$C_n = \frac{16}{15}S_{2n} - \frac{1}{15}S_n \tag{4.3.2}$$

用上述同样的方法，由式(4.2.11)可推出

$$R_n = \frac{64}{63}C_{2n} - \frac{1}{63}C_n \tag{4.3.3}$$

此式称为龙贝格公式.可以验证龙贝格公式具有7次代数精度，它的截断误差为$O(h^8)$.

由以上的讨论可以看到，我们可以在变步长的过程中，利用公式(4.3.1)，(4.3.2)和(4.3.3)，将粗糙的梯形值逐步地加工成精确度较高的辛普森值$S_n$、柯特斯值$C_n$和龙贝格值$R_n$，这种加速方法称为龙贝格方法.其加工过程如图4-4所示，计算顺序按(1)，(2)，(3)… 进行.

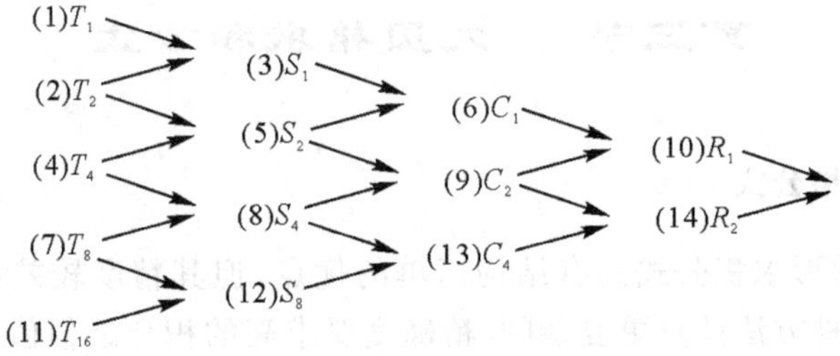


图 4-4

龙贝格方法将梯形值$T_n$逐步地加工成辛普森值$S_n$、柯特斯值$C_n$，这些都属于插值型求积公式，但龙贝格公式已不是插值型求积公式.这是因为计算龙贝格值$R_1$需将区间分成8等份，用9个节点的函数值，因此式(4.3.3)若是插值型求积公式，则它的代数精确度至少为8.而龙贝格公式具有7次代数精度，所以龙贝格公式是一种新方法，称为外推法.

## 二、龙贝格公式的计算步骤

用龙贝格公式计算积分近似值的步骤如下：

(1) 求梯形值.

$$T_n=\frac{h_n}{2}\left[f(a)+2\sum_{k=1}^{n-1}f\left[a+k\frac{b-a}{n}\right]+f(b)\right]$$

$$T_{2n}=\frac{1}{2}T_n+\frac{b-a}{2n}\sum_{k=1}^{n}f\left[a+(2k-1)\frac{b-a}{2n}\right]$$

(2) 求加速值.

辛普森加速公式　　$S_n=\frac{4}{3}T_{2n}-\frac{1}{3}T_n$

柯特斯加速公式　　$C_n=\frac{16}{15}S_{2n}-\frac{1}{15}S_n$

龙贝格加速公式　　$R_n=\frac{64}{63}C_{2n}-\frac{1}{63}C_n$

(3) 误差估计. 如果相邻两次值 $R_{2n}$, $R_n$ 满足

$$|R_{2n}-R_n|<\varepsilon$$

则取 $R_{2n}$ 作为积分的近似值.

**例 4.7**　用龙贝格公式计算 $I=\int_0^1\frac{\sin x}{x}dx$.

**解**　由例 4.6 已得到梯形值 $T_1=0.920\ 735\ 5$, $T_2=0.939\ 793\ 3$, $T_4=0.944\ 513\ 5$, $T_8=0.945\ 690\ 9$，再逐次运用公式(4.3.1)，(4.3.2)和(4.3.3)，计算出

$$S_1=\frac{4}{3}T_2-\frac{1}{3}T_1=0.946\ 145\ 9$$

$$S_2=\frac{4}{3}T_4-\frac{1}{3}T_2=0.946\ 086\ 9$$

$$C_1=\frac{16}{15}S_2-\frac{1}{15}S_1=0.946\ 083\ 0$$

$$S_4=\frac{4}{3}T_8-\frac{1}{3}T_4=0.946\ 083\ 3$$

$$C_2=\frac{16}{15}S_4-\frac{1}{15}S_2=0.946\ 083\ 1$$

$$R_1=\frac{64}{63}C_2-\frac{1}{63}C_1=0.946\ 083\ 1$$

故

$$\int_0^1\frac{\sin x}{x}dx\approx 0.946\ 083\ 1$$

积分 $I$ 的近似值 $R_1=0.946\ 083\ 1$ 是将区间[0,1]二等分 3 次再通过 3 次加速得到的.如果用复化梯形公式,由表 4-3 可知,需要将区间[0,1]二等分 10 次得到 $T_{2^{10}}=0.946\ 083\ 1$.因此使用龙贝格方法加速的效果是显著的,而加速的工作量主要是线性组合,计算量不大.因此用龙贝格方法计算积分的近似值,在达到同样精度的前提下大大节省了工作量.

**例 4.8** 用龙贝格公式计算 $\int_0^1 e^{x^2}\,dx$.

**解** 令 $f(x)=e^{x^2}$,由龙贝格方法,有

$$T_1=\frac{1}{2}[f(0)+f(1)]=1.859\ 141\ 0$$

$$T_2=\frac{1}{2}T_1+\frac{1}{2}f\left(\frac{1}{2}\right)=1.571\ 583\ 2$$

$$S_1=\frac{4}{3}T_2-\frac{1}{3}T_1=1.475\ 730\ 6$$

$$T_4=\frac{1}{2}T_2+\frac{1}{4}\left[f\left(\frac{1}{4}\right)+f\left(\frac{3}{4}\right)\right]=1.490\ 678\ 9$$

$$S_2=\frac{4}{3}T_4-\frac{1}{3}T_2=1.463\ 710\ 8$$

$$C_1=\frac{16}{15}S_2-\frac{1}{15}S_1=1.462\ 909\ 5$$

$$T_8=\frac{1}{2}T_4+\frac{1}{8}\left[f\left(\frac{1}{8}\right)+f\left(\frac{3}{8}\right)+f\left(\frac{5}{8}\right)+f\left(\frac{7}{8}\right)\right]=1.469\ 712\ 3$$

$$S_4=\frac{4}{3}T_8-\frac{1}{3}T_4=1.462\ 723\ 4$$

$$C_2=\frac{16}{15}S_4-\frac{1}{15}S_2=1.462\ 657\ 6$$

$$R_1=\frac{64}{63}C_2-\frac{1}{63}C_1=1.462\ 653\ 6$$

故
$$\int_0^1 e^{x^2}\,dx\approx 1.462\ 653\ 6$$

## 第四节 高斯型求积公式

回顾之前建立牛顿-柯特斯公式时,为了简化计算,把插值节点 $x_k$ 限定为积分区间的等分点,然后再确定求积系数 $A_k$,这种方法虽然简单,但只能保证用 $n+1$ 个节点,所得求积公式的代数精确度至少为 $n$.那么,在节点数目固定为 $n+1$ 的条件下,能否考虑在确定求积系数 $A_k$ 的同时适当地选择节点位置,

以使求积公式

$$\int_a^b f(x)\mathrm{d}x \approx \sum_{k=0}^{n} A_k f(x_k) \tag{4.4.1}$$

具有更大的代数精确度.

现在分析一下对于$n+1$个节点$x_k(k=0,1,\cdots,n)$,公式(4.4.1)可以达到的最大代数精确度是多少.

假设求积公式(4.4.1)对所有$m$($m$待定)次多项式

$$P_m(x)=a_m x^m + a_{m-1}x^{m-1}+\cdots+a_1 x + a_0$$

是精确成立的,于是有

$$a_m\int_a^b x^m\mathrm{d}x + a_{m-1}\int_a^b x^{m-1}\mathrm{d}x+\cdots+a_1\int_a^b x\mathrm{d}x + a_0\int_a^b \mathrm{d}x =$$

$$\sum_{k=0}^{n} A_k(a_m x_k^m + a_{m-1}x_k^{m-1}+\cdots+a_1 x_k + a_0) \tag{4.4.2}$$

若记 $\mu_k=\int_a^b x^k\mathrm{d}x\quad(k=0,1\cdots,m)$,则

$$a_m\mu_m + a_{m-1}\mu_{m-1}+\cdots+a_1\mu_1+a_0\mu_0 = a_m\sum_{k=0}^{n}A_k x_k^m + a_{m-1}\sum_{k=0}^{n}A_k x_k^{m-1} + \cdots + a_1\sum_{k=0}^{n}A_k x_k + a_0\sum_{k=0}^{n}A_k \tag{4.4.3}$$

由系数$a_0,a_1,\cdots a_m$的任意性可知,式(4.4.3)成立的充分必要条件是

$$\begin{cases} A_0+A_1+\cdots+A_n=\mu_0 \\ A_0x_0+A_1x_1+\cdots+A_nx_n=\mu_1 \\ A_0x_0^2+A_1x_1^2+\cdots+A_nx_n^2=\mu_2 \\ \cdots\cdots \\ A_0x_0^m+A_1x_1^m+\cdots+A_nx_n^m=\mu_m \end{cases} \tag{4.4.4}$$

这个含有$m+1$个等式的方程组有解.在方程组(4.4.4)中有$A_k,x_k(k=0,1,\cdots,n)$共$2n+2$个待定常数,最多需要$2n+2$个独立条件,所以$m$值最大为$2n+1$.即对$n+1$个节点的求积公式,可能达到的最大代数精确度为$2n+1$.

如果$n+1$个节点的插值型求积公式(4.4.1)的代数精确度达到$2n+1$,则称它为高斯求积公式,并称相应的节点$x_k$为高斯点,系数$A_k$称为高斯系数.

式(4.4.4)是关于未知量$x_k$和$A_k$的非线性方程组,当$n$稍大时求解比较困难,因此在实际应用中,一般不采用直接解方程组来确定$x_k$和$A_k$.由式(4.4.4)可以看到,当$m=n$时,对任意给定的一组互异节点$x_k(k=0,1,\cdots,n)$,方程组(4.4.4)即成为有$n+1$个方程、关于$A_k(k=0,1,\cdots,n)$为未知量的

线性方程组，因其系数行列式（范德蒙行列式）不为零，故存在唯一解. 这就说明此时对应的式(4.4.1)对次数不大于 $n$ 的多项式一定是精确成立的. 对于高斯点 $x_k(k=0,1,\cdots,n)$，则可以利用正交多项式的性质来确定.

先考查两个节点的情形. 不失一般性，把积分区间取成 $[-1,1]$，这是因为利用变换 $x=\frac{a+b}{2}+\frac{b-a}{2}t$，总可以把区间 $[a,b]$ 变成 $[-1,1]$，而积分变为

$$\int_a^b f(x)\mathrm{d}x=\frac{b-a}{2}\int_{-1}^1 g(t)\mathrm{d}t$$

其中，$g(t)=f\left(\frac{a+b}{2}+\frac{b-a}{2}t\right)$. 现在的问题是如何选取 $x_0$，$x_1$ 和 $A_0$，$A_1$，使

$$\int_{-1}^1 f(x)\mathrm{d}x\approx A_0 f(x_0)+A_1 f(x_1) \tag{4.4.5}$$

对任何三次多项式 $f(x)=a_3x^3+a_2x^2+a_1x+a_0$ 都精确成立.

从几何直观上看，是要找 $x_0$，$x_1$，使通过两点 $(x_0 f(x_0))$ 和 $(x_1,f(x_1))$ 的直线，在区间 $[-1,1]$ 上围成的面积和 $f(x)$ 在区间 $[-1,1]$ 上围成的面积相等，如图 4-5 所示.

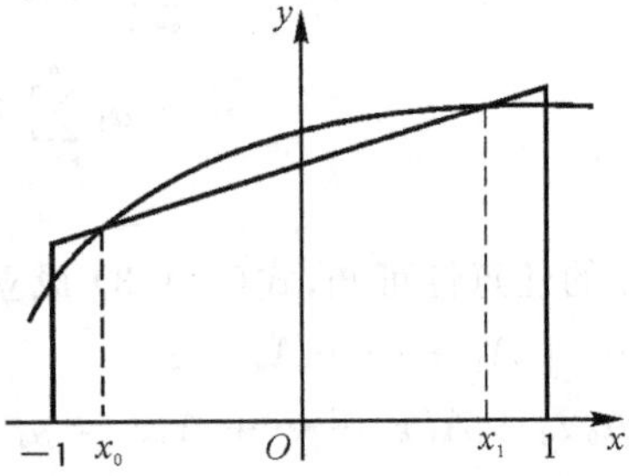


图　4-5

$f(x)$ 是三次多项式，用 $\omega_2(x)=(x-x_0)(x-x_1)$ 去除 $f(x)$，把 $f(x)$ 表示成

$$f(x)=p(x)(x-x_0)(x-x_1)+q(x)=p(x)\omega_2(x)+q(x) \tag{4.4.6}$$

其中 $p(x)$，$q(x)$ 是次数不超过一次的多项式. 于是

$$\int_{-1}^1 f(x)\mathrm{d}x=\int_{-1}^1 p(x)\omega_2(x)\mathrm{d}x+\int_{-1}^1 q(x)\mathrm{d}x \tag{4.4.7}$$

由于式(4.4.7)中的 $q(x)$ 是次数不超过一次的多项式，求积公式(4.4.5)对任意一次多项式是精确成立的. 于是

$$\int_{-1}^1 q(x)\mathrm{d}x=A_0 q(x_0)+A_1 q(x_1)=$$

$$A_0[p(x_0)\omega_2(x_0)+q(x_0)]+A_1[p(x_1)\omega_2(x_1)+q(x_1)]=$$
$$A_0f(x_0)+A_1f(x_1) \tag{4.4.8}$$

因此，如果积分对任意一次多项式 $p(x)$ 恒有

$$\int_{-1}^{1}p(x)\omega_2(x)\mathrm{d}x=0 \tag{4.4.9}$$

则由式(4.4.7)，(4.4.8) 和(4.4.9) 可得

$$\int_{-1}^{1}f(x)\mathrm{d}x=A_0f(x_0)+A_1f(x_1)$$

这就是说，当节点 $x_0,x_1$ 的选取能使式(4.4.9) 成立，则对任意三次多项式 $f(x)$，求积公式(4.4.5) 就精确成立.

由于式(4.4.9) 对任何次数不超过一次的多项式都成立，则有

$$\int_{-1}^{1}(x-x_0)(x-x_1)\mathrm{d}x=0$$

和

$$\int_{-1}^{1}x(x-x_0)(x-x_1)\mathrm{d}x=0$$

计算这两个积分，得

$$\begin{cases}\dfrac{2}{3}+2x_0x_1=0\\ x_0+x_1=0\end{cases}$$

由此解出 $x_0=-\dfrac{1}{\sqrt{3}},x_1=\dfrac{1}{\sqrt{3}}$.

求得节点 $x_0$ 和 $x_1$ 以后，利用求积公式(4.4.5) 对 $f(x)=1$ 和 $f(x)=x$ 精确成立，得

$$\begin{cases}A_0+A_1=2\\ -\dfrac{1}{\sqrt{3}}A_0+\dfrac{1}{\sqrt{3}}A_1=0\end{cases}$$

解之得 $A_0=1,A_1=1$，这就得到求积公式

$$\int_{-1}^{1}f(x)\mathrm{d}x\approx f\left(-\frac{1}{\sqrt{3}}\right)+f\left(\frac{1}{\sqrt{3}}\right)$$

它的代数精度为 3.

对于一般情形，就是如何适当选择 $x_0,x_1,x_2,\cdots,x_n$，使求积公式(4.4.1) 当 $f(x)$ 是不高于 $2n+1$ 次的多项式时精确成立. 不失一般性，把积分区间取成[－1,1]，和前面两个节点的情形一样，用

$$\omega_{n+1}(x)=(x-x_0)(x-x_1)\cdots(x-x_n)$$

除 $f(x)$，将 $f(x)$ 表示成

$$f(x)=p(x)\omega_{n+1}(x)+q(x)$$

其中，$p(x)$ 和 $q(x)$ 都是次数不高于 $n$ 的多项式，于是

$$\int_{-1}^{1}f(x)\mathrm{d}x=\int_{-1}^{1}p(x)\omega_{n+1}(x)\mathrm{d}x+\int_{-1}^{1}q(x)\mathrm{d}x \tag{4.4.10}$$

由于求积公式(4.4.1)对任何一个不超过 $n$ 次的多项式精确成立，则有

$$\int_{-1}^{1}q(x)\mathrm{d}x=\sum_{k=0}^{n}A_kq(x_k) \tag{4.4.11}$$

假设对任何不超过 $n$ 次的多项式 $p(x)$，都有

$$\int_{-1}^{1}p(x)\omega_{n+1}(x)\mathrm{d}x=0 \tag{4.4.12}$$

则由式(4.4.10)，(4.4.11)和(4.4.12)，得

$$\int_{-1}^{1}f(x)\mathrm{d}x=\sum_{k=0}^{n}A_kq(x_k)=\sum_{k=0}^{n}A_k[p(x_k)\omega_{n+1}(x_k)+q(x_k)]=\sum_{k=0}^{n}A_kf(x_k)$$

也就是说，只要选取 $\omega_{n+1}(x)=(x-x_0)(x-x_1)\cdots(x-x_n)$ 满足条件(4.4.12)，则求积公式(4.4.1)就能精确成立，且代数精确度能达到 $2n+1$. 而由性质3.2可知，当选取 $\omega_{n+1}(x)$ 为区间$[-1,1]$上正交多项式族中的 $n+1$ 次多项式时，式(4.4.12)就一定成立，此时节点 $x_k(k=0,1,\cdots,n)$ 正是该 $n+1$ 次正交多项式的零点.

经以上分析，得到了构造 $n+1$ 个节点的高斯求积公式的一个简便方法：首先用区间$[-1,1]$上正交多项式族中的 $n+1$ 次多项式的零点作为高斯点 $x_k(k=0,1,\cdots,n)$；然后利用高斯点由方程组(4.4.4)确定高斯系数 $A_k(k=0,1,\cdots,n)$，这时方程组(4.4.4)是关于未知量 $A_k(k=0,1,\cdots,n)$ 的线性方程组，比较容易求解.

由于 $n+1$ 次正交多项式的零点就是高斯点，因此取不同的正交多项式就能得到不同的高斯求积公式，现在仅给出高斯-勒让德求积公式. 其他高斯求积公式读者可参阅相关资料.

勒让德多项式

$$P_n(x)=\frac{1}{n!\ 2^n}\frac{\mathrm{d}^n}{\mathrm{d}x^n}(x^2-1)^n \quad (n=0,1,\cdots)$$

是区间$[-1,1]$上关于权函数 $\rho(x)=1$ 的正交多项式族. 因此高斯点 $x_k(k=0,1,\cdots,n)$ 为 $n+1$ 次勒让德多项式的 $n+1$ 个零点，则高斯－勒让德求积公式为

$$\int_{-1}^{1}f(x)\mathrm{d}x\approx\sum_{k=0}^{n}A_kf(x_k)$$

其中系数 $A_k(k=0,1,\cdots,n)$ 可表示为

$$A_k=\frac{1}{(1-x_k^2)\left[P'_{n+1}(x_k)\right]^2}\quad(k=0,1,\cdots,n)$$

表 4-4 给出了部分高斯-勒让德求积公式的节点、系数，需要时可查用.

**表　4-4**

| 节点数 | $x_k$ | $A_k$ |
|---|---|---|
| 2 | ±0.577 350 269 2 | 1 |
| 3 | ±0.774 596 669 2 | 0.555 555 555 6 |
| | 0 | 0.888 888 888 9 |
| 4 | ±0.861 136 311 6 | 0.347 854 845 1 |
| | ±0.339 981 043 6 | 0.652 145 154 9 |
| 5 | ±0.906 179 845 9 | 0.236 926 885 1 |
| | ±0.538 469 310 1 | 0.478 628 670 5 |
| | 0 | 0.568 888 888 9 |
| 6 | ±0.932 469 514 2 | 0.171 324 492 4 |
| | ±0.661 209 386 5 | 0.360 761 573 0 |
| | ±0.238 619 186 1 | 0.467 913 934 6 |
| 7 | ±0.949 107 912 3 | 0.129 484 966 2 |
| | ±0.741 531 185 6 | 0.279 705 391 5 |
| | ±0.405 845 151 4 | 0.381 830 050 5 |
| | 0 | 0.417 959 183 7 |
| 8 | ±0.960 289 856 6 | 0.101 228 536 3 |
| | ±0.796 666 477 4 | 0.222 381 034 5 |
| | ±0.525 532 409 9 | 0.313 706 645 9 |
| | ±0.183 434 642 5 | 0.362 683 783 4 |

**例 4.9**　用 2 个节点和 3 个节点的高斯-勒让德求积公式计算定积分 $I=\int_1^{\frac{3}{2}}e^{-x^2}dx$.

**解**　$a=1,b=\frac{3}{2}$，作变换 $x=\frac{b+a}{2}+\frac{b-a}{2}t=\frac{5}{4}+\frac{1}{4}t$，则

$$I=\int_1^{\frac{3}{2}}e^{-x^2}dx=\frac{1}{4}\int_{-1}^{1}e^{-\frac{(5+t)^2}{16}}dt$$

用 2 个节点. 由表 4-4，$x_0=-0.577\ 350\ 269\ 2$，$x_1=0.577\ 350\ 269\ 2$，$A_0=1$，$A_1=1$，得

$$I \approx \frac{1}{4}\left[e^{-\frac{(5-0.577\,350\,269\,2)^2}{16}} + e^{-\frac{(5+0.577\,350\,269\,2)^2}{16}}\right] = 0.109\,400\,3$$

用3个节点.由表4-4,$x_0 = -0.774\,596\,669\,2, x_1 = 0, x_2 = 0.774\,596\,669\,2,$ $A_0 = 0.555\,555\,555\,6, A_1 = 0.888\,888\,888\,9, A_2 = 0.555\,555\,555\,6$,得

$$I \approx \frac{1}{4}\left[0.555\,555\,555\,6e^{-\frac{(5-0.774\,596\,669\,2)^2}{16}} + 0.888\,888\,888\,9e^{-\frac{5^2}{16}} + 0.555\,555\,555\,6e^{-\frac{(5+0.774\,596\,669\,2)^2}{16}}\right] = 0.109\,364\,2$$

**例 4.10** 用高斯-勒让德求积公式计算定积分 $I = \int_0^1 \frac{\sin x}{x} dx$

**解** 令 $x = \frac{1}{2}(t+1)$,则

$$I = \int_0^1 \frac{\sin x}{x} dx = \int_{-1}^1 \frac{\sin \frac{t+1}{2}}{t+1} dt$$

用 2 个节点:

$$\int_{-1}^1 f(x)dx \approx A_0 f(x_0) + A_1 f(x_1) = 1 \times \frac{\sin \frac{1}{2}(-0.577\,350\,269\,2+1)}{-0.577\,350\,269\,2+1} + 1 \times \frac{\sin \frac{1}{2}(0.577\,350\,269\,2+1)}{0.577\,350\,269\,2+1} = 0.946\,041\,1$$

用 3 个节点:

$$\int_{-1}^1 f(x)dx \approx A_0 f(x_0) + A_1 f(x_1) + A_2 f(x_2) = 0.946\,083\,1$$

在例 4.6 中,用复化梯形公式计算 $I = \int_0^1 \frac{\sin x}{x} dx$,需要将区间[0,1]二等分 10 次,用 1 025 个节点得 $T_{2^{10}} = 0.946\,083\,1$,例 4.7 用龙贝格公式计算该积分,需要将区间[0,1]二等分 3 次再通过 3 次加速,用 9 个节点得到 $R_1 = 0.946\,083\,1$,而本例中,我们用高斯-勒让德求积公式,只需 3 个节点就能得到同样的值.

## 第五节 数值微分

求函数 $f(x)$ 的导数 $f'(x)$ 可以用导数的定义和各种求导法则,但如果仅知道函数 $f(x)$ 在若干离散点上的函数值,求 $f'(x)$ 就不那么容易了.数值微分就是讨论用已知的离散点处的函数值计算导数近似值的方法,本节介绍两

种求函数的导数近似值的方法.

## 一、数值微分的插值法

已知函数 $y=f(x)$ 在节点 $x_i(i=0,1,\cdots,n)$ 的函数值 $f(x_i)(i=0,1,\cdots,n)$，作 $f(x)$ 的插值多项式 $P_n(x)$，用 $P_n(x)$ 的导数 $P'_n(x)$ 作为 $f'(x)$ 的近似值，这样建立了数值微分公式

$$f'(x)\approx P'_n(x) \tag{4.5.1}$$

该公式称为插值型微分公式. $P'_n(x)$ 的截断误差可由插值多项式 $P_n(x)$ 的截断误差得到. 由

$$f(x)-P_n(x)=\frac{f^{(n+1)}(\xi)}{(n+1)!}\omega_{n+1}(x)$$

两边求导得

$$f'(x)-P'_n(x)=\frac{f^{(n+1)}(\xi)}{(n+1)!}\omega'_{n+1}(x)+\frac{\omega_{n+1}(x)}{(n+1)!}\frac{\mathrm{d}}{\mathrm{d}x}f^{(n+1)}(\xi)$$

因为上式中 $\xi$ 与 $x,n$ 有关，无法对 $\frac{\mathrm{d}}{\mathrm{d}x}f^{(n+1)}(\xi)$ 作进一步的估计，所以对 $x\neq x_i$，无法利用上式对截断误差 $f'(x)-P'_n(x)$ 作出估计. 但是对节点 $x_i(i=0,1,\cdots,n)$ 处的导数，上述右端第二部分为零，故截断误差为

$$R_n(x_i)=f'(x_i)-P'_n(x_i)=\frac{f^{(n+1)}(\xi)}{(n+1)!}\omega'_{n+1}(x_i)\quad(\xi\in(x_0,x_n)) \tag{4.5.2}$$

由于上述原因，仅用(4.5.1) 计算节点处的导数近似值. 下文给出几个常用的数值微分公式.

1. 两点公式

插值节点为 $x_i=x_0+ih(i=0,1)$，则线性插值多项式为

$$P_1(x)=\frac{x-x_1}{-h}f(x_0)+\frac{x-x_0}{h}f(x_1)$$

两边求导得

$$P'_1(x)=\frac{1}{h}[f(x_1)-f(x_0)]$$

于是有下面的两点公式：

后点公式　$$f'(x_0)\approx\frac{1}{h}[f(x_1)-f(x_0)] \tag{4.5.3}$$

前点公式　$$f'(x_1)\approx\frac{1}{h}[f(x_1)-f(x_0)] \tag{4.5.4}$$

公式(4.5.3) 实质是用 $f(x)$ 在 $x_0$ 处的向前差商（分子是向前差分）作为

$f'(x)$ 的近似值，而公式(4.5.4)则是用 $f(x)$ 在 $x_1$ 处的向后差商(分子是向后差分)作为 $f'(x)$ 的近似值，由式(4.5.2)其截断误差为

$$R_1(x_0) = -\frac{h}{2}f''(\xi_1) \quad (\xi_1 \in (x_0, x_1)) \tag{4.5.5}$$

$$R_1(x_1) = \frac{h}{2}f''(\xi_2) \quad (\xi_2 \in (x_0, x_1)) \tag{4.5.6}$$

2. 三点公式

插值节点为 $x_i = x_0 + ih\ (i=0,1,2)$，则二次插值多项式为

$$P_2(x) = \frac{(x-x_1)(x-x_2)}{2h^2}f(x_0) - \frac{(x-x_0)(x-x_2)}{h^2}f(x_1) + \frac{(x-x_0)(x-x_1)}{2h^2}f(x_2)$$

两边求导得

$$P_2'(x) = \frac{2x-x_1-x_2}{2h^2}f(x_0) - \frac{2x-x_0-x_2}{h^2}f(x_1) + \frac{2x-x_0-x_1}{2h^2}f(x_2)$$

于是有下面的三点公式：

后三点公式 $$f'(x_0) \approx \frac{1}{2h}[-3f(x_0) + 4f(x_1) - f(x_2)] \tag{4.5.7}$$

中心差商公式 $$f'(x_1) \approx \frac{1}{2h}[-f(x_0) + f(x_2)] \tag{4.5.8}$$

前三点公式 $$f'(x_2) \approx \frac{1}{2h}[f(x_0) - 4f(x_1) + 3f(x_2)] \tag{4.5.9}$$

其截断误差为

$$R_2(x_0) = \frac{h^2}{3}f'''(\xi_1) \quad (\xi_1 \in (x_0, x_2)) \tag{4.5.10}$$

$$R_2(x_1) = -\frac{h^2}{6}f'''(\xi_2) \quad (\xi_2 \in (x_0, x_2)) \tag{4.5.11}$$

$$R_2(x_2) = \frac{h^2}{3}f'''(\xi_3) \quad (\xi_3 \in (x_0, x_2)) \tag{4.5.12}$$

同理，用 $P_2''(x)$ 作为 $f''(x)$ 的近似值，有二阶导数的近似公式为

$$f''(x_i) \approx P_2''(x_i) = \frac{1}{h^2}[f(x_0) - 2f(x_1) + f(x_2)] \quad (i=0,1,2) \tag{4.5.13}$$

它们的截断误差是 $O(h)$，当 $i=1$ 时 $f''(x_1) - P_2''(x_1) = O(h^2)$.

利用插值多项式 $P_n(x)$ 作为 $f(x)$ 的近似函数，还可以建立高阶导数的数

值微分公式为

$$f^{(k)}(x) \approx P_n^{(k)}(x) \quad (k=0,1,\cdots,n)$$

这里不做深入讨论.但要注意,即使 $P_n(x)$ 与 $f(x)$ 的近似程度非常好,各阶导数 $P_n^{(k)}(x)$ 与 $f^{(k)}(x)$ 差别仍旧可能很大.因此要重视误差分析.

**例 4.11**　已知函数 $y=e^x$ 的数值表见表 4-5.

**表　4-5**

| $x$ | 1.3 | 1.5 | 1.7 | 1.9 | 2.1 |
|---|---|---|---|---|---|
| $f(x)$ | 3.669 296 67 | 4.481 689 07 | 5.473 947 39 | 6.685 894 44 | 8.166 169 91 |

试求 $f'(1.7)$ 和 $f''(1.7)$ 的近似值.

**解**　取 $x_0=1.5, x_1=1.7$,由前点公式得

$$f'(1.7) \approx \frac{1}{0.2}[f(1.7)-f(1.5)]=4.961\ 291\ 6$$

取 $x_0=1.7, x_1=1.9$,由后点公式得

$$f'(1.7) \approx \frac{1}{0.2}[f(1.9)-f(1.7)]=6.059\ 735\ 2$$

取 $x_0=1.3, x_1=1.5, x_2=1.7$,由前三点公式得

$$f'(1.7) \approx \frac{1}{2\times 0.2}[f(1.3)-4f(1.5)+3f(1.7)]=5.410\ 956\ 4$$

取 $x_0=1.7, x_1=1.9, x_2=2.1$,由后三点公式得

$$f'(1.7) \approx \frac{1}{2\times 0.2}[-3f(1.7)+4f(1.9)-f(2.1)]=5.388\ 914\ 2$$

取 $x_0=1.5, x_1=1.7, x_2=1.9$,由中心差商公式得

$$f'(1.7) \approx \frac{1}{2\times 0.2}[-f(1.5)+f(1.9)]=5.510\ 513\ 4$$

取 $x_0=1.5, x_1=1.7, x_2=1.9$,由公式(4.5.13)得

$$f''(1.7) \approx \frac{1}{0.2^2}[f(1.5)-2f(1.7)+f(1.9)]=5.492\ 218\ 3$$

## 二、数值微分的样条法

已知函数 $y=f(x)$ 在节点 $x_i(i=0,1,\cdots,n)$ 处的函数值 $f(x_i)(i=0,1,\cdots,n)$,及适当的边界条件,作 $f(x)$ 的三次样条插值函数 $S(x)$,用 $S(x)$ 近似代替 $f(x)$,得数值微分公式

$$f'(x) \approx S_i'(x) = -M_{i-1}\frac{(x_i-x)^2}{2h_i}+M_i\frac{(x-x_{i-1})^2}{2h_i}+$$

$$f[x_{i-1},x_i]+\frac{M_{i-1}-M_i}{6}h_i \tag{4.5.14}$$

$$f''(x)\approx S_i''(x)=M_{i-1}\frac{x_i-x}{h_i}+M_i\frac{x-x_{i-1}}{h_i} \tag{4.5.15}$$

其中 $x\in[x_{i-1},x_i](i=1,\cdots,n)$，$M_i(i=0,1,\cdots,n)$ 由边界条件及相应的方程组(2.6.9)，(2.6.10) 或(2.6.11) 确定.

## 习　题　四

1. 用梯形公式，辛普森公式和柯特斯公式求积分 $I=\int_0^1 e^x dx$，并与精确值 $\int_0^1 e^x dx=1.718\ 281\cdots$ 比较.

2. 试确定求积公式的代数精确度.

(1) $\int_{-1}^1 f(x)dx\approx f\left(-\frac{\sqrt{3}}{3}\right)+f\left(\frac{\sqrt{3}}{3}\right)$；

(2) $\int_{-1}^1 f(x)dx\approx 2f(0)$.

3. 确定求积公式 $\int_0^2 f(x)dx\approx A_0f(0)+A_1f(1)+A_2f(2)$ 中的 $A_0$，$A_1$ 和 $A_2$，使求积公式具有最高代数精确度.

4. 证明求积公式

$$\int_{x_0}^{x_1} f(x)dx\approx\frac{h}{2}[f(x_0)+f(x_1)]-\frac{h^2}{12}[f'(x_1)-f'(x_0)]$$

具有 3 次代数精确度，其中 $h=x_1-x_0$

5. 证明 $\sum_{k=0}^n A_k=b-a$，其中 $A_k$ 为插值型求积公式 $\int_a^b f(x)dx\approx\sum_{k=0}^n A_kf(x_k)$ 中系数. 由此证明柯特斯系数性质：$\sum_{k=0}^n C_k^{(n)}=1$.

6. 对下列积分计算 $T_4$，$S_2$ 与 $C_1$，并与精确值比较.

(1) $\int_1^9 \sqrt{x}dx$；　　(2) $\int_0^1 \frac{x}{4+x^2}dx$.

7. 试取 9 个节点分别用复化梯形公式、复化辛普森公式及复化柯特斯公式计算积分

$$\int_0^1 \frac{1}{1+x^2}dx$$

8. 给定积分$\int_1^3 \sin x\mathrm{d}x$，当要求截断误差小于$10^{-6}$时，用复化梯形公式及复化辛普森公式计算时所需节点数分别为多少？

9. 用变步长梯形公式计算 $\pi=\int_0^1 \frac{4}{1+x^2}\mathrm{d}x$ 的近似值，要求误差不超过0.001.

10. 用变步长梯形公式计算$\int_0^1 \frac{x}{4+x^2}\mathrm{d}x$ 的近似值，要求误差不超过$\frac{1}{2}\times 10^{-3}$.

11. 用龙贝格公式计算$\int_0^1 \frac{4}{1+x^2}\mathrm{d}x$ 的近似值.

12. 用龙贝格公式计算定积分 $I=\int_1^3 \frac{1}{x}\mathrm{d}x$.

13. 试用两点和三点高斯-勒让德公式计算定积分 $I=\int_{-1}^1 \sqrt{x+1.5}\,\mathrm{d}x$.

14. 试用四点和六点高斯-勒让德求积公式计算定积分 $I=\int_0^1 \frac{\arctan x}{x^{\frac{3}{2}}}\mathrm{d}x$ 的近似值.

15. 试用四点高斯-勒让德求积公式计算 $\pi=\int_0^1 \frac{4}{1+x^2}\mathrm{d}x$ 的近似值.

16. 已知函数 $y=f(x)$ 的数据，见表 4-6.

**表　4-6**

| $x$ | 1.0 | 1.1 | 1.2 |
|---|---|---|---|
| $f(x)$ | 0.250 000 | 0.226 757 | 0.206 612 |

试用三点数值微分公式求 $f'(1.0)$，$f'(1.1)$，$f'(1.2)$.

17. 已知函数 $y=f(x)$ 的数据，见表 4-7.

**表　4-7**

| $x$ | 1.8 | 1.9 | 2.0 | 2.1 | 2.2 |
|---|---|---|---|---|---|
| $f(x)$ | 10.889 365 | 12.703 199 | 14.778 112 | 17.148 957 | 19.855 030 |

(1) 用两点公式求 $f'(2.0)$，$h=0.1$；

(2) 用三点公式求 $f'(2.0)$，$h=0.1$；

(3) 用二阶导数公式求 $f''(2.0)$，$h=0.1$.

# 第五章　方程求根

在许多实际问题中，常常会遇到求解非线性方程的问题. 例如，求 $n$ 次代数方程

$$a_n x^n + a_{n-1} x^{n-1} + \cdots + a_1 x + a_0 = 0$$

的根，或求超越方程

$$e^{-x} - \cos \frac{\pi x}{2} = 0$$

的根. 对于高次代数方程，由代数基本定理可知，根的数目和方程的次数相同，解三次、四次代数方程，尽管存在着求解公式，却不实用，而对一般的五次或五次以上的代数方程，就没有求根公式了. 对超越方程就更加复杂，一般来说，没有求根的公式可用. 而在实际应用中，也不一定需要根的精确值，只要能获得满足精度要求的根的近似值就可以了. 本章主要介绍求方程近似根的几种数值方法.

用数值方法求方程的根，通常分为两步，第一步判断根是否存在，若存在，确定根的某个初始近似值；第二步，将初始近似值逐步加工成满足精度要求的结果.

求初始近似值，即确定根的大致区间，使该区间内恰有方程的一个根. 这个步骤称为根的隔离，这样的区间称为隔离区间.

隔离根的方法，主要依据以下根的存在定理.

**定理 5.1**　设函数 $f(x)$ 在区间 $[a,b]$ 上连续，如果 $f(a)f(b) < 0$，则方程 $f(x)=0$ 在 $(a,b)$ 内至少有一实根 $x^*$.

具体做法通常有两种：

(1) 画出 $y=f(x)$ 的略图，从而看出曲线 $y=f(x)$ 与 $x$ 轴交点横坐标的位置.

(2) 从某点 $x_0$ 出发，选取某步长 $h$，若

$$f(x_0)f(x_0+h) \leqslant 0$$

那么在 $[x_0, x_0+h]$ 内必有 $f(x)=0$ 的根，可取 $x_0$ 或 $x_0+h$ 作为根的初始近似值.

根的逐步精确化的方法，包括二分法、迭代法、牛顿法、弦割法和抛物线法等，我们在本章中将逐一介绍.

# 第一节　二　分　法

设有非线性方程

$$f(x)=0 \tag{5.1.1}$$

其中 $f(x)$ 在区间 $[a,b]$ 上连续、单调，且 $f(a)f(b)<0$，则方程(5.1.1)在 $(a,b)$ 中有且只有一个根. 二分法的基本思想就是将方程的根所在的区间二等分，检查函数值符号的变化，以判断含根的更小的区间，逐步将有根区间缩小，在足够小的区间内用区间的中点作为方程的近似根. 具体步骤如下：

(1) 计算 $f(x)$ 在区间 $[a,b]$ 端点处的函数值 $f(a)$ 和 $f(b)$.

(2) 计算 $f(x)$ 在区间中点 $x_0=\dfrac{a+b}{2}$ 处的值 $f(x_0)$.

(3) 判断，若 $f(x_0)=0$，则 $x_0=\dfrac{a+b}{2}$ 即是根，否则检验：

若 $f(x_0)f(a)<0$，$f(x_0)$ 与 $f(a)$ 异号，则根位于区间 $(a,x_0)$ 上，用 $x_0$ 代替 $b$，并记 $a_1=a,b_1=x_0$；

若 $f(x_0)f(a)>0$，$f(x_0)$ 与 $f(a)$ 同号，则根位于区间 $(x_0,b)$ 上，用 $x_0$ 代替 $a$. 并记 $a_1=x_0,b_1=b_0$.

反复执行步骤(2)，(3)，便可得到一系列有根区间：$(a,b)$，$(a_1,b_1)$，…，$(a_k,b_k)$，… 且

$$|b_k-a_k|=\frac{1}{2}(b_{k-1}-a_{k-1})=\frac{1}{2^k}(b-a)$$

将 $[a_k,b_k]$ 的中点 $x_k=\dfrac{1}{2}(a_k+b_k)$ 作为 $f(x)=0$ 的根的近似值，则

$$|x_k-x^*|\leqslant\frac{1}{2}(b_k-a_k)=\frac{1}{2^{k+1}}(b-a) \tag{5.1.2}$$

若给定精度 $\varepsilon>0$，则由式(5.1.2)，只需 $\dfrac{1}{2^{k+1}}(b-a)<\varepsilon$，即

$$k>\frac{\ln(b-a)-\ln\varepsilon}{\ln 2}-1$$

就有 $|x_k-x^*|<\varepsilon$. 也就是说，对区间 $[a,b]$ 二分 $k$ 次，便可得到满足精度要求的根的近似值.

由式(5.1.2)有 $\lim\limits_{k\to\infty}x_k=x^*$，且 $x_k$ 以等比数列的收敛速度收敛于 $x^*$.

**例 5.1**　用二分法求方程 $f(x)=x^3+x^2-3x-3=0$ 在区间 $[1,2]$ 内的近似根，要求其绝对误差不超过 $10^{-2}$.

**解** 显然 $f(x)$ 在区间[1,2]上连续，$f(1)=-4<0$，$f(2)=3>0$，且由 $f'(x)=3x^2+2x-3>0(x\in(1,2))$ 知，$f(x)$ 是单调递增函数，因此在(1,2)内有且仅有一根. 根据式(5.2.1)，由

$$|x_k-x^*|\leqslant\frac{1}{2^{k+1}}(2-1)=\frac{1}{2^{k+1}}<10^{-2}$$

求得 $k>\frac{2\ln 10}{\ln 2}-1\approx 5.6438$，即需将区间[1,2]二分6次能够得到满足精度要求的近似根.

计算 $x_0=\frac{1+2}{2}=1.5$，$f(1.5)=-1.87500<0$，$f(1.5)$ 与 $f(1)$ 同号，得 $[a_1,b_1]=[1.5,2]$. 再计算 $x_1=\frac{1.5+2}{2}=1.75$，$f(1.75)=0.17188>0$，$f(1.75)$ 与 $f(1.5)$ 异号，得 $[a_2,b_2]=[1.5,1.75]$，如此继续计算，表5-1列出了计算结果.

表 5-1

| $k$ | $[a_k,b_k]$ | $x_k$ | $f(a_k)$ | $f(b_k)$ | $f(x_k)$ |
|---|---|---|---|---|---|
| 0 | [1,2] | 1.5 | −4 | 3 | −1.875 00 |
| 1 | [1.5,2] | 1.75 | −1.875 00 | 3 | 0.171 88 |
| 2 | [1.5,1.75] | 1.625 00 | −1.875 00 | 0.171 88 | −0.943 36 |
| 3 | [1.625,1.75] | 1.687 50 | −0.943 36 | 0.171 88 | −0.409 42 |
| 4 | [1.687 5,1.75] | 1.718 75 | −0.409 42 | 0.171 88 | −0.124 79 |
| 5 | [1.718 75,1.75] | 1.734 38 | −0.124 79 | 0.171 88 | 0.022 08 |
| 6 | [1.718 75,1.734 38] | 1.726 57 | | | |

因此 $x^*\approx x_6=\frac{1}{2}(1.71875+1.73438)=1.72657$.

二分法的优点是计算简单，且对函数性质要求低，只要连续就可以. 它的局限性是不能求偶数重根，也不能求复根. 收敛速率与比值为 $\frac{1}{2}$ 的等比级数相同，不是很快. 因此一般不单独使用，常用来为其他方法求方程的近似根提供初始值.

## 第二节 迭代法

迭代法是一种逐次逼近法，它是求方程近似根的一个重要方法，也是数值方法中的一种基本方法，它的算法简单，应用非常广泛.

## 一、迭代格式

对方程

$$f(x)=0 \tag{5.2.1}$$

用迭代法求根：先将方程 $f(x)=0$ 化为一个等价的方程

$$x=\varphi(x) \tag{5.2.2}$$

建立递推式

$$x_{k+1}=\varphi(x_k) \tag{5.2.3}$$

给定一个根的初始值 $x_0$，由式(5.2.3)可算得 $x_1=\varphi(x_0)$，再将 $x_1$ 代入式(5.2.3)的右端又可得 $x_2=\varphi(x_1)$，按照这种方法依次计算下去，则产生一序列 $\{x_k\}$. 我们称(5.2.2)中的 $\varphi(x)$ 为迭代函数，称式(5.2.3)为迭代格式，而由式(5.2.3)产生的序列 $\{x_k\}$ 称为迭代序列，如果迭代序列收敛，则称迭代收敛，否则称迭代发散，这种求方程的根的方法称为迭代法.

如果 $\varphi(x)$ 连续，迭代序列 $\{x_k\}$ 收敛于 $x^*$，则 $x^*$ 为方程(5.2.2)的根. 事实上，对式(5.2.3)两边令 $k\to\infty$ 取极限，有

$$x^*=\lim_{k\to\infty}x_{k+1}=\lim_{k\to\infty}\varphi(x_k)=\varphi(\lim_{k\to\infty}x_k)=\varphi(x^*)$$

即得

$$x^*=\varphi(x^*)$$

由于方程(5.2.1)与方程(5.2.2)等价，故 $x^*$ 就是方程(5.2.1)的根.

**例 5.2** 求方程 $f(x)=x-10^x+2=0$ 在区间[0,1]上的一个近似根.

**解** 因为 $f(0)=1>0, f(1)=-7<0$，故方程在[0,1]中必有一实根，现将原方程改为等价方程

$$x=\lg(x+2)$$

由此得迭代格式

$$x_{k+1}=\lg(x_k+2)$$

取初始值 $x_0=1$，由上述迭代格式可逐次算得 $x_1=0.477\,121$，$x_2=0.393\,947$，$x_3=0.379\,115$，$x_4=0.376\,415$，$x_5=0.375\,922$，$x_6=0.375\,832$，$x_7=0.375\,816$，$x_8=0.375\,813$，$x_9=0.375\,812$，$x_{10}=0.375\,812$，… 可以看到，迭代序列 $\{x_k\}$ 是收敛的. 这里取 $x_9=0.375\,812$ 为方程在区间[0,1]内的一个根的近似值.

如果将方程改写为等价方程：

$$x=10^x-2$$

则得迭代格式

$$x_{k+1}=10^{x_k}-2$$

仍取 $x_0=1$ 可逐次算得

$$x_1=8,\quad x_2=10^8-2,\quad x_3=10^{10^{8-2}}-2,\cdots$$

显然,该迭代序列发散,这种不收敛的迭代过程称为发散.

因此,对于用迭代法求方程 $f(x)=0$ 的近似根,需要研究迭代函数 $\varphi(x)$ 的构造,以使迭代格式 $x_{k+1}=\varphi(x_k)$ 产生的迭代序列 $\{x_k\}$ 收敛,现在我们来讨论这个问题.

**二、收敛性分析**

我们先从几何图形上来分析迭代过程.求方程 $x=\varphi(x)$ 根的问题,就是求曲线 $y=\varphi(x)$ 与直线 $y=x$ 交点 $A$ 的横坐标 $x^*$(见图 5-1).从初始点 $x_0$ 确定 $x_1$ 的过程可以描述如下:从点 $x_0$ 出发,沿竖直方向移动至与曲线 $y=\varphi(x)$ 相交,得点 $A_0(x_0,\varphi(x_0))$,再从点 $A_0$ 出发,沿水平方向移至与直线 $y=x$ 相交,得点 $B_1(x_1,\varphi(x_0))$.显然点 $B_1$ 的横坐标与纵坐标 $\varphi(x_0)$ 相等,即有 $x_1=\varphi(x_0)$.$x_1$ 便是按迭代格式(5.2.3)得到的新点.再从点 $x_1$ 出发,继续这个过程,不断交替地沿竖直方向和水平方向移动,便可得到按迭代格式(5.2.3)构造的序列$\{x_k\}$.从图 5-1(a) 和图 5-1(b) 可以看到,如果函数 $\varphi(x)$ 变化缓慢,即 $\varphi(x)$ 导数的绝对值比较小时,迭代序列$\{x_k\}$ 越来越接近于方程的根 $x^*$;而当函数 $\varphi(x)$ 变化比较快,即 $\varphi(x)$ 导数的绝对值比较大时,如图 5-1(c) 和图 5-1(d) 所示,迭代序列$\{x_k\}$ 越来越偏离方程的根 $x^*$.另外,为了使迭代过程不至于中断,必须要求迭代序列$\{x_k\}$ 的任意项 $x_k$ 落在 $\varphi(x)$ 的定义域内,即要求 $\varphi(x)$ 的定义域与值域一致.为此有如下迭代法收敛性定理.

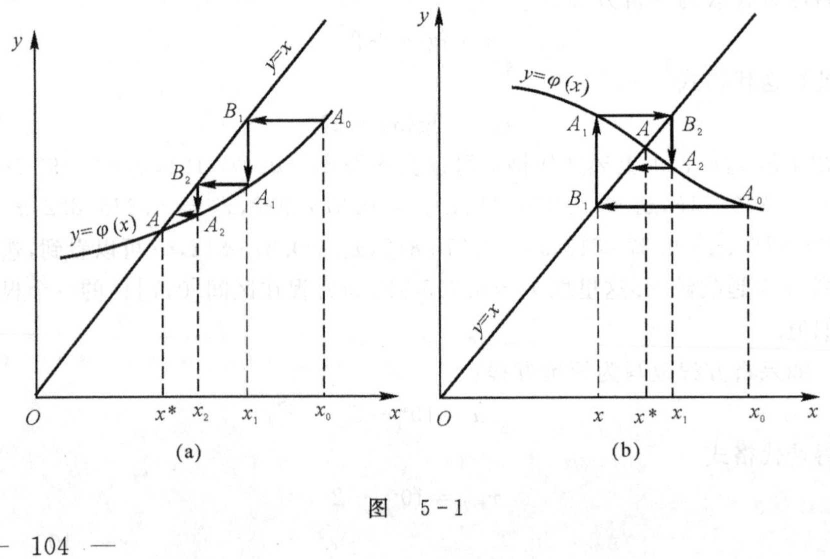


图 5-1

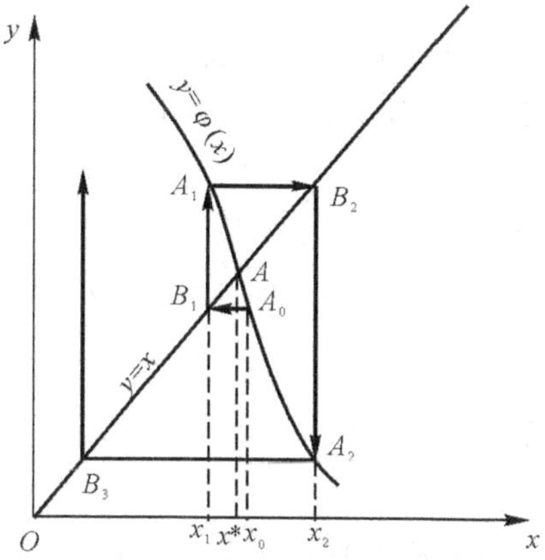

(c)

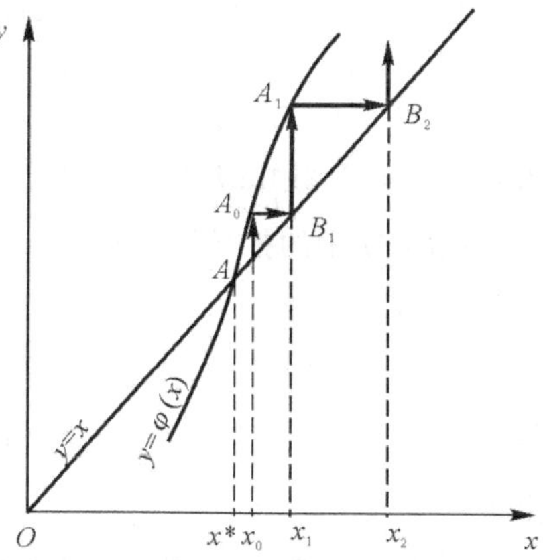

(d)

续图 5-1

**定理 5.2** 设有方程 $x=\varphi(x)$，$\varphi(x)$ 在区间$[a,b]$上可微且满足条件

(1) 当 $x\in[a,b]$ 时，有 $\varphi(x)\in[a,b]$；

(2) 当 $x\in[a,b]$ 时，$|\varphi'(x)|\leqslant L<1$.

则

(1) 方程 $x=\varphi(x)$ 在区间$[a,b]$上有唯一的根 $x^*$.

(2) 对任意初始点 $x_0\in[a,b]$，迭代格式 $x_{k+1}=\varphi(x_k)$ 产生的序列$\{x_k\}$收敛于 $x^*$，即$\lim\limits_{k\to\infty}x_k=x^*$；

(3) $|x^*-x_k|\leqslant\dfrac{L}{1-L}|x_k-x_{k-1}|$，$|x^*-x_k|\leqslant\dfrac{L^k}{1-L}|x_1-x_0|$.

**证** (1) 先证方程 $x=\varphi(x)$ 在区间$[a,b]$上有根.

令 $f(x)=x-\varphi(x)$，则 $f(x)$ 在$[a,b]$上连续，由条件(1)可知

$$f(a)=a-\varphi(a)\leqslant 0,\quad f(b)=b-\varphi(b)\geqslant 0$$

从而至少有 $x^*\in[a,b]$，使 $f(x^*)=0$，即 $x^*=\varphi(x^*)$.

现证根的唯一性. 若在区间$[a,b]$内还有另一点 $\bar{x}$，使 $\bar{x}=\varphi(\bar{x})$，则

$$x^*-\bar{x}=\varphi(x^*)-\varphi(\bar{x})=\varphi'(\xi)(x^*-\bar{x})$$

若 $x^*\neq\bar{x}$，则由上式得 $\varphi'(\xi)=1$，与假设条件 $|\varphi'(x)|\leqslant L<1$ 矛盾，故 $x^*=\bar{x}$，即根是唯一的.

(2) 设 $x^*$ 是方程的根，即 $x^*=\varphi(x^*)$，由拉格朗日中值定理得

$$x^*-x_{k+1}=\varphi(x^*)-\varphi(x_k)=\varphi'(\xi)(x^*-x_k)$$

其中$\xi$在 $x^*$ 与 $x_k$ 之间，则

$$|x^* - x_{k+1}| = |\varphi(x^*) - \varphi(x_k)| = \\ |\varphi'(\xi)||x^* - x_k| \leqslant L|x^* - x_k| \leqslant \\ L^2|x^* - x_{k-1}| \leqslant \cdots \leqslant L^{k+1}|x^* - x_0|$$

因为 $0 < L < 1$，故 $\lim\limits_{k\to\infty} L^{k+1} = 0$，所以 $\lim\limits_{k\to\infty} x_k = x^*$.

(3) 由(2) 中的推导知 $|x^* - x_{k+1}| \leqslant L|x^* - x_k|$，故

$$|x^* - x_k| = |x^* - x_{k+1} + x_{k+1} - x_k| \leqslant |x^* - x_{k+1}| + |x_{k+1} - x_k| \leqslant \\ L|x^* - x_k| + |x_{k+1} - x_k|$$

于是
$$|x^* - x_k| \leqslant \frac{1}{1-L}|x_{k+1} - x_k|$$

又由于

$$|x_{k+1} - x_k| = |\varphi(x_k) - \varphi(x_{k-1})| = |\varphi'(\xi_k)(x_k - x_{k-1})| \leqslant \\ L|x_k - x_{k-1}|$$

故
$$|x^* - x_k| \leqslant \frac{L}{1-L}|x_k - x_{k-1}|$$

$$|x^* - x_k| \leqslant \frac{L}{1-L}|x_k - x_{k-1}| \leqslant \frac{L^2}{1-L}|x_{k-1} - x_{k-2}| \leqslant \cdots \leqslant \\ \frac{L^k}{1-L}|x_1 - x_0|$$

如果选取迭代函数满足定理 5.2 的条件，就能保证迭代序列 $\{x_k\}$ 收敛于方程的根.但要得到方程的精确解，一般要进行无穷次迭代，这当然是不现实的.在实际计算中，可以根据定理 5.2 来估计满足精度要求的近似根的迭代次数.事实上，由

$$|x^* - x_k| \leqslant \frac{L^k}{1-L}|x_1 - x_0| < \varepsilon$$

则
$$k > \left(\ln\varepsilon - \ln\frac{|x_1 - x_0|}{1-L}\right)\Big/\ln L$$

也可以由相邻两次迭代满足条件 $|x_k - x_{k-1}| < \varepsilon$ 来控制迭代终止.

用迭代法求方程 $f(x) = 0$ 的近似根的计算步骤.

(1) 选取根的初始估计值 $x_0$，并确定方程 $f(x) = 0$ 的等价方程 $x = \varphi(x)$；

(2) 计算 $x_{k+1} = \varphi(x_k)$；

(3) 当 $|x_{k+1} - x_k| < \varepsilon$($\varepsilon$ 为预先给定的精度) 迭代终止，$x^* \approx x_{k+1}$；否则以 $x_{k+1}$ 代替 $x_k$，转(2) 继续迭代.

**例 5.3** 求方程 $x^3 - 3x + 1 = 0$ 在区间[0,0.5] 上的根，精确到 $10^{-5}$.

**解** 将方程变形为

$$x = \frac{1}{3}(x^3 + 1)$$

$\varphi(x)=\frac{1}{3}(x^3+1)$，迭代格式为

$$x_{k+1}=\frac{1}{3}(x_k^3+1)$$

在区间[0,0.5]上，有 $\varphi(x)=\frac{1}{3}(x^3+1)\in[0,0.5]$，且 $\varphi'(x)=x^2$ 为单调递增函数，有

$$L=\max|\varphi'(x)|=0.5^2=0.25<1$$

满足收敛条件. 因此 $x^3-3x+1=0$ 在区间[0,0.5]上有唯一根，且由迭代格式 $x_{k+1}=\frac{1}{3}(x_k^3+1)$ 得到的迭代序列收敛到这个根. 取 $x_0=0.25$，迭代结果列于表 5-1.

**表　5-1**

| $k$ | 1 | 2 | 3 | 4 | 5 | 6 | 7 |
|---|---|---|---|---|---|---|---|
| $x_k$ | 0.338 541 7 | 0.346 266 8 | 0.347 172 5 | 0.347 281 4 | 0.347 294 6 | 0.347 296 1 | 0.347 296 3 |

$$|x^*-x_6|\leqslant\frac{1}{1-L}|x_7-x_6|\approx 0.27\times10^{-6}<10^{-5}$$

故 $x^*\approx x_7=0.347\ 296\ 3$.

**例 5.4**　用迭代法求方程 $x-e^{-x}=0$ 在区间 $\left[\frac{1}{2},\ln 2\right]$ 上的根，要求精确到小数点后第 4 位.

**解**　方程 $x-e^{-x}=0$ 的一个等价方程为 $x=e^{-x}$，于是迭代函数为 $\varphi(x)=e^{-x}$，迭代格式为 $x_{k+1}=e^{-x_k}$.

当 $x\in\left[\frac{1}{2},\ln 2\right]$ 时，$\varphi'(x)=-e^{-x}<0$，则 $\varphi(x)$ 为单调递减函数，有

$$\frac{1}{2}=e^{-\ln 2}\leqslant e^{-x}\leqslant e^{-\frac{1}{2}}<\ln 2$$

即 $\varphi(x)\in\left[\frac{1}{2},\ln 2\right]$. 又

$$|\varphi'(x)|=|-e^{-x}|\leqslant e^{-\frac{1}{2}}<1$$

因此 $x-e^{-x}=0$ 在区间 $\left[\frac{1}{2},\ln 2\right]$ 上有唯一根，且由迭代格式 $x_{k+1}=e^{-x_k}$ 得到的迭代序列收敛到这个根. 取 $x_0=\frac{1}{2}$，迭代序列见表 5-2.

表 5-2

| $k$ | $x_k$ | $k$ | $x_k$ | $k$ | $x_k$ | $k$ | $x_k$ |
|---|---|---|---|---|---|---|---|
| 1 | 0.606 531 | 5 | 0.571 172 | 9 | 0.567 560 | 13 | 0.567 187 |
| 2 | 0.545 239 | 6 | 0.564 863 | 10 | 0.566 907 | 14 | 0.567 119 |
| 3 | 0.579 703 | 7 | 0.564 838 | 11 | 0.567 277 | 15 | 0.567 157 |
| 4 | 0.560 065 | 8 | 0.566 409 | 12 | 0.567 067 | | |

由于 $|x_{15}-x_{14}|\approx 0.000\,038<\frac{1}{2}\times 10^{-4}$，故 $x^*\approx x_{15}=0.567\,157$.

定理 5.2 给出的是迭代法在区间$[a,b]$上的收敛性，称为全局收敛. 定理 5.2 的条件(1) 一般不易验证，当根的隔离区间较大时，条件(2) 也不一定成立. 所以实际使用迭代法时，常考虑根 $x^*$ 附近的某一很小的邻域内的情况. 下面给出迭代法在根的邻域内收敛性的局部收敛定理.

**定理5.3** 设有方程 $x=\varphi(x)$，$\varphi(x)$ 在 $x^*$ 的某邻域 $U(x^*)$ 有连续导数，且 $|\varphi'(x^*)|\leqslant L<1$，则对 $x^*$ 的某邻域内的任意 $x_0$，由迭代格式 $x_{k+1}=\varphi(x_k)$ 产生的序列 $\{x_k\}$ 收敛于 $x^*$，即 $\lim\limits_{k\to\infty}x_k=x^*$.

**证** 由于在 $U(x^*)$ 内 $\varphi'(x)$ 连续，且 $|\varphi'(x^*)|\leqslant L<1$，故存在 $x^*$ 的某个闭邻域 $\overline{U}(x^*,\delta)=\{x\,\|\,x-x^*|\leqslant\delta\}\subseteq U(x^*)$，使对于任意 $x\in\overline{U}(x^*,\delta)$ 有 $|\varphi'(x)|\leqslant L<1$，因此

$$|\varphi(x)-x^*|=|\varphi(x)-\varphi(x^*)|=|\varphi'(\xi)\|x-x^*|\leqslant L|x-x^*|<|x-x^*|\leqslant\delta$$

从而 $\varphi(x)\in\overline{U}(x^*,\delta)$. 由定理 5.2 知，迭代格式 $x_{k+1}=\varphi(x_k)$ 对于对任意的 $x_0\in\overline{U}(x^*,\delta)$ 均收敛.

## 第三节　牛顿迭代法

解非线性方程 $f(x)=0$ 的牛顿迭代法是通过把非线性方程线性化求方程近似根方法.

### 一、迭代格式

设 $x_0$ 是 $f(x)=0$ 的一个近似根，把 $f(x)$ 在点 $x_0$ 处展开成泰勒级数

$$f(x)=f(x_0)+f'(x_0)(x-x_0)+\frac{f''(x_0)}{2!}(x-x_0)^2+\cdots$$

取其线性部分作为 $f(x)$ 的近似函数，用线性方程

$$f(x_0)+f'(x_0)(x-x_0)=0 \tag{5.3.1}$$

作为非线性方程 $f(x)=0$ 的近似方程. 设 $f'(x)\neq 0$，则线性方程(5.3.1) 的根为

$$x_1=x_0-\frac{f(x_0)}{f'(x_0)}$$

把 $x_1$ 作为原方程新的近似根. 如果所得的近似根 $x_1$ 的精度不够，可以继续上述方法，把 $f(x)$ 在 $x_1$ 处展开成泰勒级数，也取其线性部分作为 $f(x)=0$ 的近似方程，即

$$f(x_1)+f'(x_1)(x-x_1)=0 \tag{5.3.2}$$

若 $f'(x_1)\neq 0$，由线性方程(5.3.2) 的根，即得原方程的新的近似根为

$$x_2=x_1-\frac{f(x_1)}{f'(x_1)}$$

依次这样做，就得到一般的牛顿迭代格式

$$x_{k+1}=x_k-\frac{f(x_k)}{f'(x_k)} \tag{5.3.3}$$

这就是牛顿迭代法，也称牛顿法.

牛顿法有明显的几何意义. 方程 $f(x)=0$ 的根 $x^*$ 在几何上表示曲线 $y=f(x)$ 与 $x$ 轴的交点的横坐标. 当我们求得 $x^*$ 的近似值 $x_k$ 以后，过曲线 $y=f(x)$ 上的点$(x_k,f(x_k))$ 作切线，切线方程为

$$y=f(x_k)+f'(x_k)(x-x_k)$$

当该切线不平行于 $x$ 轴时(即 $f'(x_k)\neq 0$)，切线与 $x$ 轴的交点的横坐标为

$$x=x_k-\frac{f(x_k)}{f'(x_k)}$$

它正是由牛顿迭代格式(5.3.3) 确定的 $x_{k+1}$. 因此牛顿法在几何上就是从曲线 $y=f(x)$ 上某一初始点$(x_0,f(x_0))$ 出发，以过该点的切线代替曲线 $y=f(x)$，求出与 $x$ 轴交点的横坐标 $x_1$ 作为 $x^*$ 的第一个近似值. 然后再从$(x_1,f(x_1))$ 出发，重复上述步骤求得 $x^*$ 的第二个近似值 $x_2$，… 如此进行下去，直到求得满足一定精度要求的近似值为止，如图 5－2 所示. 正是由于这种明显的几

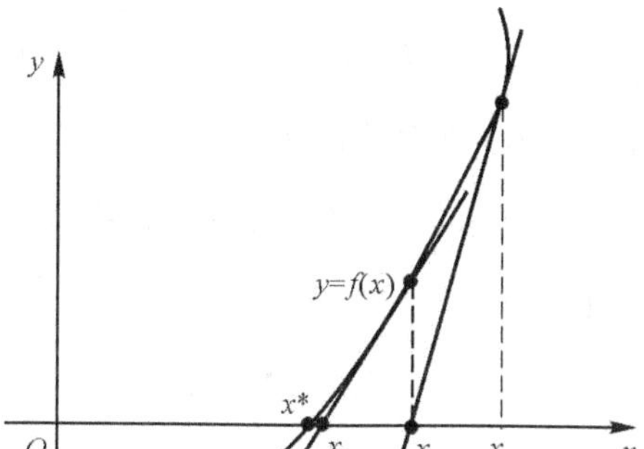


图　5－2

何意义，牛顿法通常又称为切线法.

**例 5.5** 用牛顿法求方程 $x^3+2x^2+10x-20=0$ 在区间[1,2]上的根.

**解** 设 $f(x)=x^3+2x^2+10x-20$，因 $f(1)=-7<0, f(2)=16>0$，$f'(x)=3x^2+4x+10>0$，所以方程在区间(1,2)上有且仅有一个根. 迭代格式为

$$x_{k+1}=x_k-\frac{x_k^3+2x_k^2+10x_k-20}{3x_k^2+4x_k+10}$$

选取 $x_0=1$，计算结果见表 5-3.

**表 5-3**

| $k$ | 1 | 2 | 3 | 4 | 5 |
|---|---|---|---|---|---|
| $x_k$ | 1.411 764 706 | 1.369 336 471 | 1.368 808 189 | 1.368 808 108 | 1.368 808 108 |

从计算结果可以看出，牛顿法的收敛速度是很快的.

## 二、收敛性分析

牛顿法的主要优点是收敛速度较快. 事实上，设 $x_k$ 为方程 $f(x)=0$ 的根 $x^*$ 的第 $k$ 次近似，$f(x)$ 在点 $x_k$ 处的二阶泰勒公式为

$$f(x)=f(x_k)+f'(x_k)(x-x_k)+\frac{f''(\xi)}{2!}(x-x_k)^2$$

其中 $\xi$ 在 $x$ 与 $x_k$ 之间. 将 $x^*$ 代替 $x$ 可得

$$f(x^*)=f(x_k)+f'(x_k)(x^*-x_k)+\frac{f''(\xi)}{2!}(x^*-x_k)^2$$

故

$$f(x_k)+f'(x_k)(x^*-x_k)=-\frac{1}{2}f''(\xi)(x^*-x_k)^2$$

用 $f'(x_k)$ 除等式两端得

$$x^*-x_k+\frac{f(x_k)}{f'(x_k)}=-\frac{1}{2}\frac{f''(\xi)}{f'(x_k)}(x^*-x_k)^2$$

于是

$$x^*-x_{k+1}=-\frac{1}{2}\frac{f''(\xi)}{f'(x_k)}(x^*-x_k)^2 \tag{5.3.4}$$

由式(5.3.4)说明，$x_{k+1}$ 的误差是与 $x_k$ 的误差平方成比例的，因此如果初始误差充分小，就能保证以后迭代的误差将能非常快地减小. 所以用牛顿迭代法求方程的根时，当初始点 $x_0$ 比较接近方程的某个根时，牛顿法产生的序列 $\{x_k\}$ 不仅收敛到方程的根，而且收敛的速度非常快；当初始点偏离方程的根

较远时，所产生的序列可能并不收敛到方程的根，或会增加迭代次数．如图 5－3 所示的迭代过程，其产生的迭代序列不收敛到方程的根．

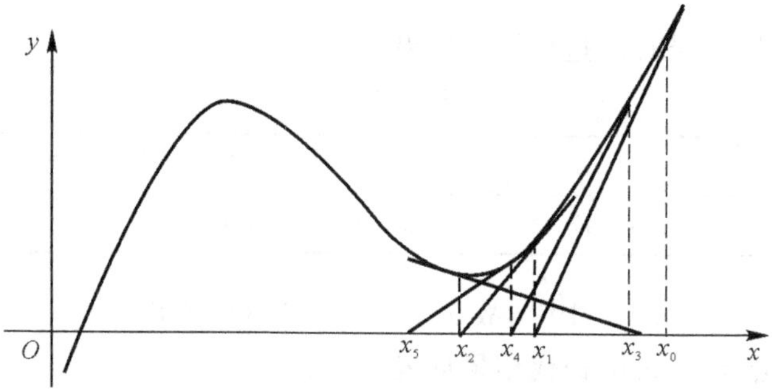


图　5－3

下面利用中值公式进行误差分析．

$x_k$ 为由牛顿法得到的第 $k$ 次近似根，利用中值公式有

$$f(x_k)=f(x_k)-f(x^*)=f'(\xi_k)(x_k-x^*)$$

即

$$x^*-x_k=-\frac{f(x_k)}{f'(\xi_k)} \tag{5.3.5}$$

其中 $\xi_k$ 在 $x_k$ 和 $x^*$ 之间．当 $x_k$ 充分接近 $x^*$ 时，有

$$f'(x_k)\approx f'(\xi_k)$$

于是

$$x^*-x_k\approx-\frac{f(x_k)}{f'(x_k)}$$

再由牛顿迭代格式(5.3.3)，可得

$$x^*-x_k\approx x_{k+1}-x_k$$

因此，由牛顿法求方程 $f(x)=0$ 的近似根时，一般可用 $|x_{k+1}-x_k|$ 来估计 $x_k$ 作为近似根的误差，即当 $x_k$ 充分接近 $x^*$ 时，若 $|x_{k+1}-x_k|<\varepsilon$，则意味着 $|x^*-x_k|<\varepsilon$．

用牛顿法求方程 $f(x)=0$ 的近似根的计算步骤：

(1) 选取根的初始值 $x_0$；

(2) 计算 $x_{k+1}=x_k-\dfrac{f(x_k)}{f'(x_k)}$；

(3) 当 $|x_{k+1}-x_k|<\varepsilon$（$\varepsilon$ 为预先给定的精度）时，迭代终止，$x^*\approx x_{k+1}$；否则以 $x_{k+1}$ 来代替 $x_k$，转(2) 继续迭代．

**例 5.6**　用牛顿法求方程 $x^3-x-1=0$ 在 $x_0=1.5$ 附近的一个根，要求 $|x_{k+1}-x_k|<10^{-5}$．

**解** 牛顿迭代格式为

$$x_{k+1}=x_k-\frac{x_k^3-x_k-1}{3x_k^2-1}$$

取初始点 $x_0=1.5$,迭代结果见表 5-4.

**表 5-4**

| $k$ | 1 | 2 | 3 | 4 |
|---|---|---|---|---|
| $x_k$ | 1.347 826 | 1.325 200 | 1.324 718 | 1.324 718 |

迭代 4 次,$|x_4-x_3|<10^{-5}$,故 $x^*\approx x_4=1.324\ 718$.

取初始点 $x_0=0.6$,迭代结果见表 5-5.

**表 5-5**

| $k$ | $x_k$ | $k$ | $x_k$ |
|---|---|---|---|
| 1 | 17.900 000 | 7 | 1.820 129 |
| 2 | 11.946 802 | 8 | 1.461 044 |
| 3 | 7.985 520 | 9 | 1.339 323 |
| 4 | 5.356 909 | 10 | 1.324 913 |
| 5 | 3.624 996 | 11 | 1.324 718 |
| 6 | 2.505 589 | | |

需要迭代 11 次,才有上述精度.

在牛顿法中,每次都要计算 $f'(x_k)$ 的值,如果 $f(x)$ 比较复杂,计算 $f'(x_k)$ 的工作量可能会很大.如果初值 $x_0$ 在 $x^*$ 的小邻域内取得,以至于迭代序列 $\{x_k\}$ 都在此小邻域内,当 $x^*$ 的邻域很小时,就可以用 $f'(x_0)$ 近似代替 $f'(x_k)$,从而得到简化牛顿法,其迭代格式为

$$x_{k+1}=x_k-\frac{f(x_k)}{f'(x_0)} \tag{5.3.6}$$

### 三、牛顿下山法

由牛顿法的收敛性分析知,牛顿法对初始值 $x_0$ 的选取要求是很高的,当 $x_0$ 在方程根的附近时,收敛很快;但若 $x_0$ 偏离方程根较远,可能会使迭代发散,或增加迭代次数,但在实际中又较难给出较好的初始值.牛顿下山法就是对未能给出较好初值的情况下对牛顿法的一种修正,扩大初值的选取范围.将牛顿迭代格式(5.3.3)修改为

$$x_{k+1}=x_k-\lambda\frac{f(x_k)}{f'(x_k)} \tag{5.3.7}$$

其中 $\lambda$ 是一个参数,$\lambda$ 的选取应使

$$|f(x_{k+1})|<|f(x_k)|$$

成立.按上述迭代过程计算,实际上得到了一个以零为下界的严格单调递减的函数值序列.当 $|f(x_{k+1})|<\varepsilon_1$ 或 $|x_{k+1}-x_k|<\varepsilon_2$ 时(其中$\varepsilon_1$,$\varepsilon_2$为事先给定的精度),停止迭代,且取 $x^*\approx x_{k+1}$;否则再减小 $\lambda$,继续迭代.这个方法称为牛顿下山法.$\lambda$ 称为下山因子,要求满足 $0<\varepsilon_\lambda\leqslant\lambda\leqslant1$.$\varepsilon_\lambda$为下山因子下界,一般不能很小,如果很小,对 $x_{k+1}$ 的修正作用就不大了.为了方便,一般开始时可简单地取 $\lambda=1$,然后逐步分半减小,即可选取 $\lambda=1,\frac{1}{2},\frac{1}{2^2},\cdots,\lambda>\varepsilon_\lambda$,且使 $|f(x_{k+1})|<|f(x_k)|$.

牛顿下山法不但放宽了初值 $x_0$ 的选取,且有时对某一初值,虽然用牛顿法不收敛,但用牛顿下山法却可能收敛,或使收敛加速.

**例 5.7**　用牛顿下山法求方程 $x^3-x-1=0$ 在 $x_0=1.5$ 附近的一个根.

**解**　迭代格式为

$$x_{k+1}=x_k-\lambda\frac{x_k^3-x_k-1}{3x_k^2-1}$$

取初值 $x_0=0.6$,因子 $\lambda$ 的取值及迭代结果见表 5-6.

**表　5-6**

| $k$ | $\lambda$ | $x_k$ | $k$ | $\lambda$ | $x_k$ |
|---|---|---|---|---|---|
| 1 | $1/2^5$ | 1.140 625 | 4 | 1 | 1.324 720 |
| 2 | 1 | 1.366 814 | 5 | 1 | 1.324 718 |
| 3 | 1 | 1.326 280 | | | |

与例 5.6 的结果比较,都取初值 $x_0=0.6$,牛顿下山法迭代 5 次就能达到牛顿法需要迭代 11 次的精度.牛顿下山法不断修正因子 $\lambda$ 的方法的确可以起到加速收敛的作用.

## 第四节　弦割法和抛物线法

### 一、弦割法

我们知道,牛顿法每步都要计算导数,如果 $f(x)$ 比较复杂,求导可能就比

较困难. 为避免求导,将牛顿迭代格式中的导数 $f'(x_k)$ 用差商来近似代替,即

$$f'(x_k) \approx \frac{f(x_k)-f(x_{k-1})}{x_k - x_{k-1}}$$

于是就得到

$$x_{k+1} = x_k - \frac{f(x_k)}{f(x_k)-f(x_{k-1})}(x_k - x_{k-1}) \tag{5.4.1}$$

式(5.4.1) 就是弦割法的迭代格式.

经过点 $A(x_{k-1}, f(x_{k-1}))$ 和点 $B(x_k, f(x_k))$ 作割线,其点斜式方程为

$$y = f(x_k) + \frac{f(x_k)-f(x_{k-1})}{x_k - x_{k-1}}(x - x_k)$$

令 $y=0$,由上述方程解得割线与 $x$ 轴的交点的横坐标正是弦割法的迭代格式(5.4.1) 中的 $x_{k+1}$. 因此弦割法从几何上讲,就是用过 $A,B$ 两点的割线与 $x$ 轴交点的横坐标 $x_{k+1}$ 作为曲线 $y=f(x)$ 与 $x$ 轴交点的横坐标 $x^*$ 的近似值,如图 5-4 所示.

弦割法需要两个初值,它的局部收敛速度比牛顿法慢,但它避免了求导数,比牛顿法计算工作量要小.

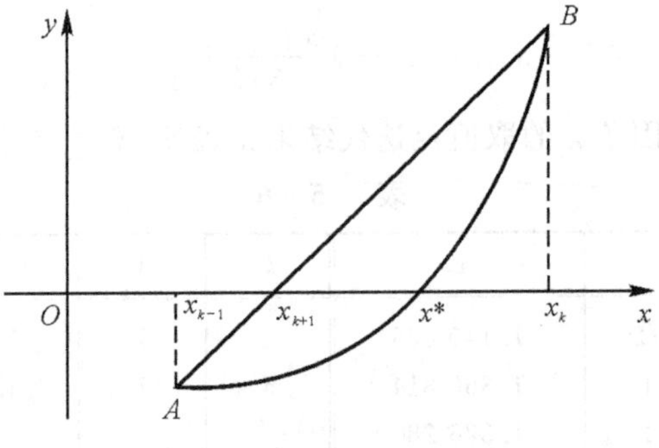


图 5-4

用弦割法求方程 $f(x)=0$ 的近似根的计算步骤:

(1) 选取初始值 $x_0, x_1$,并计算 $f(x_0)$ 和 $f(x_1)$;

(2) 计算 $x_{k+1} = x_k - \dfrac{f(x_k)}{f(x_k)-f(x_{k-1})}(x_k - x_{k-1})$,再计算 $f(x_{k+1})$;

(3) 如果 $|x_{k+1}-x_k| < \varepsilon_1$ 或 $|f(x_{k+1})| < \varepsilon_2$($\varepsilon_1, \varepsilon_2$ 为预先给定的精度),则停止计算,$x^* \approx x_{k+1}$;否则以 $x_k, x_{k+1}$ 代替 $x_{k-1}, x_k$,转(2) 继续迭代.

**例 5.8** 用弦割法求方程 $x^3 - x - 1 = 0$ 在 $x = 1.5$ 附近的根,要求 $|x_{k+1} - x_k| < 10^{-5}$.

**解** 取初值 $x_0 = 1.4, x_1 = 1.5$,按式(5.4.1) 得迭代格式为

$$x_{k+1}=x_k-\frac{x_k^3-x_k-1}{x_k^3-x_k-x_{k-1}^3+x_{k-1}}(x_k-x_{k-1})$$

按上式计算得

$$x_2=1.335\,217,\quad x_3=1.326\,238,\quad x_4=1.324\,733$$
$$x_5=1.324\,718,\quad x_6=1.324\,718$$

$|x_6-x_5|<10^{-5}$,故 $x^*\approx x_6=1.324\,718.$

**例 5.9** 用弦割法求方程 $x^3+3x^2-x-9=0$ 在区间[1,2]上的一个实根,要求 $|f(x_k)|<10^{-4}$.

**解** 取初值 $x_0=1.4,x_1=1.6$,按式(5.4.1)得迭代格式为

$$x_{k+1}=x_k-\frac{x_k^3+3x_k^2-x_k-9}{x_k^3+3x_k^2-x_k-x_{k-1}^3-3x_{k-1}^2+x_{k-1}}(x_k-x_{k-1})$$

按上式计算,结果见表 5-7.

**表 5-7**

| $k$ | 0 | 1 | 2 | 3 | 4 |
|---|---|---|---|---|---|
| $x_k$ | 1.4 | 1.6 | 1.520 325 | 1.524 927 | 1.525 103 |
| $f(x_k)$ | −1.776 | 1.176 | −0.072 100 | −0.002 651 | $0.127\,35\times10^{-4}$ |

$|f(x_4)|=0.127\,35\times10^{-4}<10^{-4}$,所以 $x^*\approx x_4=1.525\,103.$

在弦割法中,若将点$(x_0,f(x_0))$固定不变,由过$(x_0,f(x_0))$,$(x_k,f(x_k))$两点的割线与 $x$ 轴交点的横坐标得 $x_{k+1}$;下一步再过$(x_0,f(x_0))$和$(x_{k+1},f(x_{k+1}))$两点作割线交 $x$ 轴得 $x_{k+2}$;等等. 每次作新的割线都以$(x_0,f(x_0))$作为一个端点,只有一个端点不断更换,则得单点弦割法,其迭代格式为

$$x_{k+1}=x_k-\frac{f(x_k)}{f(x_k)-f(x_0)}(x_k-x_0) \tag{5.4.2}$$

其迭代函数是

$$\varphi(x)=x-\frac{f(x)}{f(x)-f(x_0)}(x-x_0)$$

## 二、抛物线法

弦割法是用过曲线 $y=f(x)$ 上两点$(x_{k-1},f(x_{k-1}))$和$(x_k,f(x_k))$的割线近似代替曲线 $y=f(x)$,即作线性插值函数近似 $f(x)$,用割线与 $x$ 轴的交点的横坐标 $x_{k+1}$ 作为方程 $f(x)=0$ 的近似根. 因此,过曲线上的三点$(x_{k-2},f(x_{k-2}))$,$(x_{k-1},f(x_{k-1}))$和$(x_k,f(x_k))$作一条抛物线,用抛物线近似代替曲线 $y=f(x)$,即作二次插值函数近似 $f(x)$,那么抛物线与 $x$ 轴的交点的横坐标

作为方程 $f(x)=0$ 的近似根,应该比用直线得到的结果要好.用这种方法得到的迭代法称为抛物线法.如图 5-5 所示.

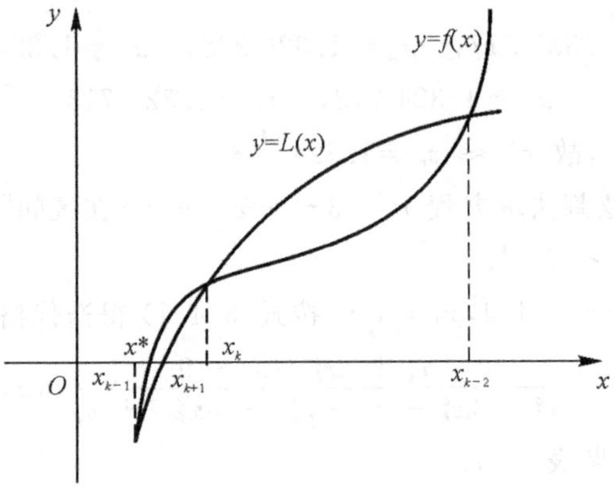


图 5-5

设已知方程 $f(x)=0$ 的 3 个近似根 $x_{k-2},x_{k-1},x_k$ 和相应的函数值 $f(x_{k-2}),f(x_{k-1}),f(x_k)$.过点 $(x_{k-2},f(x_{k-2}))$,$(x_{k-1},f(x_{k-1}))$ 和 $(x_k,f(x_k))$ 作抛物线

$$L_2(x)=\frac{(x-x_{k-1})(x-x_k)}{(x_{k-2}-x_{k-1})(x_{k-2}-x_k)}f(x_{k-2})+\frac{(x-x_{k-2})(x-x_k)}{(x_{k-1}-x_{k-2})(x_{k-1}-x_k)}f(x_{k-1})+\frac{(x-x_{k-2})(x-x_{k-1})}{(x_k-x_{k-2})(x_k-x_{k-1})}f(x_k) \tag{5.4.3}$$

引入变量 $\lambda=\dfrac{x-x_k}{x_k-x_{k-1}}$,且令

$$\lambda_3=\frac{x_k-x_{k-1}}{x_{k-1}-x_{k-2}},\quad \delta=1+\lambda_3=\frac{x_k-x_{k-2}}{x_{k-1}-x_{k-2}} \tag{5.4.4}$$

则可将式(5.4.3)表示为 $\lambda$ 的二次函数

$$L_2(\lambda)=\frac{1}{\delta}(a\lambda^2+b\lambda+c) \tag{5.4.5}$$

其中

$$\begin{cases}a=f(x_{k-2})\lambda_3^2-f(x_{k-1})\lambda_3\delta+f(x_k)\lambda_3\\ b=f(x_{k-2})\lambda_3^2-f(x_{k-1})\delta^2+f(x_k)(\lambda_3+\delta)\\ c=f(x_k)\delta\end{cases} \tag{5.4.6}$$

方程 $L_2(\lambda)=0$ 的两个根为

$$\lambda_{1,2}=\frac{-2c}{b\pm\sqrt{b^2-4ac}} \tag{5.4.7}$$

取其模小的一个(亦即使分母根式的符号与 $b$ 相同)，并记为 $\lambda_4$，由 $\lambda$ 的表达式可得

$$x_{k+1}=x_k+\lambda_4(x_k-x_{k-1}) \tag{5.4.8}$$

$x_{k+1}$ 即为一个新的近似根. 再以 $x_{k-1},x_k,x_{k+1}$ 来代替 $x_{k-2},x_{k-1},x_k$，重复上述过程得 $x_{k+2}$.

用抛物线法求方程 $f(x)=0$ 的近似根的计算步骤：

(1) 选 3 个初始值 $x_0,x_1,x_2$，并计算 $f(x_0),f(x_1),f(x_2)$；

(2) 按式(5.4.4) 和(5.4.6) 计算 $\lambda_3,\delta,a,b,c$；

(3) 按式(5.4.7) 计算 $\lambda_4$(分母中取模大的一个)，再按公式(5.4.8) 计算 $x_{k+1}$，并求相应的 $f(x_{k+1})$.

(4) 如果 $|f(x_{k+1})|<\varepsilon$($\varepsilon$ 为允许误差)，则停止计算；否则以 $x_{k-1},x_k,x_{k+1}$ 来代替 $x_{k-2},x_{k-1},x_k$，转(2) 继续迭代.

## 习　题　五

1. 用二分法求 $f(x)=x^6-x-1=0$ 在区间[1,2] 上的一个近似根，要求精确到小数点后第 3 位(即要求 $|x_k-x^*|\leqslant 0.5\times10^{-3}$).

2. 若用二分法求 $e^{-x}-\sin\frac{\pi x}{2}=0$ 在区间[0,1] 上误差不超过$\frac{1}{2^5}$ 的近似根，应二分区间[0,1] 几次？

3. 对方程 $x^2+x-1=0$ 确定迭代函数 $\varphi(x)$ 及区间$[a,b]$，使对任意初始点 $x_0\in[a,b]$，迭代点列均收敛到方程的正根.

4. 设方程 $12-3x+2\cos x=0$，用迭代格式 $x_{k+1}=4+\frac{2}{3}\cos x_k$，并取 $x_0=4$. 求近似根，使误差不超过$10^{-2}$.

5. 为求方程 $x-\ln x-2=0$ 在区间$[2,+\infty)$ 内的近似根，试确定迭代函数 $\varphi(x)$，使 $x_{k+1}=\varphi(x_k)$ 收敛，取初始点 $x_0=3$，迭代 3 次求出 $x_3$.

6. 用迭代法求方程 $x^3-x^2-1=0$ 在区间[1.4,1.5] 上的根，取 $x_0=1.5$，要求精确到小数点后第 3 位.

7. 取初始点 $x_0=0.5$，用牛顿法迭代 3 次求方程 $\cos x=x$ 的近似根，要求精确到小数点后第 3 位.

8. 用牛顿法计算$\sqrt{3}$ 的近似值，要求 $|x_k-x_{k-1}|<10^{-4}$，初始点 $x_0=2$，

并取

(1)$f(x)=x^2-3=0$;

(2)$f(x)=1-\frac{3}{x^2}=0$.

9.用牛顿法求方程 $\cos x=\frac{1}{2}+\sin x$ 的近似根,取 $x_0=1$,要求精确到小数点后第4位.

10.取 $x_0=1.4$,$x_1=1.6$,用弦割法迭代3次求方程 $x-\sin x-0.5=0$ 的一个近似根.

11.用单点弦割法和双点弦割法求方程 $f(x)=x^3+2x^2+10x-20=0$ 在 $x_0=1.5$ 附近的根,取 $x_0=1.5$,$x_1=1.4$,要求 $|f(x_{k+1})|<10^{-5}$.

12.用抛物线法求方程 $x^3+4x^2-10=0$ 在区间[1,2]上的根,取 $x_0=1.0$,$x_1=1.5$,$x_2=2.0$,要求 $|x_{k+1}-x_k|<10^{-8}$.

# 第六章　线性方程组的数值解法

自然科学和工程技术中的很多问题都归结为求解线性方程组.线性方程组不仅能够以完整的形式作为一些实际问题的模型,而且还是许多其他数值方法处理过程中转化结果的组成部分.例如,电路网络、弹性力学、热传导和振动等领域的基本模型就是线性方程组,而最小二乘法、样条插值等数值计算问题,都会遇到求解线性方程组.

线性方程组 $\boldsymbol{Ax}=\boldsymbol{b}$ 的数值解法一般分为直接法和迭代法两类.直接法是直接通过方程组中的已知数据($\boldsymbol{A}$ 和 $\boldsymbol{b}$),在没有舍入误差的情况下,经过有限步的算术运算,可求得方程组的精确解的方法,但由于不可避免地存在舍入误差,实际得到的往往还是近似解.直接法是求解低阶($n<100$)稠密矩阵的方程组的有效方法.迭代法是通过某种极限过程逐步逼近方程组精确解的方法.迭代法特别适用于求解大型稀疏矩阵的方程组.

## 第一节　高斯消去法

### 一、问题的提出

具有 $n$ 个未知数、$n$ 个方程的 $n$ 阶线性方程组的一般形式为

$$\begin{cases}a_{11}x_1+a_{12}x_2+\cdots+a_{1n}x_n=b_1\\ a_{21}x_1+a_{22}x_2+\cdots+a_{2n}x_n=b_2\\ \cdots\cdots\\ a_{n1}x_1+a_{n2}x_2+\cdots+a_{nn}x_n=b_n\end{cases}\tag{6.1.1}$$

写成矩阵形式为

$$\boldsymbol{Ax}=\boldsymbol{b}\tag{6.1.2}$$

其中

$$\boldsymbol{A}=\begin{bmatrix}a_{11}&a_{12}&\cdots&a_{1n}\\ a_{21}&a_{22}&\cdots&a_{2n}\\ \vdots&\vdots&&\vdots\\ a_{n1}&a_{n2}&\cdots&a_{nn}\end{bmatrix},\quad \boldsymbol{x}=\begin{bmatrix}x_1\\ x_2\\ \vdots\\ x_n\end{bmatrix},\quad \boldsymbol{b}=\begin{bmatrix}b_1\\ b_2\\ \vdots\\ b_n\end{bmatrix}$$

$\boldsymbol{A}$ 称为系数矩阵,$\boldsymbol{x}$ 称为解向量,$\boldsymbol{b}$ 称为右端常数向量.

在实际应用中,主要处理实数情形的方程组,即 $\boldsymbol{A}\in\mathbf{R}^{n\times n}$,$\boldsymbol{b}\in\mathbf{R}^n$.

根据克莱姆(Cramer)法则,当方程组(6.1.1)或(6.1.2)的系数矩阵 $\boldsymbol{A}$ 非奇异(或者说 $\det \boldsymbol{A} \neq 0$)时,方程组存在唯一解

$$x_i = \frac{D_i}{D} \quad (i=1,2,\cdots,n) \tag{6.1.3}$$

其中,$D$ 表示 $\boldsymbol{A}$ 对应的行列式,$D_i$ 表示 $\boldsymbol{A}$ 中第 $i$ 列换成 $\boldsymbol{b}$ 所得矩阵的行列式.

克莱姆法则的重要意义在于它给出了解与系数的关系,但用来求解方程组是不方便的.尤其当 $n$ 较大时,计算量很大.因为求解一个 $n$ 阶方程组需要计算 $n+1$ 个 $n$ 阶行列式的值,而采用按一行(列)展开为代数余子式之和的方法计算一个 $n$ 阶行列式时,需要完成 $n!$ 次乘法,因此总共需要完成 $(n+1)!$ 次乘法运算和 $n$ 次除法运算.例如,对 $n=20$,$(n+1)! \approx 5.109\,09 \times 10^{19}$,这个运算量在每秒可进行100亿次乘除运算的计算机上计算,也需要162年.由此可见,求解线性方程组必须另找途径,这就是数值解法.线性方程组的数值解法分为直接法和迭代法,在此先介绍直接方法.

## 二、解三角形方程组的回代法

形如

$$\begin{cases} u_{11}x_1 + u_{12}x_2 + \cdots + u_{1n}x_n = y_1 \\ \qquad\quad u_{22}x_2 + \cdots + u_{2n}x_n = y_2 \\ \qquad\qquad \cdots\cdots \\ \qquad\qquad\qquad\quad u_{nn}x_n = y_n \end{cases} \tag{6.1.4}$$

的线性方程组称为上三角方程组,用矩阵形式表示为

$$\boldsymbol{Ux} = \boldsymbol{y}$$

其中 $\boldsymbol{U} = \begin{bmatrix} u_{11} & u_{12} & \cdots & u_{1n} \\ & u_{22} & \cdots & u_{2n} \\ & & \ddots & \\ & & & u_{nn} \end{bmatrix}$ 为上三角矩阵.

若 $\boldsymbol{U}$ 非奇异,即 $u_{ii} \neq 0$,则方程组(6.1.4)有唯一解.从最后一个方程得到

$$x_n = \frac{y_n}{u_{nn}}$$

将 $x_n$ 代入倒数第二个方程得到

$$x_{n-1} = \frac{y_{n-1} - u_{n-1,n}x_n}{u_{n-1,n-1}}$$

一般地,假设已求得 $x_n, x_{n-1}, \cdots, x_{i+1}$,则由方程组(6.1.4)的第 $i$ 个方程得到

$$x_i = \frac{y_i - \sum_{j=i+1}^{n} u_{ij} x_j}{u_{ii}} \quad (i = n-1, n-2, \cdots, 1)$$

上述求解上三角方程组的递推方法，称为回代法. 其中所需的乘除法运算次数为

$$1 + 2 + \cdots + n = \frac{n(n+1)}{2}$$

所需的加减法运算次数为

$$1 + 2 + \cdots + (n-1) = \frac{n(n-1)}{2}$$

下三角形方程组的求解类似，这里不再赘述.

### 三、高斯消去法

可以看出，利用回代法求解上三角方程组非常简单. 高斯消去法的基本思想就是，将一个一般的线性方程组(6.1.1)，首先通过消元化为上三角方程组，然后使用回代法进行求解.

为了表示高斯消去法的一般过程，将原线性方程组 $\boldsymbol{Ax} = \boldsymbol{b}$ 记为 $\boldsymbol{A}^{(1)}\boldsymbol{x} = \boldsymbol{b}^{(1)}$，增广矩阵记为

$$\overline{\boldsymbol{A}^{(1)}} = [\boldsymbol{A}^{(1)} \ \boldsymbol{b}^{(1)}] = \begin{bmatrix} a_{11}^{(1)} & a_{12}^{(1)} & \cdots & a_{1n}^{(1)} & a_{1,n+1}^{(1)} \\ a_{21}^{(1)} & a_{22}^{(1)} & \cdots & a_{2n}^{(1)} & a_{2,n+1}^{(1)} \\ \vdots & \vdots & & \vdots & \vdots \\ a_{n1}^{(1)} & a_{n2}^{(1)} & \cdots & a_{nn}^{(1)} & a_{n,n+1}^{(1)} \end{bmatrix} \tag{6.1.5}$$

其中 $a_{ij}^{(1)} = a_{ij}, a_{i,n+1}^{(1)} = b_i, 1 \leqslant i, j \leqslant n$.

高斯消元的步骤如下：

第1步：设 $a_{11}^{(1)} \neq 0$，令 $l_{i1} = \dfrac{a_{i1}^{(1)}}{a_{11}^{(1)}} (i = 2, 3, \cdots, n)$. 用 $-l_{i1}$ 乘以 $\overline{A^{(1)}}$ 的第1行，加到第 $i$ 行上去 $(i = 2, 3, \cdots, n)$，则 $a_{i1}^{(1)}$ 被消去 $(i = 2, 3, \cdots, n)$，得到

$$\overline{\boldsymbol{A}^{(2)}} = [\boldsymbol{A}^{(2)} \ \boldsymbol{b}^{(2)}] = \begin{bmatrix} a_{11}^{(1)} & a_{12}^{(1)} & \cdots & a_{1n}^{(1)} & a_{1,n+1}^{(1)} \\ 0 & a_{22}^{(2)} & \cdots & a_{2n}^{(2)} & a_{2,n+1}^{(2)} \\ \vdots & \vdots & & \vdots & \vdots \\ 0 & a_{n2}^{(2)} & \cdots & a_{nn}^{(2)} & a_{n,n+1}^{(2)} \end{bmatrix} \tag{6.1.6}$$

其中，$a_{ij}^{(2)} = a_{ij}^{(1)} - l_{i1} a_{1j}^{(1)}, 2 \leqslant i \leqslant n, 2 \leqslant j \leqslant n+1$.

从矩阵运算的观点看，上述消元相当于用初等下三角阵

$$L_1=\begin{bmatrix}1&&&&\\-l_{21}&1&&&\\-l_{31}&0&1&&\\\vdots&\vdots&\vdots&\ddots&\\-l_{n1}&0&0&\cdots&1\end{bmatrix}\tag{6.1.7}$$

左乘$\overline{A^{(1)}}$,即$L_1\overline{A^{(1)}}=\overline{A^{(2)}}$.

第2步:设$a_{22}^{(2)}\neq0$,令$l_{i2}=\dfrac{a_{i2}^{(2)}}{a_{22}^{(2)}}$,$i=3,4,\cdots,n$.用$-l_{i2}$乘以$\overline{A^{(2)}}$的第2行,加到第$i$行上去($i=3,4,\cdots,n$),则$a_{i2}^{(2)}$($i=3,4,\cdots,n$)被消去,得到

$$\overline{A^{(3)}}=[A^{(3)}\ b^{(3)}]=\begin{bmatrix}a_{11}^{(1)}&a_{12}^{(1)}&a_{13}^{(1)}&\cdots&a_{1n}^{(1)}&a_{1,n+1}^{(1)}\\0&a_{22}^{(2)}&a_{23}^{(2)}&\cdots&a_{2n}^{(2)}&a_{2,n+1}^{(2)}\\0&0&a_{33}^{(3)}&\cdots&a_{3n}^{(3)}&a_{3,n+1}^{(3)}\\\vdots&\vdots&\vdots&&\vdots&\vdots\\0&0&a_{n3}^{(3)}&\cdots&a_{nn}^{(3)}&a_{n,n+1}^{(3)}\end{bmatrix}\tag{6.1.8}$$

其中,$a_{ij}^{(3)}=a_{ij}^{(2)}-l_{i2}a_{2j}^{(2)}$,$3\leqslant i\leqslant n$,$3\leqslant j\leqslant n+1$.

第2步消元相当于用初等下三角阵

$$L_2=\begin{bmatrix}1&&&&&\\0&1&&&&\\0&-l_{32}&1&&&\\0&-l_{42}&0&1&&\\\vdots&\vdots&\vdots&\ddots&1&\\0&-l_{n2}&0&\cdots&0&1\end{bmatrix}\tag{6.1.9}$$

左乘$\overline{A^{(2)}}$,即$L_2\overline{A^{(2)}}=\overline{A^{(3)}}$.

一般地,假设对方程组(6.1.5)进行$k-1$步消元后,得到的等价方程组的增广矩阵为

$$\overline{A^{(k)}}=[A^{(k)}\ b^{(k)}]=\begin{bmatrix}a_{11}^{(1)}&a_{12}^{(1)}&\cdots&a_{1,k-1}^{(1)}&a_{1k}^{(1)}&\cdots&a_{1n}^{(1)}&a_{1,n+1}^{(1)}\\0&a_{22}^{(2)}&\cdots&a_{2,k-1}^{(2)}&a_{2k}^{(2)}&\cdots&a_{2n}^{(2)}&a_{2,n+1}^{(2)}\\\vdots&\vdots&&\vdots&\vdots&&\vdots&\vdots\\0&0&\cdots&a_{k-1,k-1}^{(k-1)}&a_{k-1,k}^{(k-1)}&\cdots&a_{k-1,n}^{(k-1)}&a_{k-1,n+1}^{(k-1)}\\0&0&\cdots&0&a_{k,k}^{(k)}&\cdots&a_{k,n}^{(k)}&a_{k,n+1}^{(k)}\\0&0&\cdots&0&a_{k+1,k}^{(k)}&\cdots&a_{k+1,n}^{(k)}&a_{k+1,n+1}^{(k)}\\\vdots&\vdots&&\vdots&\vdots&&\vdots&\vdots\\0&0&\cdots&0&a_{n,k}^{(k)}&\cdots&a_{nn}^{(k)}&a_{n,n+1}^{(k)}\end{bmatrix}\tag{6.1.10}$$

第 $k$ 步：设 $a_{kk}^{(k)} \neq 0$，令 $l_{ik} = \dfrac{a_{ik}^{(k)}}{a_{kk}^{(k)}}(i=k+1,k+2,\cdots,n)$. 用 $-l_{ik}$ 乘以 $\overline{\boldsymbol{A}^{(k)}}$ 的第 $k$ 行，加到第 $i$ 行上去 $(i=k+1,k+2,\cdots,n)$，则 $a_{ik}^{(k)}(i=k+1,k+2,\cdots,n)$ 被消去，得到

$$\overline{\boldsymbol{A}^{(k+1)}} = [\boldsymbol{A}^{(k+1)}\ \boldsymbol{b}^{(k+1)}] =$$

$$\begin{bmatrix} a_{11}^{(1)} & a_{12}^{(1)} & \cdots & a_{1k}^{(1)} & a_{1,k+1}^{(1)} & \cdots & a_{1n}^{(1)} & a_{1,n+1}^{(1)} \\ 0 & a_{22}^{(2)} & \cdots & a_{2k}^{(2)} & a_{2,k+1}^{(2)} & \cdots & a_{2n}^{(2)} & a_{2,n+1}^{(2)} \\ \vdots & \vdots & & \vdots & \vdots & & \vdots & \vdots \\ 0 & 0 & \cdots & a_{kk}^{(k)} & a_{k,k+1}^{(k)} & \cdots & a_{kn}^{(k)} & a_{k,n+1}^{(k)} \\ 0 & 0 & \cdots & 0 & a_{k+1,k+1}^{(k+1)} & \cdots & a_{k+1,n}^{(k+1)} & a_{k+1,n+1}^{(k+1)} \\ 0 & 0 & \cdots & 0 & a_{k+2,k+1}^{(k+1)} & \cdots & a_{k+2,n}^{(k+1)} & a_{k+2,n+1}^{(k+1)} \\ \vdots & \vdots & & \vdots & \vdots & & \vdots & \vdots \\ 0 & 0 & \cdots & 0 & a_{n,k+1}^{(k+1)} & \cdots & a_{nn}^{(k+1)} & a_{n,n+1}^{(k+1)} \end{bmatrix} \tag{6.1.11}$$

其中，$a_{ij}^{(k+1)} = a_{ij}^{(k)} - l_{ik}a_{kj}^{(k)}$，$k+1 \leqslant i \leqslant n, k+1 \leqslant j \leqslant n+1$.

第 $k$ 步消元相当于用初等下三角阵

$$\boldsymbol{L}_k = \begin{bmatrix} 1 & & & & & & & \\ 0 & 1 & & & & & & \\ \vdots & \vdots & \ddots & & & & & \\ 0 & 0 & \cdots & 1 & & & & \\ 0 & 0 & \cdots & -l_{k+1,k} & 1 & & & \\ 0 & 0 & \cdots & -l_{k+2,k} & 0 & 1 & & \\ \vdots & \vdots & & \vdots & \vdots & \ddots & \ddots & \\ 0 & 0 & \cdots & -l_{nk} & 0 & \cdots & 0 & 1 \end{bmatrix} \tag{6.1.12}$$

左乘 $\overline{\boldsymbol{A}^{(k)}}$，即 $\boldsymbol{L}_k\overline{\boldsymbol{A}^{(k)}} = \overline{\boldsymbol{A}^{(k+1)}}$.

直到第 $n-1$ 步消元结束，得到

$$\overline{\boldsymbol{A}^{(n)}} = [\boldsymbol{A}^{(n)}\ \boldsymbol{b}^{(n)}] = \begin{bmatrix} a_{11}^{(1)} & a_{12}^{(1)} & \cdots & a_{1,n-1}^{(1)} & a_{1n}^{(1)} & a_{1,n+1}^{(1)} \\ & a_{22}^{(2)} & \cdots & a_{2,n-1}^{(2)} & a_{2n}^{(2)} & a_{2,n+1}^{(2)} \\ & & \ddots & \vdots & \vdots & \vdots \\ & & & a_{n-1,n-1}^{(n-1)} & a_{n-1,n}^{(n-1)} & a_{n-1,n+1}^{(n-1)} \\ & & & & a_{nn}^{(n)} & a_{n,n+1}^{(n)} \end{bmatrix}$$

(6.1.13)

记 $$U=\begin{bmatrix} a_{11}^{(1)} & a_{12}^{(1)} & \cdots & a_{1n}^{(1)} \\ & a_{22}^{(2)} & \cdots & a_{2n}^{(2)} \\ & & \ddots & \vdots \\ & & & a_{nn}^{(n)} \end{bmatrix},\quad y=\begin{bmatrix} a_{1,n+1}^{(1)} \\ a_{2,n+1}^{(2)} \\ \vdots \\ a_{n,n+1}^{(n)} \end{bmatrix}$$

则(6.1.13)对应的方程组为 $\boldsymbol{Ux}=\boldsymbol{y}$,若 $a_{nn}^{(n)}\neq 0$,由回代法可求得该方程组的解,即原方程组 $\boldsymbol{Ax}=\boldsymbol{b}$ 的解.

上述将 $\boldsymbol{Ax}=\boldsymbol{b}$ 化为上三角方程组的消元过程,从矩阵运算的角度看,就是对 $\overline{\boldsymbol{A}^{(1)}}$ 依次左乘 $\boldsymbol{L}_1,\boldsymbol{L}_2,\cdots,\boldsymbol{L}_{n-1}$,即

$$\boldsymbol{L}_{n-1}\cdots\boldsymbol{L}_2\boldsymbol{L}_1\overline{\boldsymbol{A}^{(1)}}=\overline{\boldsymbol{A}^{(n)}} \tag{6.1.14}$$

显然,$\det(\boldsymbol{L}_k)=1$,$\boldsymbol{L}_k$ 可逆($k=1,2,\cdots,n-1$),且

$$\boldsymbol{L}_k^{-1}=\begin{bmatrix} 1 & & & & & & & \\ 0 & 1 & & & & & & \\ \vdots & \vdots & \ddots & & & & & \\ 0 & 0 & \cdots & 1 & & & & \\ 0 & 0 & \cdots & l_{k+1,k} & 1 & & & \\ 0 & 0 & \cdots & l_{k+2,k} & 0 & 1 & & \\ \vdots & \vdots & & \vdots & \vdots & \ddots & \ddots & \\ 0 & 0 & \cdots & l_{nk} & 0 & \cdots & 0 & 1 \end{bmatrix}$$

令 $\boldsymbol{L}=\boldsymbol{L}_1^{-1}\boldsymbol{L}_2^{-1}\cdots\boldsymbol{L}_{n-1}^{-1}$,则

$$\boldsymbol{L}=\begin{bmatrix} 1 & & & & \\ l_{21} & 1 & & & \\ l_{31} & l_{32} & \ddots & & \\ \vdots & \vdots & \ddots & 1 & \\ l_{n1} & l_{n2} & \cdots & l_{n,n-1} & 1 \end{bmatrix}$$

用 $\boldsymbol{L}$ 左乘式(6.1.14)的两端,可得 $\overline{\boldsymbol{A}^{(1)}}=\boldsymbol{L}\overline{\boldsymbol{A}^{(n)}}$,即

$$[\boldsymbol{A}^{(1)}\quad \boldsymbol{b}^{(1)}]=\boldsymbol{L}[\boldsymbol{A}^{(n)}\,\boldsymbol{b}^{(n)}]=\boldsymbol{L}[\boldsymbol{U}\quad \boldsymbol{y}]$$

于是有

$$\boldsymbol{A}=\boldsymbol{LU},\quad \boldsymbol{b}=\boldsymbol{Ly} \tag{6.1.15}$$

式(6.1.15)中的 $\boldsymbol{A}=\boldsymbol{LU}$ 说明,在 $a_{kk}^{(k)}\neq 0$($k=1,2,\cdots,n-1$)的条件下,消元过程实质上产生了矩阵 $\boldsymbol{A}$ 的三角因子分解,即把 $\boldsymbol{A}$ 分解为单位下三角阵 $\boldsymbol{L}$ 与上三角阵 $\boldsymbol{U}$ 的乘积,此分解称为矩阵 $\boldsymbol{A}$ 的 $\boldsymbol{LU}$ 分解(也称为 $\boldsymbol{A}$ 的 Doolittle 分解).这种矩阵分解法在解线性方程组的直接法中具有重要作用.

现在来计算使用高斯消去法求解 $\boldsymbol{Ax}=\boldsymbol{b}$ 所需要的运算量.由于计算机完成一次乘除法运算所需要的时间远远超过完成一次加减法运算所需要的时间,因此,在估计算法的运算量时,往往只考虑乘除法的运算次数.

第 $k$ 步消元所需乘除法的运算次数为

$$(n-k)(n+1-k)+(n-k)=(n-k)(n-k+2)$$

完成所有 $n-1$ 步消元,所需的乘除法运算的次数为

$$\sum_{k=1}^{n-1}(n-k)(n-k+2)=\sum_{k=1}^{n-1}(n-k)^2+2\sum_{k=1}^{n-1}(n-k)=$$
$$\frac{(n-1)n(2n-1)}{6}+2\,\frac{(n-1)n}{2}=$$
$$\frac{n^3}{3}+\frac{n^2}{2}-\frac{5n}{6}$$

高斯消去法求解方程组,包含消元过程和回代过程,因此总的乘除法运算次数为

$$\frac{n^3}{3}+\frac{n^2}{2}-\frac{5n}{6}+\frac{n(n+1)}{2}=\frac{n^3}{3}+n^2-\frac{n}{3}=\frac{n^3}{3}+O(n^2)$$

对 $n=20$ 的线性方程组,高斯消去法需要完成 3 060 次乘除法运算.可见,高斯消去法的计算量要远远小于克莱姆法则的计算量.

**例 6.1**　用高斯消去法解下面方程组,并给出系数矩阵的 $\boldsymbol{LU}$ 分解,进而求出系数行列式的值 $\det\boldsymbol{A}$.

$$\begin{cases}2x_1+2x_2+3x_3=3\\4x_1+7x_2+7x_3=1\\-2x_1+4x_2+5x_3=-7\end{cases}$$

**解**　用增广矩阵表示消元过程为

$$\begin{bmatrix}2&2&3&3\\4&7&7&1\\-2&4&5&-7\end{bmatrix}\xrightarrow{l_{21}=2l_{31}=-1}\begin{bmatrix}2&2&3&3\\0&3&1&-5\\0&6&8&-4\end{bmatrix}\xrightarrow{l_{32}=2}$$
$$\begin{bmatrix}2&2&3&3\\0&3&1&-5\\0&0&6&6\end{bmatrix}$$

得到与原方程组等价的方程组为

$$\begin{cases}2x_1+2x_2+3x_3=3\\\qquad 3x_2+\ x_3=-5\\\qquad\qquad 6x_3=6\end{cases}$$

通过回代过程求得解为 $x_3=1,x_2=-2,x_1=2$.

由消元过程可知

$$L=\begin{bmatrix}1 & & \\ 2 & 1 & \\ -1 & 2 & 1\end{bmatrix},\quad U=\begin{bmatrix}2 & 2 & 3\\ & 3 & 1\\ & & 6\end{bmatrix}$$

即
$$\begin{bmatrix}2 & 2 & 3\\ 4 & 7 & 7\\ -2 & 4 & 5\end{bmatrix}=\begin{bmatrix}1 & & \\ 2 & 1 & \\ -1 & 2 & 1\end{bmatrix}\begin{bmatrix}2 & 2 & 3\\ & 3 & 1\\ & & 6\end{bmatrix}$$

由此可得 $\det \boldsymbol{A}=\det \boldsymbol{L}\times\det \boldsymbol{U}=36$.

## 第二节　主元素高斯消去法

在高斯消元过程中,$a_{kk}^{(k)}(k=1,2,\cdots,n-1)$具有重要作用,通常称为主元素. 如果出现了$a_{kk}^{(k)}=0$,例如$a_{11}^{(1)}=0$,高斯消去法就会中断. 事实上,对非奇异矩阵$\boldsymbol{A}$,由于第1列中至少有一个非零元素,所以通过交换行可以使$a_{11}^{(1)}\neq 0$,然后进行第1步消元即可. 类似地,当$a_{22}^{(2)}=0$时,由于$a_{i2}^{(2)}(i=3,4,\cdots,n)$中至少有一个非零元素,通过交换行可以使$a_{22}^{(2)}\neq 0$,然后进行第2步消元. 可见,只要$\boldsymbol{A}$非奇异,在遇到$a_{kk}^{(k)}=0$时,通过交换方程组中方程的顺序来重新选择主元素,高斯消去法总可以进行下去.

另一方面,即使$a_{kk}^{(k)}\neq 0$,但当$|a_{kk}^{(k)}|$很小时,$|l_{ik}|$会很大,可能导致消元过程中舍入误差的放大,进而造成精度的严重损失. 在实际计算时必须预防这类情况的发生.

**例 6.2**　考查方程组

$$\begin{cases}10^{-5}x_1+x_2=1\\ \qquad\quad x_1+x_2=2\end{cases}$$

设用高斯消去法求解. 先将第2个方程减去第1个方程除以$10^{-5}$消去第2个方程中的$x_1$,得

$$\begin{cases}10^{-5}x_1+x_2=1\\ (1-10^5)x_2=2-10^5\end{cases}$$

设取四位浮点十进制进行计算,由对阶舍入得

$$1-10^5\triangleq-10^5,\ 2-10^5\triangleq-10^5$$

方程组的实际形式为

$$\begin{cases}10^{-5}x_1+x_2=1\\ \qquad\qquad\ x_2=1\end{cases}$$

通过回代得 $x_1=0,x_2=1$.

这个结果严重失真.原因是 $a_{11}^{(1)}$ 作为除数太小.避免这种现象发生的一种有效方法是,在消元前先调整方程的次序,即将方程组等价改写为

$$\begin{cases} x_1+x_2=2 \\ 10^{-5}x_1+x_2=1 \end{cases}$$

消元得

$$\begin{cases} x_1+x_2=2 \\ (1-10^{-5})x_2=1-2\times10^{-5} \end{cases}$$

对阶舍入计算得 $1-10^{-5}\triangleq1,1-2\times10^{-5}\triangleq1$,方程组的实际形式为

$$\begin{cases} x_1+x_2=2 \\ x_2=1 \end{cases}$$

通过回代得 $x_1=1,x_2=1$.这个结果是可靠的.

可以在高斯消去法的消元过程中运用上述技巧.在第 $k$ 步消元时,先检查 $x_k$ 的系数 $a_{kk}^{(k)},a_{k+1,k}^{(k)},\cdots,a_{nk}^{(k)}$,从中选出绝对值最大者,称之为列主元素.设该主元素位于第 $l(k\leqslant l\leqslant n)$ 个方程,即 $|a_{lk}^{(k)}|=\max\limits_{k\leqslant i\leqslant n}|a_{ik}^{(k)}|$,若 $l\neq k$,则将第 $l$ 个方程与第 $k$ 个方程交换位置,使得新的 $a_{kk}^{(k)}$ 成为主元素,然后再进行消元.这个方法称为列主元素高斯消去法(简称列主元素法).

还有一种选主元素的方法,就是在第 $k$ 步消元时,先在所有系数 $a_{ij}^{(k)}(k\leqslant i,j\leqslant n)$ 中选取一个绝对值最大者作为主元素,通过交换行和列(未知数也应该相应地交换),使其成为新的 $a_{kk}^{(k)}$,然后再进行消元,这种方法称为全主元素高斯消去法(简称全主元素法),所选取的主元素称为全主元素.

在列主元素法和全主元素法中,由于 $|l_{ik}|\leqslant1$,因此不放大误差.可以证明,全主元素法的数值稳定性比列主元素法更好.但全主元素法在消元过程中需要花费大量时间寻找主元素,同时,各变量的位置也可能会发生变化.实践证明,列主元素法往往能得出令人满意的结果,所以经常使用列主元素法.

值得指出的是,有些特殊类型的方程组,可以保证 $|a_{kk}^{(k)}|$ 不会很小,从而不需要选主元素.

**定义 6.1**　称 $\boldsymbol{A}=(a_{ij})_{n\times n}$ 是严格对角占优矩阵,如果其对角元素 $a_{ii}$ 按绝对值大于同行其他元素 $a_{ij}(j\neq i)$ 绝对值之和,即下式成立:

$$|a_{ii}|>\sum_{\substack{j=1\\j\neq i}}^{n}|a_{ij}|\quad(i=1,2,\cdots,n)$$

可以证明,系数矩阵为严格对角占优矩阵或对称正定矩阵的方程组,高斯消去法的计算是数值稳定的,不需要选主元素.

**例 6.3** 用列主元素法解方程组

$$\begin{cases} -3x_1+2x_2+6x_3=4 \\ 10x_1-7x_2 \qquad\quad =7 \\ 5x_1-\ x_2+5x_3=6 \end{cases}$$

**解** 用增广矩阵表示消元过程为

$$\begin{bmatrix} -3 & 2 & 6 & 4 \\ \underline{10} & -7 & 0 & 7 \\ 5 & -1 & 5 & 6 \end{bmatrix} \xrightarrow{r_2 \leftrightarrow r_1} \begin{bmatrix} 10 & -7 & 0 & 7 \\ -3 & 2 & 6 & 4 \\ 5 & -1 & 5 & 6 \end{bmatrix} \xrightarrow{l_{21}=\frac{-3}{10},l_{31}=\frac{1}{2}}$$

$$\begin{bmatrix} 10 & -7 & 0 & 7 \\ 0 & -1/10 & 6 & 61/10 \\ 0 & \underline{5/2} & 5 & 5/2 \end{bmatrix} \xrightarrow{r_3 \leftrightarrow r_2}$$

$$\begin{bmatrix} 10 & -7 & 0 & 7 \\ 0 & 5/2 & 5 & 5/2 \\ 0 & -1/10 & 6 & 61/10 \end{bmatrix} \xrightarrow{l_{32}=\frac{-1}{25}}$$

$$\begin{bmatrix} 10 & -7 & 0 & 7 \\ 0 & 5/2 & 5 & 5/2 \\ 0 & 0 & 31/5 & 31/5 \end{bmatrix}$$

得到与原方程组等价的方程组为

$$\begin{cases} 10x_1-7x_2 \qquad\qquad =7 \\ \qquad \dfrac{5}{2}x_2+5x_3=\dfrac{5}{2} \\ \qquad\qquad \dfrac{31}{5}x_3=\dfrac{31}{5} \end{cases}$$

通过回代求得解为 $x_3=1, x_2=-1, x_1=0$.

若需要求解若干个同系数矩阵的方程组

$$\boldsymbol{A}\boldsymbol{x}^{(1)}=\boldsymbol{b}^{(1)},\ \boldsymbol{A}\boldsymbol{x}^{(2)}=\boldsymbol{b}^{(2)},\cdots,\boldsymbol{A}\boldsymbol{x}^{(m)}=\boldsymbol{b}^{(m)} \tag{6.2.1}$$

可对如下增广矩阵

$$[\boldsymbol{A} \quad \boldsymbol{b}^{(1)} \quad \boldsymbol{b}^{(2)} \quad \cdots \quad \boldsymbol{b}^{(m)}]$$

实施列主元素法得

$$[\boldsymbol{U} \quad \boldsymbol{y}^{(1)} \quad \boldsymbol{y}^{(2)} \quad \cdots \quad \boldsymbol{y}^{(m)}]$$

通过回代求解三角方程组

$$\boldsymbol{U}\boldsymbol{x}^{(1)}=\boldsymbol{y}^{(1)},\quad \boldsymbol{U}\boldsymbol{x}^{(2)}=\boldsymbol{y}^{(2)},\cdots,\boldsymbol{U}\boldsymbol{x}^{(m)}=\boldsymbol{y}^{(m)}$$

即可得到式(6.2.1)中 $m$ 个方程组的解 $\boldsymbol{x}^{(1)},\boldsymbol{x}^{(2)},\cdots,\boldsymbol{x}^{(m)}$.

**例 6.4** 设 $\boldsymbol{A}=\begin{bmatrix} 12 & -3 & 3 \\ 18 & -3 & 1 \\ -1 & 2 & 1 \end{bmatrix}$，求 $\boldsymbol{A}^{-1}$

**解**　令

$$A^{-1}=\begin{bmatrix} x_1^{(1)} & x_1^{(2)} & x_1^{(3)} \\ x_2^{(1)} & x_2^{(2)} & x_2^{(3)} \\ x_3^{(1)} & x_3^{(2)} & x_3^{(3)} \end{bmatrix}$$

由于 $\boldsymbol{A}\boldsymbol{A}^{-1}=\boldsymbol{I}$，所以有

$$\boldsymbol{A}\begin{bmatrix} x_1^{(1)} \\ x_2^{(1)} \\ x_3^{(1)} \end{bmatrix}=\begin{bmatrix} 1 \\ 0 \\ 0 \end{bmatrix},\quad \boldsymbol{A}\begin{bmatrix} x_1^{(2)} \\ x_2^{(2)} \\ x_3^{(2)} \end{bmatrix}=\begin{bmatrix} 0 \\ 1 \\ 0 \end{bmatrix},\quad \boldsymbol{A}\begin{bmatrix} x_1^{(3)} \\ x_2^{(3)} \\ x_3^{(3)} \end{bmatrix}=\begin{bmatrix} 0 \\ 0 \\ 1 \end{bmatrix}$$

$$\begin{bmatrix} 12 & -3 & 3 & 1 & 0 & 0 \\ \underline{18} & -3 & 1 & 0 & 1 & 0 \\ -1 & 2 & 1 & 0 & 0 & 1 \end{bmatrix} \xrightarrow{r_2 \leftrightarrow r_1} \begin{bmatrix} 18 & -3 & 1 & 0 & 1 & 0 \\ 12 & -3 & 3 & 1 & 0 & 0 \\ -1 & 2 & 1 & 0 & 0 & 1 \end{bmatrix} \xrightarrow{l_{21}=\frac{2}{3},\, l_{31}=\frac{-1}{18}}$$

$$\begin{bmatrix} 18 & -3 & 1 & 0 & 1 & 0 \\ 0 & -1 & 7/3 & 1 & -2/3 & 0 \\ 0 & \underline{11/6} & 19/18 & 0 & 1/18 & 1 \end{bmatrix} \xrightarrow{r_3 \leftrightarrow r_2}$$

$$\begin{bmatrix} 18 & -3 & 1 & 0 & 1 & 0 \\ 0 & 11/6 & 19/18 & 0 & 1/18 & 1 \\ 0 & -1 & 7/3 & 1 & -2/3 & 0 \end{bmatrix} \xrightarrow{l_{32}=\frac{-6}{11}}$$

$$\begin{bmatrix} 18 & -3 & 1 & 0 & 1 & 0 \\ 0 & 11/6 & 19/18 & 0 & 1/18 & 1 \\ 0 & 0 & 32/11 & 1 & -7/11 & 6/11 \end{bmatrix}$$

用回代法分别解下列三角方程组：

$$\begin{cases} 18x_1 - 3x_2 + x_3 = 0 \\ \dfrac{11}{6}x_2 + \dfrac{19}{18}x_3 = 0 \\ \dfrac{32}{11}x_3 = 1 \end{cases},\quad \begin{cases} 18x_1 - 3x_2 + x_3 = 1 \\ \dfrac{11}{6}x_2 + \dfrac{19}{18}x_3 = \dfrac{1}{18} \\ \dfrac{32}{11}x_3 = -\dfrac{7}{11} \end{cases}$$

$$\begin{cases} 18x_1 - 3x_2 + x_3 = 0 \\ \dfrac{11}{6}x_2 + \dfrac{19}{18}x_3 = 1 \\ \dfrac{32}{11}x_3 = \dfrac{6}{11} \end{cases}$$

得

$$\begin{bmatrix} x_1^{(1)} \\ x_2^{(1)} \\ x_3^{(1)} \end{bmatrix} = \begin{bmatrix} -5/96 \\ -19/96 \\ 11/32 \end{bmatrix}, \quad \begin{bmatrix} x_1^{(2)} \\ x_2^{(2)} \\ x_3^{(2)} \end{bmatrix} = \begin{bmatrix} 3/32 \\ 5/32 \\ -7/32 \end{bmatrix}, \quad \begin{bmatrix} x_1^{(3)} \\ x_2^{(3)} \\ x_3^{(3)} \end{bmatrix} = \begin{bmatrix} 1/16 \\ 7/16 \\ 3/16 \end{bmatrix}$$

于是得

$$\boldsymbol{A}^{-1} = \begin{bmatrix} -5/96 & 3/32 & 1/16 \\ -19/96 & 5/32 & 7/16 \\ 11/32 & -7/32 & 3/16 \end{bmatrix}$$

## 第三节　直接三角分解法

由高斯消元过程可知，对于非奇异矩阵 $\boldsymbol{A}$，在 $a_{kk}^{(k)} \neq 0(k=1,2,\cdots,n-1)$ 的条件下，可以进行 $\boldsymbol{LU}$ 分解(可以证明这种分解是唯一的). 其实，这样的三角分解可以不借助消元过程，通过比较 $\boldsymbol{A}=\boldsymbol{LU}$ 等式两端元素，就能够直接由 $\boldsymbol{A}$ 求得 $\boldsymbol{L}$ 和 $\boldsymbol{U}$ 中的未知元素.

设 $\boldsymbol{A}=\boldsymbol{LU}$ 的形式为

$$\begin{bmatrix} a_{11} & a_{12} & \cdots & a_{1n} \\ a_{21} & a_{22} & \cdots & a_{2n} \\ \vdots & \vdots & & \vdots \\ a_{n1} & a_{n2} & \cdots & a_{nn} \end{bmatrix} =$$

$$\begin{bmatrix} 1 & & & & \\ l_{21} & 1 & & & \\ l_{31} & l_{32} & \ddots & & \\ \vdots & \vdots & \ddots & 1 & \\ l_{n1} & l_{n2} & \cdots & l_{n,n-1} & 1 \end{bmatrix} \begin{bmatrix} u_{11} & u_{12} & \cdots & u_{1,n-1} & u_{1n} \\ & u_{22} & \cdots & u_{2,n-1} & u_{2n} \\ & & \ddots & \vdots & \vdots \\ & & & u_{n-1,n-1} & u_{n-1,n} \\ & & & & u_{nn} \end{bmatrix} \tag{6.3.1}$$

根据矩阵的乘法规则，比较式(6.3.1) 两边第 1 行元素，有

$$a_{1j} = u_{1j} \quad (j=1,2,\cdots,n)$$

得 $\boldsymbol{U}$ 的第 1 行元素为

$$u_{1j} = a_{1j} \quad (j=1,2,\cdots,n)$$

比较式(6.3.1) 两边第 1 列元素，有

$$a_{i1} = l_{i1} u_{11} \quad (i=2,3,\cdots,n)$$

得 $\boldsymbol{L}$ 的第 1 列元素为

$$l_{i1} = \frac{a_{i1}}{u_{11}} \quad (i=2,3,\cdots,n)$$

可见，由 $\boldsymbol{A}$ 的第1行元素 $a_{1j}(j=1,2,\cdots,n)$ 和第 1 列元素 $a_{i1}(i=2,3,\cdots,$

$n$) 能够求得 $\boldsymbol{U}$ 的第 1 行元素 $u_{1j}$ ($j=1,2,\cdots,n$) 和 $\boldsymbol{L}$ 的第 1 列元素 $l_{i1}$ ($i=2,3,\cdots,n$).

假设已求得 $\boldsymbol{U}$ 的第 1 行到第 $k-1$ 行元素，即

$$\begin{bmatrix} u_{11} & u_{12} & \cdots & u_{1,k-1} & \cdots & u_{1n} \\ & u_{22} & \cdots & u_{2,k-1} & \cdots & u_{2n} \\ & & \ddots & \vdots & & \vdots \\ & & & u_{k-1,k-1} & \cdots & u_{k-1,n} \end{bmatrix}$$

和 $\boldsymbol{L}$ 的第 1 列到第 $k-1$ 列元素，即

$$\begin{bmatrix} 1 & & & \\ l_{21} & 1 & & \\ \vdots & l_{32} & \ddots & \\ \vdots & \vdots & \ddots & 1 \\ l_{k1} & l_{k2} & \cdots & l_{k,k-1} \\ \vdots & \vdots & & \vdots \\ l_{n1} & l_{n2} & \cdots & l_{n,k-1} \end{bmatrix}$$

现在确定 $\boldsymbol{U}$ 的第 $k$ 行元素 $u_{kj}$ ($j=k,k+1,\cdots,n$) 和 $\boldsymbol{L}$ 的第 $k$ 列元素 $l_{ik}$ ($i=k+1,k+2,\cdots,n$). 比较式(6.3.1) 两端第 $k$ 行(除过前 $k-1$ 列) 和第 $k$ 列(除过前 $k$ 行) 元素. 由于 $a_{kj}$ ($j\geqslant k$) 等于矩阵 $\boldsymbol{L}$ 的第 $k$ 行 ($l_{k1},l_{k2},\cdots,l_{k,k-1},1,0,\cdots,0$) 与 $\boldsymbol{U}$ 的第 $j$ 列 $(u_{1j},u_{2j},\cdots,u_{k-1,j},u_{kj},\cdots,u_{jj},0,\cdots,0)^{\mathrm{T}}$ 的乘积，则有

$$a_{kj}=\sum_{q=1}^{n} l_{kq}u_{qj}=\sum_{q=1}^{k-1} l_{kq}u_{qj}+u_{kj}\quad (j=k,k+1,\cdots,n)$$

得 $\boldsymbol{U}$ 的第 $k$ 行元素为

$$u_{kj}=a_{kj}-\sum_{q=1}^{k-1} l_{kq}u_{qj}\quad (j=k,k+1,\cdots,n)\tag{6.3.2}$$

由 $$a_{ik}=\sum_{q=1}^{n} l_{iq}u_{qk}=\sum_{q=1}^{k-1} l_{iq}u_{qk}+l_{ik}u_{kk}\quad (i=k+1,k+2,\cdots,n)$$

得 $\boldsymbol{L}$ 的第 $k$ 列元素为

$$l_{ik}=\frac{a_{ik}-\sum\limits_{q=1}^{k-1} l_{iq}u_{qk}}{u_{kk}}\quad (i=k+1,k+2,\cdots,n)\tag{6.3.3}$$

式(6.3.2) 和(6.3.3) 是 $\boldsymbol{LU}$ 分解的一般计算公式，其结果与高斯消去法完全相同，但避免了高斯消去过程，$\boldsymbol{L}$ 和 $\boldsymbol{U}$ 中的未知元素直接由矩阵 $\boldsymbol{A}$ 来获得，因此称为矩阵的直接三角分解.

当通过计算机实现该算法时，因为 $\boldsymbol{U}$ 和 $\boldsymbol{L}$ 中的元素按照行、列分层计算出

来以后,$A$ 中对应的元素就不再需要,所以就把计算出来的 $U$ 和 $L$ 中的元素存放在矩阵 $A$ 的对应位置,形成紧凑格式见图 $6-1$.

$$A \rightarrow \begin{bmatrix} u_{11} & u_{12} & \cdots & u_{1k} & \cdots & u_{1j} & \cdots & u_{1n} \\ l_{21} & u_{22} & \cdots & u_{2k} & \cdots & u_{2j} & \cdots & u_{2n} \\ \vdots & \vdots & \ddots & & \vdots & & & \vdots \\ & & & u_{k-1,k} & \cdots & u_{k-1,j} & \cdots & u_{k-1,n} \\ l_{k1} & l_{k2} & l_{k,k-1} & u_{kk} & \cdots & u_{kj} & \cdots & u_{kn} \\ \vdots & \vdots & \vdots & l_{k+1,k} & \ddots & & & \\ l_{i1} & l_{i2} & l_{i,k-1} & l_{ik} & & & & \\ \vdots & \vdots & \vdots & \vdots & & & u_{n-1,n-1} & u_{n-1,n} \\ l_{n1} & l_{n2} & l_{n,k-1} & l_{nk} & & & l_{n-1,n-1} & u_{nn} \end{bmatrix} \begin{matrix} 第1步 \\ 第2步 \\ \\ \\ 第k步 \\ \\ \\ 第n-1步 \\ 第n步 \end{matrix}$$

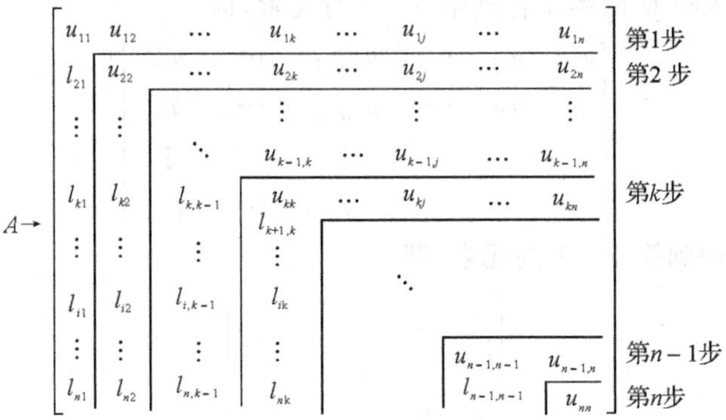

图 $6-1$　$LU$ 分解的紧凑格式

将 $LU$ 分解写成紧凑格式,既节省存储单元,又方便程序编写,还有助于计算公式规律的表达.紧凑格式在方程组的直接解法中具有重要作用.

有了 $LU$ 分解,方程组 $Ax = b$ 的求解就化为解两个三角方程组的问题.

先解下三角方程组

$$Ly = b$$

得

$$\begin{cases} y_1 = b_1 \\ y_i = b_i - \sum_{q=1}^{i-1} l_{iq} y_q & (i = 2, 3, \cdots, n) \end{cases} \tag{6.3.4}$$

再解上三角方程组

$$Ux = y$$

得

$$\begin{cases} x_n = y_n / u_{nn} \\ x_i = y_i - \sum_{q=i+1}^{n} u_{iq} x_q & (i = n-1, n-2, \cdots, 1) \end{cases} \tag{6.3.5}$$

这就是解方程组的直接三角分解法.

**例 6.5**　用直接三角分解法解方程组

$$\begin{cases} 2x_1 - 3x_2 - 2x_3 = 0 \\ -x_1 + 2x_2 - 2x_3 = -1 \\ 3x_1 - x_2 + 4x_3 = 7 \end{cases}$$

**解**　令 $A = LU$,即

$$\begin{bmatrix} 2 & -3 & -2 \\ -1 & 2 & -2 \\ 3 & -1 & 4 \end{bmatrix} = \begin{bmatrix} 1 & & \\ l_{21} & 1 & \\ l_{31} & l_{32} & 1 \end{bmatrix} \begin{bmatrix} u_{11} & u_{12} & u_{13} \\ & u_{22} & u_{23} \\ & & u_{33} \end{bmatrix}$$

使用紧凑格式，由 **A** 得

$$\begin{bmatrix} u_{11} & u_{12} & u_{13} \\ l_{21} & u_{22} & u_{23} \\ l_{31} & l_{32} & u_{33} \end{bmatrix} = \begin{bmatrix} 2 & -3 & -2 \\ -1/2 & u_{22} & u_{23} \\ 3/2 & l_{32} & u_{33} \end{bmatrix} =$$

$$\begin{bmatrix} 2 & -3 & -2 \\ -1/2 & 1/2 & -3 \\ 3/2 & 7 & u_{33} \end{bmatrix} = \begin{bmatrix} 2 & -3 & -2 \\ -1/2 & 1/2 & -3 \\ 3/2 & 7 & 28 \end{bmatrix}$$

其中

$$u_{11} = a_{11} = 2,\quad u_{12} = a_{12} = -3,\quad u_{13} = a_{13} = -2$$

$$l_{21} = \frac{a_{21}}{u_{11}} = -\frac{1}{2},\quad l_{31} = \frac{a_{31}}{u_{11}} = \frac{3}{2}$$

$$u_{22} = a_{22} - l_{21}u_{12} = \frac{1}{2},\quad u_{23} = a_{23} - l_{21}u_{13} = -3$$

$$l_{32} = \frac{a_{32} - l_{31}u_{12}}{u_{22}} = 7$$

$$u_{33} = a_{33} - l_{31}u_{13} - l_{32}u_{23} = 28$$

先使用前推解

$$\begin{bmatrix} 1 & & \\ -1/2 & 1 & \\ 3/2 & 7 & 1 \end{bmatrix} \begin{bmatrix} y_1 \\ y_2 \\ y_3 \end{bmatrix} = \begin{bmatrix} 0 \\ -1 \\ 7 \end{bmatrix}$$

得 $y_1 = 0, y_2 = -1, y_3 = 14$.

再使用回代解

$$\begin{bmatrix} 2 & -3 & -2 \\ & 1/2 & -3 \\ & & 28 \end{bmatrix} \begin{bmatrix} x_1 \\ x_2 \\ x_3 \end{bmatrix} = \begin{bmatrix} 0 \\ -1 \\ 14 \end{bmatrix}$$

得 $x_3 = \frac{1}{2}, x_2 = 1, x_1 = 2$.

事实上，观察和比较式(6.3.4)中 $y_i$ 和式(6.3.2)中 $u_{kj}$ 的计算公式，就会发现，若对增广矩阵 $\overline{\boldsymbol{A}} = [\boldsymbol{A}\quad \boldsymbol{b}]$ 作 $\boldsymbol{LU}$ 分解，则分解后的最后一列即为 $\boldsymbol{y}$. 于是有

$$u_{kj} = a_{kj} - \sum_{q=1}^{k-1} l_{kq}u_{qj}\quad (j = k, k+1, \cdots, n, n+1) \tag{6.3.6}$$

接下来只须要解上三角方程组 $\boldsymbol{Ux} = \boldsymbol{y}$ 即可.

## 第四节　解对称正定矩阵方程组的平方根法

前文已经指出，当方程组 $\boldsymbol{Ax}=\boldsymbol{b}$ 的系数矩阵 $\boldsymbol{A}$ 对称正定时，可以直接进行高斯消元，也就是说，正定矩阵能够直接进行 $\boldsymbol{LU}$ 分解. 本节来研究对称正定方程组的求解.

### 一、平方根法

**定理 6.1**　设 $\boldsymbol{A}\in\mathbf{R}^{n\times n}$ 为对称正定矩阵，则存在一个非奇异实下三角阵 $\boldsymbol{L}$，使

$$\boldsymbol{A}=\boldsymbol{L}\boldsymbol{L}^{\mathrm{T}} \tag{6.4.1}$$

成立，且当限定 $\boldsymbol{L}$ 的对角元素为正时，此分解唯一.

**证**　由于 $\boldsymbol{A}$ 对称正定，所以存在唯一的单位下三角阵 $\boldsymbol{L}_1$ 和上三角阵 $\boldsymbol{U}_1$，使

$$\boldsymbol{A}=\boldsymbol{L}_1\boldsymbol{U}_1$$

令 $$\boldsymbol{A}=\boldsymbol{L}_1\begin{bmatrix}u_{11} & & & \\ & u_{22} & & \\ & & \ddots & \\ & & & u_{nn}\end{bmatrix}\begin{bmatrix}1 & u_{12}/u_{11} & \cdots & u_{1n}/u_{11} \\ & 1 & \cdots & u_{2n}/u_{22} \\ & & \ddots & \vdots \\ & & & 1\end{bmatrix}=\boldsymbol{L}_1\boldsymbol{D}\overline{\boldsymbol{U}}_1$$

由 $\boldsymbol{A}$ 的对称性得　$$\boldsymbol{L}_1\boldsymbol{D}\overline{\boldsymbol{U}}_1=\overline{\boldsymbol{U}}_1^{\mathrm{T}}\boldsymbol{D}\boldsymbol{L}_1^{\mathrm{T}}$$

由分解的唯一性得 $\overline{\boldsymbol{U}}_1=\boldsymbol{L}_1^{\mathrm{T}}$，于是有唯一分解

$$\boldsymbol{A}=\boldsymbol{L}_1\boldsymbol{D}\boldsymbol{L}_1^{\mathrm{T}} \tag{6.4.2}$$

记 $\boldsymbol{D}=\mathrm{diag}(d_1,d_2,\cdots,d_n)$，由 $\boldsymbol{A}$ 的正定性知，$\boldsymbol{A}$ 的所有顺序主子式 $\Delta_i>0(i=1,2,\cdots,n)$，由此得出 $d_i>0(i=1,2,\cdots,n)$. 记 $\boldsymbol{D}^{\frac{1}{2}}=\mathrm{diag}(\sqrt{d_1},\sqrt{d_2},\cdots,\sqrt{d_n})$，则有

$$\boldsymbol{A}=\boldsymbol{L}_1\boldsymbol{D}^{\frac{1}{2}}\boldsymbol{D}^{\frac{1}{2}}\boldsymbol{L}_1^{\mathrm{T}}=\boldsymbol{L}_1\boldsymbol{D}^{\frac{1}{2}}(\boldsymbol{L}_1\boldsymbol{D}^{\frac{1}{2}})^{\mathrm{T}}$$

令 $\boldsymbol{L}=\boldsymbol{L}_1\boldsymbol{D}^{\frac{1}{2}}$，则 $\boldsymbol{L}$ 为对角元素为正的非奇异实下三角阵，因此有唯一分解 $\boldsymbol{A}=\boldsymbol{L}\boldsymbol{L}^{\mathrm{T}}$.

现在来确定 $\boldsymbol{L}$ 中的元素.

设 $\boldsymbol{A}=\boldsymbol{L}\boldsymbol{L}^{\mathrm{T}}$ 的形式如下：

$$\begin{bmatrix}a_{11} & a_{12} & \cdots & a_{1n} \\ a_{21} & a_{22} & \cdots & a_{2n} \\ \vdots & \vdots & & \vdots \\ a_{n1} & a_{n2} & \cdots & a_{nn}\end{bmatrix}=\begin{bmatrix}l_{11} & & & \\ l_{21} & l_{22} & & \\ \vdots & \vdots & \ddots & \\ l_{n1} & l_{n2} & \cdots & l_{nn}\end{bmatrix}\begin{bmatrix}l_{11} & l_{21} & \cdots & l_{n1} \\ & l_{22} & \cdots & l_{n2} \\ & & \ddots & \vdots \\ & & & l_{nn}\end{bmatrix}$$

逐列考查 $\boldsymbol{A}$ 的下三角部分，根据矩阵乘法规则，比较等式两端的对应元素

$$a_{ij}=\sum_{q=1}^{n}l_{iq}l_{jq}=\sum_{q=1}^{j-1}l_{iq}l_{jq}+l_{ij}l_{jj}\quad(j=1,2,\cdots,n;i=j,j+1,\cdots,n)$$

由于限定 $l_{jj}>0(j=1,2,\cdots,n)$，则有

$$l_{jj}=\sqrt{a_{jj}-\sum_{q=1}^{j-1}l_{jq}^2}\quad(j=1,2,\cdots,n)\tag{6.4.3}$$

$$l_{ij}=\frac{a_{ij}-\sum_{q=1}^{j-1}l_{iq}l_{jq}}{l_{jj}}\quad(i=j+1,j+2,\cdots,n)\tag{6.4.4}$$

可见，解对称正定方程组 $\boldsymbol{Ax}=\boldsymbol{b}$ 的问题就化为解 $\boldsymbol{Ly}=\boldsymbol{b}$ 和 $\boldsymbol{L}^{\mathrm{T}}\boldsymbol{x}=\boldsymbol{y}$ 的问题. 于是得

$$y_i=\frac{b_i-\sum_{q=1}^{i-1}l_{iq}y_q}{l_{ii}}\quad(i=1,2,\cdots,n)\tag{6.4.5}$$

$$x_i=\frac{y_i-\sum_{q=i+1}^{n}l_{qi}x_q}{l_{ii}}\quad(i=n,n-1,\cdots,1)\tag{6.4.6}$$

上述求解对称正定方程组 $\boldsymbol{Ax}=\boldsymbol{b}$ 的方法称为平方根法. 可以证明，不选主元素的平方根法是数值稳定的. 但由于计算 $l_{ii}$ 时含有开平方运算而不实用.

## 二、改进的平方根法

为了避免平方根法中的开方运算，对其进行改进. 由式(6.4.2)，有 $\boldsymbol{A}=\boldsymbol{LDL}^{\mathrm{T}}$，其中 $\boldsymbol{D}=\mathrm{diag}(d_1,d_2,\cdots,d_n)$，$\boldsymbol{L}$ 为单位下三角阵，即

$$\begin{bmatrix}a_{11}&a_{12}&\cdots&a_{1n}\\a_{21}&a_{22}&\cdots&a_{2n}\\\vdots&\vdots&&\vdots\\a_{n1}&a_{n2}&\cdots&a_{nn}\end{bmatrix}=\begin{bmatrix}1&&&\\l_{21}&1&&\\\vdots&\vdots&\ddots&\\l_{n1}&l_{n2}&\cdots&1\end{bmatrix}\begin{bmatrix}d_1&&&\\&d_2&&\\&&\ddots&\\&&&d_n\end{bmatrix}\begin{bmatrix}1&l_{21}&\cdots&l_{n1}\\&1&\cdots&l_{n2}\\&&\ddots&\vdots\\&&&1\end{bmatrix}=$$

$$\begin{bmatrix}1&&&\\l_{21}&1&&\\\vdots&\vdots&\ddots&\\l_{n1}&l_{n2}&\cdots&1\end{bmatrix}\begin{bmatrix}d_1&d_1l_{21}&\cdots&d_1l_{n1}\\&d_2&\cdots&d_2l_{n2}\\&&\ddots&\vdots\\&&&d_n\end{bmatrix}$$

比较等式两端对应元素，由

$$a_{11}=d_1$$

$$a_{i1}=d_1l_{i1}$$

$$a_{ij}=(l_{i1},l_{i2},\cdots,l_{i,j-1},l_{ij},l_{i,j+1},\cdots,l_{i,i-1},1,0,\cdots 0)^{\mathrm{T}}\cdot$$
$$(d_1l_{j1},d_2l_{j2},\cdots,d_{j-1}l_{j,j-1},d_j,0,\cdots 0)^{\mathrm{T}}=\sum_{q=1}^{j-1}d_ql_{iq}l_{jq}+d_jl_{ij}$$
$$a_{ii}=\sum_{q=1}^{i-1}d_ql_{iq}^2+d_i$$

得交替计算 $\boldsymbol{D}$ 和 $\boldsymbol{L}$ 中未知元素的公式为

$$d_1=a_{11} \tag{6.4.7}$$

$$l_{i1}=\frac{a_{i1}}{d_1}\quad(i=2,3,\cdots,n) \tag{6.4.8}$$

$$d_i=a_{ii}-\sum_{q=1}^{i-1}d_ql_{iq}^2\quad(i=2,3,\cdots,n) \tag{6.4.9}$$

$$l_{ij}=\frac{a_{ij}-\sum\limits_{q=1}^{j-1}d_ql_{iq}l_{jq}}{d_j}\quad(j=2,3,\cdots,n-1;i=j+1,j+2,\cdots,n) \tag{6.4.10}$$

计算顺序为 $\boldsymbol{D}$ 的第 1 行、$\boldsymbol{L}$ 的第 1 列，…，$\boldsymbol{D}$ 的第 $n-1$ 行、$\boldsymbol{L}$ 的第 $n-1$ 列，$\boldsymbol{D}$ 的第 $n$ 行.

这样，就完成了对 $\boldsymbol{A}$ 的三角分解，并且避免了开平方运算. 可见，解对称正定方程组 $\boldsymbol{Ax}=\boldsymbol{b}$ 的问题就化成了解 $\boldsymbol{Ly}=\boldsymbol{b}$ 和 $\boldsymbol{L}^{\mathrm{T}}\boldsymbol{x}=\boldsymbol{D}^{-1}\boldsymbol{y}$ 的问题. 于是得

$$y_i=\frac{b_i-\sum\limits_{q=1}^{i-1}l_{iq}y_q}{l_{ii}}\quad(i=1,2,\cdots,n)$$

$$x_i=\frac{y_i}{d_i}-\sum_{q=i+1}^{n}l_{qi}x_q\quad(i=n,n-1,\cdots,1)$$

这种求解对称正定方程组 $\boldsymbol{Ax}=\boldsymbol{b}$ 的方法称为改进的平方根法.

**例 6.6** 用改进的平方根法解方程组

$$\begin{cases}3x_1+3x_2+5x_3=10\\3x_1+5x_2+9x_3=16\\5x_1+9x_2+17x_3=30\end{cases}$$

**解** 令 $\boldsymbol{A}=\boldsymbol{LDL}^{\mathrm{T}}$，即

$$\begin{bmatrix}3&3&5\\3&5&9\\5&9&17\end{bmatrix}=\begin{bmatrix}1&&\\l_{21}&1&\\l_{31}&l_{32}&1\end{bmatrix}\begin{bmatrix}d_1&&\\&d_2&\\&&d_3\end{bmatrix}\begin{bmatrix}1&l_{21}&l_{31}\\&1&l_{32}\\&&1\end{bmatrix}$$

利用式(6.4.7)～(6.4.10)得

$$d_1=a_{11}=3,\quad l_{21}=\frac{a_{21}}{d_1}=1,\quad l_{31}=\frac{a_{31}}{d_1}=\frac{5}{3}$$

$$d_2=a_{22}-d_1l_{21}^2=2,\quad l_{32}=\frac{a_{32}-d_1l_{31}l_{21}}{d_2}=2$$

$$d_3=a_{33}-d_1l_{31}^2-d_2l_{32}^2=\frac{2}{3}$$

先解方程组

$$\begin{bmatrix}1 & & \\ 1 & 1 & \\ 5/3 & 2 & 1\end{bmatrix}\begin{bmatrix}y_1\\ y_2\\ y_3\end{bmatrix}=\begin{bmatrix}10\\ 16\\ 30\end{bmatrix}$$

得 $y_1=10, y_2=6, y_3=\frac{4}{3}$. 再解方程组

$$\begin{bmatrix}1 & 1 & 5/3\\ & 1 & 2\\ & & 1\end{bmatrix}\begin{bmatrix}x_1\\ x_2\\ x_3\end{bmatrix}=\begin{bmatrix}1/3 & & \\ & 1/2 & \\ & & 3/2\end{bmatrix}\begin{bmatrix}10\\ 6\\ 4/3\end{bmatrix}$$

得 $x_3=2, x_2=-1, x_1=1$.

这里需要指出的是,改进的平方根法对满足 ***LU*** 分解条件的对称矩阵(不一定要正定)都适用.

## 第五节　解三对角方程组的追赶法

在建立三次样条函数等许多问题中,经常会遇到如下形式的三对角方程组:

$$\begin{bmatrix}b_1 & c_1 & & & & \\ a_2 & b_2 & c_2 & & & \\ & a_3 & b_3 & c_3 & & \\ & & \ddots & \ddots & \ddots & \\ & & & a_{n-1} & b_{n-1} & c_{n-1}\\ & & & & a_n & b_n\end{bmatrix}\begin{bmatrix}x_1\\ x_2\\ x_3\\ \vdots\\ x_{n-1}\\ x_n\end{bmatrix}=\begin{bmatrix}d_1\\ d_2\\ d_3\\ \vdots\\ d_{n-1}\\ d_n\end{bmatrix}\tag{6.5.1}$$

其系数矩阵为三对角阵,且

(1) $|b_1|>|c_1|>0$;

(2) $|b_i|\geqslant|a_i|+|c_i|$,且 $a_ic_i\neq0\quad i=2,3,\cdots,n-1$;

(3) $|b_n|\geqslant|a_n|>0$.

根据方程组(6.5.1) 的特点,应用高斯消去法求解,每一步消元只须消去

一个元素.

设消元后,增广矩阵形式为

$$\begin{bmatrix} \beta_1 & c_1 & & & & y_1 \\ & \beta_2 & c_2 & & & y_2 \\ & & \ddots & \ddots & & \vdots \\ & & & \beta_{n-1} & c_{n-1} & y_{n-1} \\ & & & & \beta_n & y_n \end{bmatrix}$$

则有

$$\begin{cases} \beta_1 = b_1, y_1 = d_1 \\ l_i = \dfrac{a_i}{\beta_{i-1}}, \beta_i = b_i - l_i c_{i-1}, y_i = d_i - l_i y_{i-1} \quad (i=2,3,\cdots,n) \end{cases} \tag{6.5.2}$$

再回代得

$$\begin{cases} x_n = \dfrac{y_n}{\beta_n} \\ x_i = \dfrac{y_i - c_i x_{i+1}}{\beta_i} \quad (i=n-1,n-2,\cdots,1) \end{cases} \tag{6.5.3}$$

上述通过消元和回代求解方程组(6.5.1),前者计算顺序是 $y_1 \to y_2 \to \cdots \to y_n$,称为追的过程;后者计算顺序是 $x_n \to x_{n-1} \to \cdots \to x_1$,称为赶的过程.该方法被形象地称为追赶法.

用追赶法解三对角方程组(6.5.1),只需 $5n-4$ 次乘除法运算,$3n-3$ 次加减法运算.在计算机上实现该算法时,只须设置 4 个一维数组存放 $a_i, b_i, c_i, d_i (i=1,2,\cdots,n)$.按公式(6.5.2)顺序计算 $l_i, \beta_i, y_i$,并将 $l_i, \beta_i, y_i$ 依次存放于 $a_i, b_i, d_i$ 所占用的单元中,按公式(6.5.3)计算的 $x_i$ 存放于 $y_i$ 所占用的单元中.

## 第六节　向量范数和矩阵范数

通常,近似数的误差用"绝对值"来分析.在线性方程组近似解的误差及迭代法的收敛性等问题的分析中,要涉及向量和矩阵的误差分析,因此引入类似绝对值的概念——"向量范数"和"矩阵范数".

### 一、向量范数

对于 $x \in \mathbf{R}$,其绝对值 $|x|$ 具有以下基本性质:

(1) 对任意 $x \in \mathbf{R}$, $|x| \geqslant 0$, $|x| = 0$ 当且仅当 $x = 0$;

(2) 对任意常数 $k\in\mathbf{R}$ 和任意 $x\in\mathbf{R}$，有 $|kx|=|k||x|$；

(3) 对任意 $x\in\mathbf{R},y\in\mathbf{R}$，有 $|x+y|\leqslant|x|+|y|$.

这 3 个性质分别称为非负性、齐次性和三角不等式. 将绝对值概念加以推广，得到向量范数的概念.

**定义 6.2**　设向量 $\boldsymbol{x}\in\mathbf{R}^n$，若与 $\boldsymbol{x}$ 对应的一个实值函数 $\|\boldsymbol{x}\|$ 满足：

(1) 对任意 $\boldsymbol{x}\in\mathbf{R}^n$，$\|\boldsymbol{x}\|\geqslant 0$，$\|\boldsymbol{x}\|=0$ 当且仅当 $\boldsymbol{x}=\mathbf{0}$；　(非负性)

(2) 对任意常数 $c\in\mathbf{R}$，有 $\|c\boldsymbol{x}\|=|c|\,\|\boldsymbol{x}\|$；　(齐次性)

(3) 对任意 $\boldsymbol{x}\in\mathbf{R}^n,\boldsymbol{y}\in\mathbf{R}^n$，有 $\|\boldsymbol{x}+\boldsymbol{y}\|\leqslant\|\boldsymbol{x}\|+\|\boldsymbol{y}\|$.

(三角不等式)

则称 $\|\boldsymbol{x}\|$ 为$\mathbf{R}^n$ 上 $\boldsymbol{x}$ 的一个向量范数.

$\mathbf{R}^n$ 上常用的 3 种向量范数是

1 — 范数　$$\|\boldsymbol{x}\|_1=\sum_{i=1}^{n}|x_i|$$

2 — 范数　$$\|\boldsymbol{x}\|_2=\sqrt{\sum_{i=1}^{n}x_i^2}$$

∞ — 范数　$$\|\boldsymbol{x}\|_\infty=\max_{1\leqslant i\leqslant n}|x_i|$$

一般地，有

$p$ — 范数　$$\|\boldsymbol{x}\|_p=\left(\sum_{i=1}^{n}|x_i|^p\right)^{\frac{1}{p}},\quad p\in[1,+\infty)$$

**例 6.7**　设 $\boldsymbol{x}=(2,-3,6)^{\mathrm{T}}$，则

$$\|\boldsymbol{x}\|_1=|2|+|-3|+|6|=11,\quad \|\boldsymbol{x}\|_2=\sqrt{2^2+(-3)^2+6^2}=7$$

$$\|\boldsymbol{x}\|_\infty=\max_{1\leqslant i\leqslant n}\{|2|,|-3|,|6|\}=6$$

向量范数具有下面两个性质.

(1) 连续性. 设 $\boldsymbol{x}=(x_1,x_2,\cdots,x_n)^{\mathrm{T}}\in\mathbf{R}^n$，则 $\|\boldsymbol{x}\|$ 是 $\boldsymbol{x}$ 的分量 $x_i(i=1,2,\cdots,n)$ 的连续函数.

(2) 等价性. 设 $\|\boldsymbol{x}\|_r$ 和 $\|\boldsymbol{x}\|_t$ 是$\mathbf{R}^n$ 上的任意两种范数，则存在常数 $c_1,c_2>0$，使得

$$c_1\|\boldsymbol{x}\|_r\leqslant\|\boldsymbol{x}\|_t\leqslant c_2\|\boldsymbol{x}\|_r$$

对一切 $\boldsymbol{x}\in\mathbf{R}^n$ 成立.

容易验证$\mathbf{R}^n$ 上的 1 — 范数，2 — 范数和 ∞ — 范数之间有如下关系：

$$\|\boldsymbol{x}\|_2\leqslant\|\boldsymbol{x}\|_1\leqslant\sqrt{n}\|\boldsymbol{x}\|_2$$

$$\|\boldsymbol{x}\|_\infty\leqslant\|\boldsymbol{x}\|_2\leqslant\sqrt{n}\|\boldsymbol{x}\|_\infty$$

$$\|\boldsymbol{x}\|_\infty\leqslant\|\boldsymbol{x}\|_1\leqslant n\|\boldsymbol{x}\|_\infty$$

有了向量范数,就可以方便地描述向量间的距离和误差了.

**定义 6.3** 设$\boldsymbol{x}_1, \boldsymbol{x}_2 \in \mathbf{R}^n$,则称 $\| \boldsymbol{x}_1 - \boldsymbol{x}_2 \|_p$ 为$\boldsymbol{x}_1$ 和$\boldsymbol{x}_2$ 之间的距离.这里的范数可以是$\mathbf{R}^n$ 上的任何一种范数.

**定义 6.4** 设$\boldsymbol{x}^*, \boldsymbol{x} \in \mathbf{R}^n$, $\boldsymbol{x}^*$ 是 $\boldsymbol{x}$ 的近似向量,则 $\| \boldsymbol{x} - \boldsymbol{x}^* \|_p$, $\dfrac{\| \boldsymbol{x} - \boldsymbol{x}^* \|_p}{\| \boldsymbol{x} \|_p}$ 分别称为$\boldsymbol{x}^*$ 关于 $p-$ 范数的绝对误差与相对误差.

需要指出的是,等价性保证了对一种向量范数成立的论证,对任何其他向量范数也成立.

## 二、矩阵范数

**定义 6.5** 设$\boldsymbol{A} \in \mathbf{R}^{n\times n}, \boldsymbol{x} \in \mathbf{R}^n$,对于给定的某 $\boldsymbol{x}$ 的向量范数 $\| \boldsymbol{x} \|_r$,相应地定义 $\boldsymbol{A}$ 的一个实值函数

$$\| \boldsymbol{A} \|_r = \max_{\| \boldsymbol{x} \|_r = 1} \| \boldsymbol{A}\boldsymbol{x} \|_r$$

则称 $\| \boldsymbol{A} \|_r$ 为$\boldsymbol{A}$ 的矩阵范数.

$\mathbf{R}^{n\times n}$ 上常用的 3 种矩阵范数是

$$\| \boldsymbol{A} \|_\infty = \max_{\| \boldsymbol{x} \|_\infty = 1} \| \boldsymbol{A}\boldsymbol{x} \|_\infty$$

$$\| \boldsymbol{A} \|_1 = \max_{\| \boldsymbol{x} \|_1 = 1} \| \boldsymbol{A}\boldsymbol{x} \|_1$$

$$\| \boldsymbol{A} \|_2 = \max_{\| \boldsymbol{x} \|_2 = 1} \| \boldsymbol{A}\boldsymbol{x} \|_2$$

**定义 6.6** 设$\boldsymbol{A} \in \mathbf{R}^{n\times n}$ 的特征值为$\lambda_i (i=1,2,\cdots,n)$,则其中模的最大值称为 $\boldsymbol{A}$ 的谱半径,记为 $\rho(\boldsymbol{A})$,即

$$\rho(\boldsymbol{A}) = \max_{1\leqslant i\leqslant n} | \lambda_i |$$

可以证明

$$\| \boldsymbol{A} \|_\infty = \max_{1\leqslant i\leqslant n} \sum_{j=1}^{n} | a_{ij} | \qquad \text{(行和范数)}$$

$$\| \boldsymbol{A} \|_1 = \max_{1\leqslant j\leqslant n} \sum_{i=1}^{n} | a_{ij} | \qquad \text{(列和范数)}$$

$$\| \boldsymbol{A} \|_2 = \sqrt{\rho(\boldsymbol{A}^{\mathrm{T}}\boldsymbol{A})} \qquad \text{(谱范数)}$$

其中 $\rho(\boldsymbol{A}^{\mathrm{T}}\boldsymbol{A})$ 为$\boldsymbol{A}^{\mathrm{T}}\boldsymbol{A}$ 的谱半径.

由定义 6.5 定义的矩阵范数具有以下 5 个性质.

(1) 对任意 $\boldsymbol{A} \in \mathbf{R}^{n\times n}$, $\| \boldsymbol{A} \| \geqslant 0$, $\| \boldsymbol{A} \| = 0$ 当且仅当 $\boldsymbol{A} = \boldsymbol{O}$;(非负性)

(2) 对任意常数 $c \in \mathbf{R}$ 和任意 $\boldsymbol{A} \in \mathbf{R}^{n\times n}$,有 $\| c\boldsymbol{A} \| = |c| \, \| \boldsymbol{A} \|$;

(齐次性)

(3) 对任意 $\boldsymbol{A} \in \mathbf{R}^{n\times n}$ 和 $\boldsymbol{B} \in \mathbf{R}^{n\times n}$，有 $\|\boldsymbol{A}+\boldsymbol{B}\| \leqslant \|\boldsymbol{A}\| + \|\boldsymbol{B}\|$；

(三角不等式)

(4) 对任意 $\boldsymbol{x} \in \mathbf{R}^n, \boldsymbol{A} \in \mathbf{R}^{n\times n}$，$\|\boldsymbol{A}\boldsymbol{x}\| \leqslant \|\boldsymbol{A}\| \|\boldsymbol{x}\|$；　(相容性)

(5) 对任意 $\boldsymbol{A} \in \mathbf{R}^{n\times n}$ 和 $\boldsymbol{B} \in \mathbf{R}^{n\times n}$，有 $\|\boldsymbol{A}\boldsymbol{B}\| \leqslant \|\boldsymbol{A}\| \|\boldsymbol{B}\|$.

(次可乘性)

**例 6.8**　设 $\boldsymbol{A}=\begin{bmatrix}1 & 2\\-3 & 4\end{bmatrix}$，求 $\|\boldsymbol{A}\|_\infty$，$\|\boldsymbol{A}\|_1$ 及 $\|\boldsymbol{A}\|_2$.

**解**

$$\|\boldsymbol{A}\|_\infty = \max\{1+2, |-3|+4\}=7$$

$$\|\boldsymbol{A}\|_1 = \max\{1+|-3|, 2+4\}=6$$

$$\boldsymbol{A}^{\mathrm{T}}\boldsymbol{A}=\begin{bmatrix}1 & -3\\2 & 4\end{bmatrix}\begin{bmatrix}1 & 2\\-3 & 4\end{bmatrix}=\begin{bmatrix}10 & -10\\-10 & 20\end{bmatrix}$$

$\boldsymbol{A}^{\mathrm{T}}\boldsymbol{A}$ 的特征方程为

$$|\lambda \boldsymbol{I}-\boldsymbol{A}^{\mathrm{T}}\boldsymbol{A}|=\begin{vmatrix}\lambda-10 & 10\\10 & \lambda-20\end{vmatrix}=\lambda^2-30\lambda+100=0$$

于是 $\lambda_1=15+5\sqrt{5}, \lambda_2=15-5\sqrt{5}$，因此 $\|\boldsymbol{A}\|_2=\sqrt{15+5\sqrt{5}}=5.116\ 7$.

矩阵的范数与矩阵的谱半径有以下重要关系.

**定理 6.2**　设 $\boldsymbol{A} \in \mathbf{R}^{n\times n}$，$\|\cdot\|$ 为任一矩阵范数，则 $\rho(\boldsymbol{A}) \leqslant \|\boldsymbol{A}\|$.

**证**　设 $\lambda$ 为 $\boldsymbol{A}$ 的任一特征值，则存在 $\boldsymbol{x} \neq \boldsymbol{0}$，使得

$$\boldsymbol{A}\boldsymbol{x}=\lambda\boldsymbol{x}$$

上式两端取范数，有 $\|\boldsymbol{A}\boldsymbol{x}\|=\|\lambda\boldsymbol{x}\|$，而

$$|\lambda| \|\boldsymbol{x}\| = \|\lambda\boldsymbol{x}\| = \|\boldsymbol{A}\boldsymbol{x}\| \leqslant \|\boldsymbol{A}\| \|\boldsymbol{x}\|$$

又 $\|\boldsymbol{x}\| \neq 0$，所以 $|\lambda| \leqslant \|\boldsymbol{A}\|$，即 $\rho(\boldsymbol{A}) \leqslant \|\boldsymbol{A}\|$.

由定理 6.2 可知，矩阵的任一范数可以作为矩阵特征值模的上界.

## 第七节　迭　代　法

迭代法是解线性方程组的另一类方法. 由于它具有保持迭代矩阵不变的特点，因此迭代法特别适合求解大型稀疏系数矩阵的方程组.

### 一、基本迭代法及其收敛性

将线性方程组

$$\boldsymbol{A}\boldsymbol{x}=\boldsymbol{b} \tag{6.7.1}$$

其中

$$\boldsymbol{A}=\begin{bmatrix}a_{11} & a_{12} & \cdots & a_{1n}\\a_{21} & a_{22} & \cdots & a_{2n}\\\vdots & \vdots & & \vdots\\a_{n1} & a_{n2} & \cdots & a_{nn}\end{bmatrix},\quad \boldsymbol{x}=\begin{bmatrix}x_1\\x_2\\\vdots\\x_n\end{bmatrix},\quad \boldsymbol{b}=\begin{bmatrix}b_1\\b_2\\\vdots\\b_n\end{bmatrix}$$

改写成等价形式

$$x = Bx + f \tag{6.7.2}$$

其中，$B \in \mathbf{R}^{n\times n}$，$f \in \mathbf{R}^n$.

对方程组(6.7.2)，由一个初始向量$x^{(0)}$出发，构造相应的迭代公式为

$$x^{(k+1)} = Bx^{(k)} + f \tag{6.7.3}$$

按此迭代公式可得到向量序列$\{x^{(k)}\}$.

现在给出向量序列收敛的定义.

**定义 6.7** 设$\{x^{(k)}\}(k=0,1,\cdots)$是$\mathbf{R}^n$中的一个向量序列，$c \in \mathbf{R}^n$是一个常向量. 如果

$$\lim_{k\to\infty} \| x^{(k)} - c \| = 0$$

则称向量序列$\{x^{(k)}\}$收敛于$c$，并记为$\lim\limits_{k\to\infty} x^{(k)} = c$.

如果由迭代公式(6.7.3)得到的向量序列$\{x^{(k)}\}$收敛于$x^*$，则对该式两边取极限，得

$$x^* = Bx^* + f$$

即$x^*$是方程组(6.7.2)的解，从而也是方程组(6.7.1)的解. 这种通过构造公式(6.7.3)，得到向量序列$\{x^{(k)}\}$，从而求得方程组解的方法称为基本迭代法.

矩阵$B$称为迭代矩阵，由公式(6.7.3)得到的向量序列$\{x^{(k)}\}$称为迭代序列. 如果迭代序列收敛，则称迭代法收敛，否则称迭代法发散.

可以看出，迭代法解方程组主要包括两个方面：

(1) 针对具体方程组构造迭代公式；

(2) 研究迭代法的收敛性，并进行误差分析.

下面先介绍简单、实用的雅可比(Jacobi)迭代公式和高斯-赛德尔(Gauss-Seidel)迭代公式的构造，然后研究收敛性的判定，最后介绍较复杂的超松弛迭代法(SOR).

## 二、雅可比迭代法

对方程组(6.7.1)，设$a_{ii} \neq 0(i=1,2,\cdots,n)$，将其等价改写为

$$\begin{cases} x_1 = (-a_{12}x_2 - a_{13}x_3 - \cdots - a_{1n}x_n)/a_{11} + b_1/a_{11} \\ x_2 = (-a_{21}x_1 - a_{23}x_3 - \cdots - a_{2n}x_n)/a_{22} + b_2/a_{22} \\ \cdots\cdots \\ x_n = (-a_{n1}x_1 - a_{n2}x_2 - \cdots - a_{n,n-1}x_{n-1})/a_{nn} + b_n/a_{nn} \end{cases} \tag{6.7.4}$$

构造相应的迭代公式

$$\begin{cases} x_1^{(k+1)} = (-a_{12}x_2^{(k)} - a_{13}x_3^{(k)} - \cdots - a_{1n}x_n^{(k)})/a_{11} + b_1/a_{11} \\ x_2^{(k+1)} = (-a_{21}x_1^{(k)} - a_{23}x_3^{(k)} - \cdots - a_{2n}x_n^{(k)})/a_{22} + b_2/a_{22} \\ \cdots\cdots \\ x_n^{(k+1)} = (-a_{n1}x_1^{(k)} - a_{n2}x_2^{(k)} - \cdots - a_{n,n-1}x_{n-1}^{(k)})/a_{nn} + b_n/a_{nn} \end{cases} \tag{6.7.5}$$

选取初始向量$\boldsymbol{x}^{(0)} = (x_1^{(0)}, x_2^{(0)}, \cdots, x_n^{(0)})^{\mathrm{T}}$，利用公式(6.7.5)反复迭代，则会得到一个向量序列$\{\boldsymbol{x}^{(k)}\}$. 称式(6.7.5)为雅可比迭代格式，用此格式求解方程组的方法称为雅可比迭代法.

若记

$$\overline{\boldsymbol{L}} = \begin{bmatrix} 0 & & & & & \\ a_{21} & 0 & & & & \\ a_{31} & a_{32} & 0 & & & \\ \vdots & \vdots & \ddots & \ddots & & \\ a_{n-1,1} & a_{n-1,2} & \cdots & a_{n-1,n-2} & 0 & \\ a_{n1} & a_{n2} & \cdots & a_{n,n-2} & a_{n,n-1} & 0 \end{bmatrix}$$

$$\boldsymbol{D} = \begin{bmatrix} a_{11} & & & & \\ & a_{22} & & & \\ & & \ddots & & \\ & & & a_{n-1,n-1} & \\ & & & & a_{nn} \end{bmatrix}$$

$$\overline{\boldsymbol{U}} = \begin{bmatrix} 0 & a_{12} & a_{13} & \cdots & a_{1,n-1} & a_{1n} \\ & 0 & a_{23} & \cdots & a_{2,n-1} & a_{2n} \\ & & 0 & \ddots & \vdots & \vdots \\ & & & \ddots & a_{n-2,n-1} & a_{n-2,n} \\ & & & & 0 & a_{n-1,n} \\ & & & & & 0 \end{bmatrix}$$

则$\boldsymbol{A} = \overline{\boldsymbol{L}} + \boldsymbol{D} + \overline{\boldsymbol{U}}$，即将$\boldsymbol{A}$分解为一个严格下三角矩阵、一个对角矩阵和一个严格上三角阵的和. 于是有

$$(\overline{\boldsymbol{L}} + \boldsymbol{D} + \overline{\boldsymbol{U}})\boldsymbol{x} = \boldsymbol{b}$$

故
$$\boldsymbol{x} = -\boldsymbol{D}^{-1}(\overline{\boldsymbol{L}} + \overline{\boldsymbol{U}})\boldsymbol{x} + \boldsymbol{D}^{-1}\boldsymbol{b}$$

从而得雅可比迭代格式的矩阵表示形式为

$$\boldsymbol{x}^{(k+1)} = -\boldsymbol{D}^{-1}(\overline{\boldsymbol{L}} + \overline{\boldsymbol{U}})\boldsymbol{x}^{(k)} + \boldsymbol{D}^{-1}\boldsymbol{b}$$

雅可比迭代矩阵为

$$\boldsymbol{B}_J = -\boldsymbol{D}^{-1}(\overline{\boldsymbol{L}} + \overline{\boldsymbol{U}}) \tag{6.7.6}$$

## 三、高斯-赛德尔迭代法

通过分析雅可比迭代格式我们会发现，在计算 $x_i^{(k+1)}$ 时，$x_1^{(k+1)},\cdots,x_{i-1}^{(k+1)}$ 已经求得，但公式仍旧使用第 $k$ 次迭代的计算结果 $x_1^{(k)},\cdots,x_{i-1}^{(k)}$. 直观上讲，第 $k+1$ 次的计算结果可能比第 $k$ 次的计算结果更准确一些. 因此，在用雅可比迭代格式计算 $x_i^{(k+1)}$ 时，分别用 $x_1^{(k+1)},\cdots,x_{i-1}^{(k+1)}$ 依次替代 $x_1^{(k)},\cdots,x_{i-1}^{(k)}$，这样就得到了高斯－赛德尔迭代格式，用此格式求解方程组的方法称为高斯-赛德尔迭代法.

高斯-赛德尔迭代格式为

$$\begin{cases} x_1^{(k+1)} = (-a_{12}x_2^{(k)} - a_{13}x_3^{(k)} - \cdots - a_{1n}x_n^{(k)})/a_{11} + b_1/a_{11} \\ x_2^{(k+1)} = (-a_{21}x_1^{(k+1)} - a_{23}x_3^{(k)} - \cdots - a_{2n}x_n^{(k)})/a_{22} + b_2/a_{22} \\ \cdots\cdots \\ x_i^{(k+1)} = (-a_{i1}x_1^{(k+1)} - \cdots - a_{i,i-1}x_{i-1}^{(k+1)} - a_{i,i+1}x_{i+1}^{(k)} - \cdots - a_{in}x_n^{(k)})/a_{ii} + b_i/a_{ii} \\ \cdots\cdots \\ x_n^{(k+1)} = (-a_{n1}x_1^{(k+1)} - a_{n2}x_2^{(k+1)} - \cdots - a_{n,n-1}x_{n-1}^{(k+1)})/a_{nn} + b_n/a_{nn} \end{cases} \tag{6.7.7}$$

类似地，由 $\boldsymbol{A}=\overline{\boldsymbol{L}}+\boldsymbol{D}+\overline{\boldsymbol{U}}$ 得 $(\overline{\boldsymbol{L}}+\boldsymbol{D}+\overline{\boldsymbol{U}})\boldsymbol{x}=\boldsymbol{b}$，故

$$\boldsymbol{x}=-(\boldsymbol{D}+\overline{\boldsymbol{L}})^{-1}\overline{\boldsymbol{U}}\boldsymbol{x}+(\boldsymbol{D}+\overline{\boldsymbol{L}})^{-1}\boldsymbol{b}$$

从而得高斯-赛德尔迭代格式的矩阵表示形式为

$$\boldsymbol{x}^{(k+1)}=-(\boldsymbol{D}+\overline{\boldsymbol{L}})^{-1}\overline{\boldsymbol{U}}\boldsymbol{x}^{(k)}+(\boldsymbol{D}+\overline{\boldsymbol{L}})^{-1}\boldsymbol{b}$$

高斯-赛德尔迭代矩阵为

$$\boldsymbol{B}_{\mathrm{GS}}=-(\boldsymbol{D}+\overline{\boldsymbol{L}})^{-1}\overline{\boldsymbol{U}} \tag{6.7.8}$$

使用迭代法求解方程组，当迭代法收敛时，根据精度要求，取某个迭代向量 $\boldsymbol{x}^{(k)}$ 作为解的近似值.

**例 6.9** 分别用雅可比迭代法和高斯-赛德尔迭代法解方程组

$$\begin{cases} 10x_1 - 2x_2 - x_3 = 3 \\ -2x_1 + 10x_2 - x_3 = 15 \\ -x_1 - 2x_2 + 5x_3 = 10 \end{cases}$$

**解** 容易求得所给方程组的准确解为 $x_1=1,x_2=2,x_3=3$.

相应的雅可比迭代格式为

$$\begin{cases} x_1^{(k+1)} = (2x_2^{(k)} + x_3^{(k)} + 3)/10 \\ x_2^{(k+1)} = (2x_1^{(k)} + x_3^{(k)} + 15)/10 \\ x_3^{(k+1)} = (x_1^{(k)} + 2x_2^{(k)} + 10)/5 \end{cases}$$

取迭代初始值 $x_1^{(0)}=0, x_2^{(0)}=0, x_3^{(0)}=0$，代入该公式进行迭代，结果见表 6-1.

**表　6-1**

| $k$ | $x_1^{(k)}$ | $x_2^{(k)}$ | $x_3^{(k)}$ |
|---|---|---|---|
| 0 | 0.000 0 | 0.000 0 | 0.000 0 |
| 1 | 0.300 0 | 1.500 0 | 2.000 0 |
| 2 | 0.800 0 | 1.760 0 | 2.660 0 |
| 3 | 0.918 0 | 1.926 0 | 2.864 0 |
| 4 | 0.971 6 | 1.970 0 | 2.954 0 |
| 5 | 0.989 4 | 1.989 7 | 2.982 3 |
| 6 | 0.996 3 | 1.996 1 | 2.993 8 |
| 7 | 0.998 6 | 1.998 6 | 2.997 7 |
| 8 | 0.999 5 | 1.999 5 | 2.999 2 |
| 9 | 0.999 8 | 1.999 8 | 2.999 8 |

由表 6-1 可以看出，随着迭代次数的增加，迭代结果越来越接近精确解. 于是以

$$x_1^{(9)}=0.999\,8,\quad x_2^{(9)}=1.999\,8,\quad x_3^{(9)}=2.999\,8$$

作为所给方程组的近似解.

高斯-赛德尔迭代格式为

$$\begin{cases} x_1^{(k+1)}=(2x_2^{(k)}+x_3^{(k)}+3)/10 \\ x_2^{(k+1)}=(2x_1^{(k+1)}+x_3^{(k)}+15)/10 \\ x_3^{(k+1)}=(x_1^{(k+1)}+2x_2^{(k+1)}+10)/5 \end{cases}$$

取迭代初始值 $x_1^{(0)}=0, x_2^{(0)}=0, x_3^{(0)}=0$，代入该公式进行迭代，结果见表 6-2.

**表　6-2**

| $k$ | $x_1^{(k)}$ | $x_2^{(k)}$ | $x_3^{(k)}$ |
|---|---|---|---|
| 0 | 0.000 0 | 0.000 0 | 0.000 0 |
| 1 | 0.300 0 | 1.560 0 | 2.684 0 |
| 2 | 0.880 4 | 1.944 5 | 2.953 9 |
| 3 | 0.984 3 | 1.992 3 | 2.993 8 |
| 4 | 0.997 8 | 1.998 9 | 2.999 1 |
| 5 | 0.999 7 | 1.999 9 | 2.999 9 |

由表 6-2 可以看出，随着迭代次数的增加，高斯-赛德尔迭代的结果以比雅可比迭代更快的速度接近精确解. 于是以

$$x_1^{(5)}=0.999\,7,\quad x_2^{(5)}=1.999\,9,\quad x_3^{(5)}=2.999\,9$$

作为所给方程组的近似解.

需要指出的是,高斯－赛德尔迭代法并不总是比雅可比迭代法收敛更快.甚至有这样的方程组,相应的雅可比迭代法收敛,而相应的高斯－赛德尔迭代法却发散.不过,在两者都收敛的情况下,通常高斯－赛德尔迭代法比雅可比迭代法收敛更快.

### 四、迭代法的收敛条件

这里着重讲述与方程组 $\boldsymbol{x}=\boldsymbol{B}\boldsymbol{x}+\boldsymbol{f}$ 相应的基本迭代格式

$$\boldsymbol{x}^{(k+1)}=\boldsymbol{B}\boldsymbol{x}^{(k)}+\boldsymbol{f}$$

的收敛性条件,以及雅可比迭代和高斯－赛德尔迭代的收敛性的判定.

**定理6.3** (充分条件)给定方程组 $\boldsymbol{x}=\boldsymbol{B}\boldsymbol{x}+\boldsymbol{f}$,如果迭代矩阵 $\boldsymbol{B}$ 的某一种范数 $\|\boldsymbol{B}\|<1$,则

(1) 给定方程组有唯一解 $\boldsymbol{x}^*$;

(2) 对任意初始向量 $\boldsymbol{x}^{(0)}\in\mathbf{R}^n$,相应的迭代格式收敛于 $\boldsymbol{x}^*$,且有

$$\|\boldsymbol{x}^{(k+1)}-\boldsymbol{x}^*\|\leqslant\|\boldsymbol{B}\|\,\|\boldsymbol{x}^{(k)}-\boldsymbol{x}^*\| \tag{6.7.9}$$

(3) $\|\boldsymbol{x}^{(k)}-\boldsymbol{x}^*\|\leqslant\dfrac{\|\boldsymbol{B}\|}{1-\|\boldsymbol{B}\|}\|\boldsymbol{x}^{(k)}-\boldsymbol{x}^{(k-1)}\|$ (6.7.10)

(4) $\|\boldsymbol{x}^{(k)}-\boldsymbol{x}^*\|\leqslant\dfrac{\|\boldsymbol{B}\|^k}{1-\|\boldsymbol{B}\|}\|\boldsymbol{x}^{(1)}-\boldsymbol{x}^{(0)}\|$ (6.7.11)

**证** (1) 只要证明齐次方程组 $\boldsymbol{x}=\boldsymbol{B}\boldsymbol{x}$ 只有零解.

设 $\boldsymbol{x}=\boldsymbol{B}\boldsymbol{x}$ 有非零解 $\bar{\boldsymbol{x}}$,则有

$$\bar{\boldsymbol{x}}=\boldsymbol{B}\bar{\boldsymbol{x}}$$

两端取范数,得到

$$\|\bar{\boldsymbol{x}}\|=\|\boldsymbol{B}\bar{\boldsymbol{x}}\|\leqslant\|\boldsymbol{B}\|\,\|\bar{\boldsymbol{x}}\|$$

因为 $\|\bar{\boldsymbol{x}}\|\neq 0$,所以得到 $\|\boldsymbol{B}\|\geqslant 1$,与已知条件 $\|\boldsymbol{B}\|<1$ 矛盾,因此给定方程组存在唯一解 $\boldsymbol{x}^*$ 满足

$$\boldsymbol{x}^*=\boldsymbol{B}\boldsymbol{x}^*+\boldsymbol{f} \tag{6.7.12}$$

(2) 将迭代格式与式(6.7.12)相减,得到

$$\boldsymbol{x}^{(k+1)}-\boldsymbol{x}^*=\boldsymbol{B}(\boldsymbol{x}^{(k)}-\boldsymbol{x}^*)$$

两端取范数,得到

$$\|\boldsymbol{x}^{(k+1)}-\boldsymbol{x}^*\|\leqslant\|\boldsymbol{B}\|\,\|\boldsymbol{x}^{(k)}-\boldsymbol{x}^*\| \tag{6.7.13}$$

递推得到

$$\|\boldsymbol{x}^{(k)}-\boldsymbol{x}^*\|\leqslant\|\boldsymbol{B}\|^k\|\boldsymbol{x}^{(0)}-\boldsymbol{x}^*\|$$

由于 $\|\boldsymbol{B}\|<1$,因此对任意 $\boldsymbol{x}^{(0)}\in\mathbf{R}^n$,有 $\lim\limits_{k\to\infty}\boldsymbol{x}^{(k)}=\boldsymbol{x}^*$.

(3) $\|x^{(k)}-x^*\| = \|x^{(k)}-x^{(k+1)}+x^{(k+1)}-x^*\| \leqslant$

$$\|x^{(k+1)}-x^{(k)}\| + \|x^{(k+1)}-x^*\|$$

而 $\|x^{(k+1)}-x^{(k)}\| = \|(Bx^{(k)}+f)-(Bx^{(k-1)}+f)\| =$

$$\|B(x^{(k)}-x^{(k-1)})\| \leqslant \|B\|\ \|x^{(k)}-x^{(k-1)}\| \tag{6.7.14}$$

又由式(6.7.13),有

$$\|x^{(k)}-x^*\| \leqslant \|B\|\ \|x^{(k)}-x^{(k-1)}\| + \|B\|\ \|x^{(k)}-x^*\|$$

于是得到

$$\|x^{(k)}-x^*\| \leqslant \frac{\|B\|}{1-\|B\|}\|x^{(k)}-x^{(k-1)}\|$$

(4) 由式(6.7.14) 反复递推,得到

$$\|x^{(k)}-x^{(k-1)}\| \leqslant \|B\|^{k-1}\|x^{(1)}-x^{(0)}\|$$

因此

$$\|x^{(k)}-x^*\| \leqslant \frac{\|B\|^k}{1-\|B\|}\|x^{(1)}-x^{(0)}\|$$

由式(6.7.10) 可以看出,可用相邻两次的迭代误差 $\|x^{(k)}-x^{(k-1)}\|$ 来衡量$x^{(k)}$ 作为$x^*$ 的近似值的精确程度. 因此,用此不等式可以作为迭代结束的判据. 而式(6.7.11) 可用于事先估计满足精度要求所需要的迭代次数.

定理 6.3 的条件较强. 现在给出迭代法收敛的基本定理.

**定理 6.4** （充分必要条件）给定方程组 $x=Bx+f$,对任意初始向量 $x^{(0)}\in \mathbf{R}^n$,相应的迭代格式均收敛的充分必要条件为 $\rho(B)<1$.

**例 6.10** 判断解下面方程组的雅可比迭代法的收敛性.

$$\begin{cases} x_1+0.5x_2=1 \\ 0.8x_1+x_2=-2 \end{cases}$$

**解** 给定方程组的雅可比迭代格式为

$$\begin{cases} x_1^{(k+1)}=-0.5x_2^{(k)}+1 \\ x_2^{(k+1)}=-0.8x_1^{(k)}-2 \end{cases} \tag{6.7.15}$$

迭代矩阵为

$$B_J=\begin{bmatrix} 0 & -0.5 \\ -0.8 & 0 \end{bmatrix}$$

显然 $\|B_J\|_\infty=0.8\leqslant 1$. 由定理 6.3 知,迭代格式(6.7.15) 对任意的初始向量都收敛.

**例 6.11** 设线性方程组 $Ax=b$ 的系数矩阵为

$$A=\begin{bmatrix}1 & -2 & 2\\ -1 & 1 & -1\\ -2 & -2 & 1\end{bmatrix}$$

证明雅可比迭代法收敛，而高斯-赛德尔迭代法发散.

**证**　雅可比迭代矩阵与高斯-赛德尔迭代矩阵分别为

$$B_{\mathrm{J}}=-D^{-1}(\bar{L}+\bar{U})=\begin{bmatrix}0 & 2 & -2\\ 1 & 0 & 1\\ 2 & 2 & 0\end{bmatrix}$$

$$B_{\mathrm{GS}}=-(D+\bar{L})^{-1}\bar{U}=\begin{bmatrix}1 & 0 & 0\\ -1 & 1 & 0\\ -2 & -2 & 1\end{bmatrix}^{-1}\begin{bmatrix}0 & 2 & -2\\ 0 & 0 & 1\\ 0 & 0 & 0\end{bmatrix}=$$

$$\begin{bmatrix}1 & 0 & 0\\ 1 & 1 & 0\\ 4 & 2 & 1\end{bmatrix}\begin{bmatrix}0 & 2 & -2\\ 0 & 0 & 1\\ 0 & 0 & 0\end{bmatrix}=\begin{bmatrix}0 & -2 & 2\\ 0 & -2 & 1\\ 0 & -8 & 6\end{bmatrix}$$

雅可比迭代矩阵$B_{\mathrm{J}}$的特征方程为

$$|\lambda I-B_{\mathrm{J}}|=\begin{vmatrix}\lambda & -2 & 2\\ -1 & \lambda & -1\\ -2 & -2 & \lambda\end{vmatrix}=\lambda^3=0$$

即$\lambda=0$，可见$\rho(B_J)<1$. 由定理6.4知，雅可比迭代法收敛.

高斯-赛德尔迭代矩阵$B_{\mathrm{GS}}$的特征方程为

$$|\lambda I-B_{\mathrm{GS}}|=\begin{vmatrix}\lambda & 2 & -2\\ 0 & \lambda+2 & -1\\ 0 & 8 & \lambda-6\end{vmatrix}=0$$

即

$$\lambda(\lambda^2-4\lambda-4)=0$$

解得$\lambda_1=0,\lambda_2=2-2\sqrt{2},\lambda_3=2+2\sqrt{2}$，可见$\rho(B_{\mathrm{GS}})=2+2\sqrt{2}>1$. 由定理6.4知，高斯-赛德尔迭代法发散.

在迭代法收敛的情况下，迭代矩阵的谱半径$\rho(B)$越小，迭代公式收敛的越快.

由于

$$|\lambda I-B_J|=|\lambda I+D^{-1}(\bar{L}+\bar{U})|=|D^{-1}|\,|\bar{L}+\lambda D+\bar{U}|$$

因为$|D^{-1}|\neq 0$，所以$|\lambda I-B_{\mathrm{J}}|=0$与$|\bar{L}+\lambda D+\bar{U}|=0$等价. 由

$$|\bar{L}+\lambda D+\bar{U}|=0$$

求$\rho(B_J)$可避免求逆矩阵的运算.

同理，由于

$$|\lambda I - B_{GS}| = |\lambda I + (D+\bar{L})^{-1}\bar{U}| = |(D+\bar{L})^{-1}|\,|\lambda(D+\bar{L})+\bar{U}|$$

由 $|(D+\bar{L})^{-1}| \neq 0$ 可知，$|\lambda I - B_{GS}| = 0$ 与 $|\lambda(D+\bar{L})+\bar{U}| = 0$ 等价，因此可避开求逆矩阵，由

$$|\lambda(D+\bar{L})+\bar{U}| = 0$$

求得 $\rho(B_{GS})$.

**定理 6.5**　（充分条件）对于线性方程组 $Ax=b$，有

(1) 若 $A$ 为严格对角占优矩阵，则雅可比迭代法和高斯-赛德尔迭代法均收敛.

(2) 若 $A$ 为对称正定矩阵，则高斯-赛德尔迭代法收敛.

## 五、逐次超松弛迭代法

这里进一步考虑加快迭代法的收敛速度问题.

将高斯-赛德尔迭代格式改写为

$$x_i^{(k+1)} = x_i^{(k)} + \frac{1}{a_{ii}}\left(b_i - \sum_{j=1}^{i-1} a_{ij}x_j^{(k+1)} - \sum_{j=i}^{n} a_{ij}x_j^{(k)}\right) \quad (i=1,2,\cdots,n)$$

由此可以认为，$x_i^{(k)}$ 加上相应的校正量便是 $x_i^{(k+1)}$. 为了加快收敛速度，将校正量乘以参数 $\omega$，即得到逐次超松弛迭代法，其迭代格式为

$$x_i^{(k+1)} = x_i^{(k)} + \frac{\omega}{a_{ii}}\left(b_i - \sum_{j=1}^{i-1} a_{ij}x_j^{(k+1)} - \sum_{j=i}^{n} a_{ij}x_j^{(k)}\right) \quad (i=1,2,\cdots,n)$$

(6.7.16)

适当选取 $\omega$ 的值，可以期望获得比高斯－赛德尔迭代法收敛更快的迭代法. 其中 $\omega$ 称为松弛因子. $\omega$ 通常在 $(0,2)$ 内选取，$\omega=1$ 的逐次超松弛迭代法就是高斯－赛德尔迭代法. $\omega<1$ 时称为亚松弛法，$1<\omega<2$ 时称为超松弛法.

计算时也采用如下形式：

$$x_i^{(k+1)} = (1-\omega)x_i^{(k)} + \frac{\omega}{a_{ii}}\left(b_i - \sum_{j=1}^{i-1} a_{ij}x_j^{(k+1)} - \sum_{j=i+1}^{n} a_{ij}x_j^{(k)}\right) \quad (i=1,2,\cdots,n)$$

(6.7.17)

由 $A=\bar{L}+D+\bar{U}$，式(6.7.17) 可写为

$$x^{(k+1)} = (1-\omega)x^{(k)} + \omega(-D^{-1}\bar{L}x^{(k+1)} - D^{-1}\bar{U}x^{(k)} + D^{-1}b)$$

整理得逐次超松弛迭代法的矩阵表示形式为

$$x^{(k+1)} = (D+\omega\bar{L})^{-1}[(1-\omega)D-\omega\bar{U}]x^{(k)} + \omega(D+\omega\bar{L})^{-1}b$$

逐次超松弛迭代矩阵为

$$B_\omega = (D+\omega\bar{L})^{-1}[(1-\omega)D-\omega\bar{U}] \qquad (6.7.18)$$

**定理 6.6** （充分条件）对于线性方程组 $\boldsymbol{Ax}=\boldsymbol{b}$，有

(1) 若 $\boldsymbol{A}$ 为严格对角占优矩阵，则当 $0<\omega\leqslant 1$ 时，逐次超松弛迭代法收敛.

(2) 若 $\boldsymbol{A}$ 为对称正定矩阵，则当 $0<\omega<2$ 时，逐次超松弛迭代法收敛.

**例 6.12** 用雅可比迭代法，高斯-赛德尔迭代法以及超松弛迭代法解方程组

$$\begin{bmatrix} 1 & 0.8000 \\ 0.8000 & 1 \end{bmatrix}\begin{bmatrix} x_1 \\ x_2 \end{bmatrix}=\begin{bmatrix} 0.2000 \\ -0.2000 \end{bmatrix}$$

**解** 显然3种迭代法均收敛. 取松弛因子 $\omega=1.25$. 3种迭代法的迭代公式分别为

雅可比迭代法

$$\begin{cases} x_1^{(k+1)}=-0.8000x_2^{(k)}+0.2000 \\ x_2^{(k+1)}=-0.8000x_1^{(k)}-0.2000 \end{cases}$$

高斯-赛德尔迭代法

$$\begin{cases} x_1^{(k+1)}=-0.8000x_2^{(k)}+0.2000 \\ x_2^{(k+1)}=-0.8000x_1^{(k+1)}-0.2000 \end{cases}$$

超松弛迭代法

$$\begin{cases} x_1^{(k+1)}=-0.2500x_1^{(k)}-x_2^{(k)}+0.2500 \\ x_2^{(k+1)}=-x_1^{(k+1)}-0.2500x_2^{(k)}-0.2500 \end{cases}$$

取 $x_1^{(0)}=0, x_2^{(0)}=0$，计算结果见表 6-3.

**表 6-3**

| $k$ | 雅可比迭代法 | | 高斯-赛德尔迭代法 | | 超松弛迭代法 | |
|---|---|---|---|---|---|---|
| | $x_1^{(k)}$ | $x_2^{(k)}$ | $x_1^{(k)}$ | $x_2^{(k)}$ | $x_1^{(k)}$ | $x_2^{(k)}$ |
| 1 | 0.2000 | −0.2000 | 0.2000 | −0.3600 | 0.2500 | −0.5000 |
| 2 | 0.3600 | −0.3600 | 0.4880 | −0.5904 | 0.6875 | −0.8125 |
| 3 | 0.4880 | −0.4880 | 0.6723 | −0.7378 | 0.8906 | −0.9375 |
| 4 | 0.5904 | −0.5904 | 0.7902 | −0.8322 | 0.9649 | −0.9805 |
| 5 | 0.6723 | −0.6723 | | | | |
| 6 | 0.7378 | −0.7378 | | | | |
| 7 | 0.7902 | −0.7902 | | | | |
| 8 | 0.8322 | −0.8322 | | | | |

方程组的精确解为 $x_1=1, x_2=-1$. 可见，此时 3 种迭代法中超松弛法收敛最快.

# 第八节　超定线性方程组的最小二乘解

对于给定线性方程组 $\boldsymbol{Ax}=\boldsymbol{b}$

其中
$$\boldsymbol{A}=\begin{bmatrix}a_{11}&a_{12}&\cdots&a_{1n}\\a_{21}&a_{22}&\cdots&a_{2n}\\\vdots&\vdots&&\vdots\\a_{m1}&a_{m2}&\cdots&a_{mn}\end{bmatrix},\quad \boldsymbol{x}=\begin{bmatrix}x_1\\x_2\\\vdots\\x_n\end{bmatrix},\quad \boldsymbol{b}=\begin{bmatrix}b_1\\b_2\\\vdots\\b_m\end{bmatrix}$$

当方程个数多于未知数的个数(即 $m>n$) 时,该方程组称为超定线性方程组.绝大多数情况下,超定线性方程组是没有通常意义下的解的矛盾方程组.这时设法去寻找方程组的一个“最近似”的广义解.

记 $\boldsymbol{r}=\boldsymbol{Ax}-\boldsymbol{b}$,称使 $\|\boldsymbol{r}\|_2$,即 $\|\boldsymbol{r}\|_2^2$ 达到最小的解 $\boldsymbol{x}^*$ 为方程组 $\boldsymbol{Ax}=\boldsymbol{b}$ 的最小二乘解.寻找最小二乘解,就是求一组数 $\boldsymbol{x}^*=(x_1^*,x_2^*,\cdots,x_n^*)$,使得

$$D(x_1,x_2,\cdots,x_n)=\sum_{i=1}^{n}\Big(\sum_{j=1}^{n}a_{ij}x_j-b_i\Big)^2$$

取到最小值.

**定理 6.7**　$\boldsymbol{x}^*$ 为超定方程组 $\boldsymbol{Ax}=\boldsymbol{b}$ 的最小二乘解的充分必要条件是 $\boldsymbol{x}^*$ 为

$$\boldsymbol{A}^{\mathrm{T}}\boldsymbol{Ax}=\boldsymbol{A}^{\mathrm{T}}\boldsymbol{b} \tag{6.8.1}$$

的解.

方程组(6.8.1) 称为超定线性方程组的正规方程.由定理 6.7 可知,通过求解正规方程(6.8.1) 可以求得方程组 $\boldsymbol{Ax}=\boldsymbol{b}$ 的最小二乘解.

**例 6.13**　求超定方程组

$$\begin{cases}2x_1+4x_2=11\\3x_1-5x_2=3\\x_1+2x_2=6\\2x_1+x_2=7\end{cases}$$

的最小二乘解.

**解**　方程组的矩阵表示形式为

$$\begin{bmatrix}2&4\\3&-5\\1&2\\2&1\end{bmatrix}\begin{bmatrix}x_1\\x_2\end{bmatrix}=\begin{bmatrix}11\\3\\6\\7\end{bmatrix}$$

正规方程组为

$$\begin{bmatrix}2 & 3 & 1 & 2\\4 & -5 & 2 & 1\end{bmatrix}\begin{bmatrix}2 & 4\\3 & -5\\1 & 2\\2 & 1\end{bmatrix}\begin{bmatrix}x_1\\x_2\end{bmatrix}=\begin{bmatrix}2 & 3 & 1 & 2\\4 & -5 & 2 & 1\end{bmatrix}\begin{bmatrix}11\\3\\6\\7\end{bmatrix}$$

即

$$\begin{bmatrix}18 & -3\\-3 & 46\end{bmatrix}\begin{bmatrix}x_1\\x_2\end{bmatrix}=\begin{bmatrix}51\\48\end{bmatrix}$$

解得 $x_1=3.040\ 3, x_2=1.241\ 8$,即为原超定方程组的最小二乘解.

此时

$$\begin{cases}2x_1+4x_2=11.047\ 8\\3x_1-5x_2=2.911\ 9\\x_1+2x_2=5.523\ 9\\2x_1+x_2=7.322\ 4\end{cases}$$

可以求出偏差平方和为

$$\sum_{i=1}^{4}\delta_i^2=(11-11.047\ 8)^2+(3-2.911\ 9)^2+(6-5.523\ 9)^2+(7-7.322\ 4)^2=0.340\ 659\ 42$$

## 习 题 六

1.用高斯消去法解下列方程组,并求其系数行列式的值.

$$\begin{cases}x_1+2x_2+3x_3+4x_4=2\\x_1+4x_2+9x_3+16x_4=10\\x_1+8x_2+27x_3+64x_4=44\\x_1+16x_2+81x_3+256x_4=190\end{cases}$$

2.设

$$\boldsymbol{L}_k=\begin{bmatrix}1 & & & & & \\ & \ddots & & & & \\ & & 1 & & & \\ & & -l_{k+1,k} & 1 & & \\ & & \vdots & & \ddots & \\ & & -l_{nk} & & & 1\end{bmatrix}$$

证明

$$\boldsymbol{L}_k^{-1}=\begin{bmatrix}1 & & & & & \\ & \ddots & & & & \\ & & 1 & & & \\ & & l_{k+1,k} & 1 & & \\ & & \vdots & & \ddots & \\ & & l_{nk} & & & 1\end{bmatrix}$$

3.设

$$L_1=\begin{bmatrix}1&&&\\-l_{21}&1&&\\-l_{31}&&1&\\-l_{41}&&&1\end{bmatrix},\quad L_2=\begin{bmatrix}1&&&\\&1&&\\&-l_{32}&1&\\&-l_{42}&&1\end{bmatrix}$$

$$L_3=\begin{bmatrix}1&&&\\&1&&\\&&1&\\&&-l_{43}&1\end{bmatrix}$$

证明

$$L_1^{-1}L_2^{-1}L_3^{-1}=\begin{bmatrix}1&&&\\l_{21}&1&&\\l_{31}&l_{32}&1&\\l_{41}&l_{42}&l_{43}&1\end{bmatrix}$$

4.设有方程组

$$\begin{bmatrix}0.001&2.000&3.000\\-1.000&3.712&4.623\\-2.000&1.072&5.643\end{bmatrix}\begin{bmatrix}x_1\\x_2\\x_3\end{bmatrix}=\begin{bmatrix}1.000\\2.000\\3.000\end{bmatrix}$$

分别用(以计算器为工具)

(1) 顺序高斯消去法;

(2) 列主元素高斯消去法;

(3) 直接三角分解法,

求该方程组的解,并将所得结果进行比较分析.要求计算时取 4 位有效数字,最后结果舍入成 3 位有效数字.

5.设 $\boldsymbol{L}\in\mathbf{R}^{n\times n}$ 为非奇异下三角阵,

(1) 写出求解方程组 $\boldsymbol{Lx}=\boldsymbol{f}$ 的计算公式;

(2) 统计上述求解过程中的乘除法次数;

(3) 给出求$\boldsymbol{L}^{-1}$ 的计算公式.

6.设 $\boldsymbol{U}\in\mathbf{R}^{n\times n}$ 为非奇异上三角阵,

(1) 写出求解方程组 $\boldsymbol{Ux}=\boldsymbol{g}$ 的计算公式;

(2) 统计上述求解过程中的乘除法次数;

(3) 给出求$\boldsymbol{U}^{-1}$ 的计算公式.

7.对于系数矩阵相同、右端向量不同的一系列方程组,如

$$\boldsymbol{Ax}=\boldsymbol{b}_1,\quad \boldsymbol{Ay}=\boldsymbol{b}_2,\quad \boldsymbol{Az}=\boldsymbol{b}_3,\cdots$$

可以用列主元素消去法进行"一次性"的求解.设

$$\boldsymbol{A}=\begin{bmatrix}4&0&-1\\2&1&-2\\0&3&2\end{bmatrix},\quad \boldsymbol{b}_1=\begin{bmatrix}0\\1\\4\end{bmatrix},\boldsymbol{b}_2=\begin{bmatrix}0\\0\\-4\end{bmatrix},\boldsymbol{b}_3=\begin{bmatrix}7\\-1\\4\end{bmatrix}$$

试求相应方程组的解 $\boldsymbol{x},\boldsymbol{y},\boldsymbol{z}$.

8. 用追赶法求解下列三对角方程组.

(1) $$\begin{bmatrix}2&1&&\\1&3&1&\\&1&1&1\\&&2&1\end{bmatrix}\begin{bmatrix}x_1\\x_2\\x_3\\x_4\end{bmatrix}=\begin{bmatrix}1\\2\\2\\0\end{bmatrix}$$

(2) $$\begin{bmatrix}-2&1&&\\1&-2&1&\\&1&-2&1\\&&1&-2\end{bmatrix}\begin{bmatrix}x_1\\x_2\\x_3\\x_4\end{bmatrix}=\begin{bmatrix}1\\1\\0\\1\end{bmatrix}$$

9. 用平方根法解下列对称正定方程组.

$$\begin{bmatrix}16&4&8\\4&5&-4\\8&-4&22\end{bmatrix}\begin{bmatrix}x_1\\x_2\\x_3\end{bmatrix}=\begin{bmatrix}-4\\3\\10\end{bmatrix}$$

10. 用改进的平方根法解下列方程组.

$$\begin{bmatrix}2&-1&1\\-1&-2&3\\1&3&1\end{bmatrix}\begin{bmatrix}x_1\\x_2\\x_3\end{bmatrix}=\begin{bmatrix}4\\5\\6\end{bmatrix}$$

11. 计算下列向量范数、矩阵范数以及矩阵的谱半径.

(1) 已知 $\boldsymbol{x}=(3,-1,5,8)^{\mathrm{T}}$,求 $\|\boldsymbol{x}\|_\infty,\|\boldsymbol{x}\|_1,\|\boldsymbol{x}\|_2$;

(2) 已知 $\boldsymbol{A}=\begin{bmatrix}0.6&-0.5\\-0.1&0.3\end{bmatrix}$,求 $\|\boldsymbol{A}\|_\infty,\|\boldsymbol{A}\|_1,\|\boldsymbol{A}\|_2$;

(3) 已知 $\boldsymbol{A}=\begin{bmatrix}0&0.5&-0.5\\-1&0&-1\\0.5&0.5&0\end{bmatrix}$,求 $\rho(\boldsymbol{A})$.

12. 解线性方程组 $\boldsymbol{Ax}=\boldsymbol{b}$ 的基本迭代公式可表示为________,其中________称为迭代矩阵;如果给出的迭代公式为

$$\boldsymbol{x}^{(k+1)}=\boldsymbol{x}^{(k)}+\alpha(\boldsymbol{A}\boldsymbol{x}^{(k)}-\boldsymbol{b})\quad(k=0,1,\cdots)$$

则其迭代矩阵为________.

13. 对方程组 $\boldsymbol{Ax}=\boldsymbol{b}$，若 $\boldsymbol{A}=\begin{bmatrix}2 & -1\\1 & 1.5\end{bmatrix}$，则求解此方程组的雅可比迭代法的迭代矩阵是________，高斯-赛德尔迭代法的迭代矩阵是________.

14. 设方程组 $\boldsymbol{x}=\boldsymbol{Bx}+\boldsymbol{f}$，其中 $\boldsymbol{B}=\begin{bmatrix}0.9 & 0\\0.3 & 0.8\end{bmatrix}$，$\boldsymbol{f}=\begin{bmatrix}1\\2\end{bmatrix}$，现已知 $\|\boldsymbol{B}\|>1$，并已计算出 $\|\boldsymbol{B}\|_\infty=1.1$，$\|\boldsymbol{B}\|_1=1.2$，$\|\boldsymbol{B}\|_2=1.021$，试问相应的迭代公式 $\boldsymbol{x}^{(k+1)}=\boldsymbol{B}\boldsymbol{x}^{(k)}+\boldsymbol{f}$ 还有可能收敛吗？________. 说明你的理由________.

15. 已知方程组

$$\begin{cases}x_1-8x_2 & =-7\\x_1-9x_3 & =-8\\9x_1-x_2-x_3 & =7\end{cases}$$

(1) 写出收敛的雅可比迭代法的迭代格式和高斯-赛德尔迭代法的迭代格式；

(2) 取初始向量 $\boldsymbol{x}^{(0)}=(0,0,0)^{\mathrm{T}}$，用高斯-赛德尔迭代公式求出近似解 $\boldsymbol{x}^{(k+1)}$，使得

$$\|\boldsymbol{x}^{(k+1)}-\boldsymbol{x}^{(k)}\|_\infty\leqslant 10^{-3}$$

16. 对 2 阶线性方程组

$$\begin{cases}a_{11}x_1+a_{12}x_2=b_1\\a_{21}x_1+a_{22}x_2=b_2\end{cases}\quad(a_{11}\times a_{22}\neq 0)$$

(1) 证明求解此方程组的雅可比迭代法和高斯-赛德尔迭代法同时收敛或同时发散；

(2) 当同时收敛时，比较它们的收敛速度.

17. 已知方程组

$$\begin{cases}10x_1-2x_2-2x_3=1\\-2x_1+10x_2-x_3=0.5\\-x_1-2x_2+3x_3=1\end{cases}$$

(1) 构造雅可比迭代格式和高斯-赛德尔迭代格式；

(2) 证明雅可比迭代法和高斯-赛德尔迭代法均收敛；

(3) 取初始向量 $\boldsymbol{x}^{(0)}=(0,0,0)^{\mathrm{T}}$，分别用雅可比迭代格式和高斯-赛德尔迭代格式计算前 3 次的迭代值(取至小数点后 6 位).

18. 已知下列两个三阶方程组

$$①\begin{cases}x_1+2x_2-2x_3=1\\x_1+x_2+x_3=3\\2x_1+2x_2+x_3=5\end{cases}，精确解\ \boldsymbol{x}=\begin{bmatrix}1\\1\\1\end{bmatrix}$$

$$②\boldsymbol{x}=\boldsymbol{B}\boldsymbol{x}+\boldsymbol{f},\boldsymbol{B}=\begin{bmatrix}0 & 0.5 & -\frac{1}{\sqrt{2}}\\ 0.5 & 0 & 0.5\\ \frac{1}{\sqrt{2}} & 0.5 & 0\end{bmatrix},\boldsymbol{f}=\begin{bmatrix}-0.5\\ 1\\ -0.5\end{bmatrix},\text{精确解 }\boldsymbol{x}=\begin{bmatrix}0\\ 1\\ 0\end{bmatrix}$$

试依次解决下列问题：

(1) 分别写出对应于这两个方程组的雅可比迭代格式；

(2) 取初值$\boldsymbol{x}^{(0)}=(0,0,0)^{\mathrm{T}}$，按(1)中的迭代格式，分别计算两个方程组的前4个迭代值；

(3) 分别求出两个迭代矩阵的谱半径；

(4) 综合考查迭代结果和谱半径，你能否提出一个猜测(普遍性定理).

19. 设方程组

$$\begin{bmatrix}4 & 3 & 0\\ 3 & 4 & -1\\ 0 & -1 & 4\end{bmatrix}\begin{bmatrix}x_1\\ x_2\\ x_3\end{bmatrix}=\begin{bmatrix}24\\ 30\\ -24\end{bmatrix}$$

(1) 分析用逐次超松弛迭代法求解的收敛性；

(2) 写出逐次超松弛迭代法的迭代格式，并取$\omega=1.25$，对迭代格式加以整理；

(3) 取$\boldsymbol{x}^{(0)}=(1,1,1)^{\mathrm{T}}$，计算前两次的迭代值.

20. 求下列超定方程组的最小二乘解.

$$\begin{cases}2x_1-x_2=1\\ 8x_1+4x_2=0\\ 2x_1+x_2=1\\ 7x_1-x_2=8\\ 4x_1=3\end{cases}$$

# 第七章　矩阵的特征值及特征向量的计算

求矩阵的特征值和特征向量的问题，是代数计算中的重要课题之一. 一般来说，它比解线性代数方程组要困难得多. 不同的实际问题有着不同的需要. 有时需要求出全部特征值及其特征向量；有时只需要求出按模大些的或小些的特征值及其对应的特征向量. 适应于不同需要，求特征值和特征向量的计算方法也大体可分为两种类型. 这一章将介绍最常用的幂法、反幂法和雅可比方法. 幂法用来求按模最大的特征值及相应的特征向量. 当零不是特征值时，反幂法用来求按模最小的特征值及相应的特征向量. 雅可比方法用来求实对称矩阵的全部特征值及其特征向量.

$n$ 阶方阵 $\boldsymbol{A}$ 的特征值是其特征方程

$$\det(\lambda \boldsymbol{I} - \boldsymbol{A}) = 0$$

的根. $\boldsymbol{A}$ 的对应于特征值 $\lambda$ 的特征向量是线性方程组

$$(\lambda \boldsymbol{I} - \boldsymbol{A})\boldsymbol{x} = \boldsymbol{0}$$

的非零解.

## 第一节　幂　　法

幂法是求实矩阵按模最大的特征值（称为主特征值）及相应的特征向量的一种迭代法. 为简单起见，假设 $n$ 阶矩阵 $\boldsymbol{A}$ 具有 $n$ 个线性无关的特征向量 $\boldsymbol{x}_1, \boldsymbol{x}_2, \cdots, \boldsymbol{x}_n$，其特征值分别为 $\lambda_1, \lambda_2, \cdots, \lambda_n$，已经按模的大小排列为

$$|\lambda_1| \geqslant |\lambda_2| \geqslant \cdots \geqslant |\lambda_n|$$

任取非零的初始向量 $\boldsymbol{z}_0$，则可以把 $\boldsymbol{z}_0$ 表示成 $\boldsymbol{x}_1, \boldsymbol{x}_2, \cdots, \boldsymbol{x}_n$ 的线性组合，即

$$\boldsymbol{z}_0 = \alpha_1 \boldsymbol{x}_1 + \alpha_2 \boldsymbol{x}_2 + \cdots + \alpha_n \boldsymbol{x}_n \tag{7.1.1}$$

对式(7.1.1) 反复左乘以 $\boldsymbol{A}$，得到一个向量序列

$$\boldsymbol{z}_1 = \boldsymbol{A}\boldsymbol{z}_0 = \boldsymbol{A}(\alpha_1 \boldsymbol{x}_1 + \alpha_2 \boldsymbol{x}_2 + \cdots + \alpha_n \boldsymbol{x}_n) =$$

$$\alpha_1\lambda_1 \boldsymbol{x}_1 + \alpha_2\lambda_2 \boldsymbol{x}_2 + \cdots + \alpha_n\lambda_n \boldsymbol{x}_n$$

$$\boldsymbol{z}_2 = \boldsymbol{A}\boldsymbol{z}_1 = \alpha_1\lambda_1^2 \boldsymbol{x}_1 + \alpha_2\lambda_2^2 \boldsymbol{x}_2 + \cdots + \alpha_n\lambda_n^2 \boldsymbol{x}_n$$

$$\cdots\cdots$$

$$\boldsymbol{z}_k=\boldsymbol{A}\boldsymbol{z}_{k-1}=\alpha_1\lambda_1^k\boldsymbol{x}_1+\alpha_2\lambda_2^k\boldsymbol{x}_2+\cdots+\alpha_n\lambda_n^k\boldsymbol{x}_n$$

也可写成

$$\boldsymbol{z}_k=\lambda_1^k\left[\alpha_1\boldsymbol{x}_1+\alpha_2\left(\frac{\lambda_2}{\lambda_1}\right)^k\boldsymbol{x}_2+\cdots+\alpha_n\left(\frac{\lambda_n}{\lambda_1}\right)^k\boldsymbol{x}_n\right]\quad(k=0,1,2,\cdots)\tag{7.1.2}$$

为了求按模最大的特征值及其相应的特征向量，现在讨论两种简单情况.

(1) $|\lambda_1|>|\lambda_2|\geqslant\cdots\geqslant|\lambda_n|$.

这时 $|\lambda_i/\lambda_1|<1\quad(i=2,3,\cdots,n)$

则 $\lim\limits_{k\to\infty}(\lambda_i/\lambda_1)^k=0(i=2,3,\cdots,n)$

假设 $\alpha_1\neq0$，则当 $k$ 足够大时

$$\boldsymbol{z}_k\approx\lambda_1^k\alpha_1\boldsymbol{x}_1,\quad \boldsymbol{z}_{k+1}\approx\lambda_1^{k+1}\alpha_1\boldsymbol{x}_1$$

则有

$$\boldsymbol{z}_{k+1}\approx\lambda_1\boldsymbol{z}_k\tag{7.1.3}$$

由此可见，当 $k$ 足够大时，$\boldsymbol{z}_{k+1}$ 与 $\boldsymbol{z}_k$ 近似地线性相关，$\boldsymbol{z}_{k+1}$ 与 $\boldsymbol{z}_k$ 近似地相差一个常数因子 $\lambda_1$. 据此，可以有以下几种处理方法来确定 $\lambda_1$，取

$$\lambda_1=\frac{(\boldsymbol{z}_{k+1})_j}{(\boldsymbol{z}_k)_j}$$

其中 $(\boldsymbol{z}_k)_j$ 表示 $\boldsymbol{z}_k$ 的第 $j$ 个分量. 或者考虑到 $j$ 不同时确定的 $\lambda_1$ 也可能不同，因此用 $(\boldsymbol{z}_{k+1})_j/(\boldsymbol{z}_k)_j(j=1,2,\cdots,n)$ 的平均值作为 $\lambda_1$. 由于特征向量本来就可以相差一个常数因子，所以 $\boldsymbol{z}_{k+1}$ 或 $\boldsymbol{z}_k$ 均可以作为特征值 $\lambda_1$ 所对应的近似特征向量 $\boldsymbol{x}_1$.

上述求按模最大的特征值及其相应的特征向量的方法称为乘幂法，简称为幂法. 幂法的收敛速度取决于比值 $|\lambda_2/\lambda_1|$，该比值越小，收敛速度越快.

用幂法计算，为了避免 $|\lambda_1|>1$ 时可能出现 $\boldsymbol{z}_k$ 的分量的模过大，$|\lambda_1|<1$ 时可能出现 $\boldsymbol{z}_k$ 的分量的模过小的“上溢”或者“机器 0”现象，常常对迭代向量 $\boldsymbol{z}_k$ 进行“规一化”处理. 于是，幂法的迭代公式成为

$$\begin{cases}\boldsymbol{y}_k=\boldsymbol{A}\boldsymbol{z}_{k-1}\\ m_k=\max(\boldsymbol{y}_k)\quad(k=1,2,\cdots)\\ \boldsymbol{z}_k=\boldsymbol{y}_k/m_k\end{cases}\tag{7.1.4}$$

其中 $\max(\boldsymbol{y}_k)$ 表示向量 $\boldsymbol{y}_k$ 中首次出现的绝对值最大的一个分量. “规一化”处理后，$\boldsymbol{z}_k$ 中的最大分量为 1. 如，$\boldsymbol{y}_k=(-2,5,-10)^{\mathrm{T}}$，$\max(\boldsymbol{y}_k)=-10$，$\boldsymbol{z}_k=(0.2,-0.5,1)^{\mathrm{T}}$.

因为

$$\boldsymbol{z}_k=\frac{\boldsymbol{y}_k}{m_k}=\frac{\boldsymbol{A}\boldsymbol{z}_{k-1}}{m_k}=\cdots=\frac{\boldsymbol{A}^k\boldsymbol{z}_0}{m_km_{k-1}\cdots m_1}$$

又因为

$$m_k=\max(\boldsymbol{A}\boldsymbol{z}_{k-1})=\max\left(\boldsymbol{A}\frac{\boldsymbol{y}_{k-1}}{m_{k-1}}\right)=\max\left(\frac{\boldsymbol{A}^2\boldsymbol{z}_{k-2}}{m_{k-1}}\right)=\cdots=$$

$$\max\left(\frac{\boldsymbol{A}^k\boldsymbol{z}_0}{m_{k-1}m_{k-2}\cdots m_1}\right)$$

$$m_k m_{k-1}\cdots m_1=\max(\boldsymbol{A}^k\boldsymbol{z}_0)$$

所以

$$\boldsymbol{z}_k=\frac{\boldsymbol{A}^k\boldsymbol{z}_0}{\max\ (\boldsymbol{A}^k\boldsymbol{z}_0)}=\frac{\lambda_1^k\alpha_1\boldsymbol{x}_1+\sum\limits_{i=2}^{n}\lambda_i^k\alpha_i\boldsymbol{x}_i}{\max\ \left(\lambda_1^k\alpha_1\boldsymbol{x}_1+\sum\limits_{i=2}^{n}\lambda_i^k\alpha_i\boldsymbol{x}_i\right)}=$$

$$\frac{\alpha_1\boldsymbol{x}_1+\sum\limits_{i=2}^{n}\left(\frac{\lambda_i}{\lambda_1}\right)^k\alpha_i\boldsymbol{x}_i}{\max\ \left(\alpha_1\boldsymbol{x}_1+\sum\limits_{i=2}^{n}\left(\frac{\lambda_i}{\lambda_1}\right)^k\alpha_i\boldsymbol{x}_i\right)} \tag{7.1.5}$$

而

$$\boldsymbol{y}_k=\boldsymbol{A}\boldsymbol{z}_{k-1}=\frac{\boldsymbol{A}^k\boldsymbol{z}_0}{\max\ (\boldsymbol{A}^{k-1}\boldsymbol{z}_0)}=\frac{\lambda_1^k\left[\alpha_1\boldsymbol{x}_1+\sum\limits_{i=2}^{n}\left(\frac{\lambda_i}{\lambda_1}\right)^k\alpha_i\boldsymbol{x}_i\right]}{\lambda_1^{k-1}\max\left(\alpha_1\boldsymbol{x}_1+\sum\limits_{i=2}^{n}\left(\frac{\lambda_i}{\lambda_1}\right)^{k-1}\alpha_i\boldsymbol{x}_i\right)} \tag{7.1.6}$$

由于

$$|\lambda_i/\lambda_1|<1\quad(i=2,3,\cdots,n)$$

故由式(7.1.5)和(7.1.6)得

$$\lim_{k\to\infty}\boldsymbol{z}_k=\frac{\boldsymbol{x}_1}{\max\ (\boldsymbol{x}_1)},\quad \lim_{k\to\infty}m_k=\lambda_1 \tag{7.1.7}$$

由此可见，$m_k$ 收敛于按模最大的特征值 $\lambda_1$，$\boldsymbol{z}_k$ 收敛于 $\lambda_1$ 的特征向量，收敛速度取决于 $|\lambda_2/\lambda_1|$.

(2) $|\lambda_1|=|\lambda_2|>|\lambda_3|\geqslant\cdots\geqslant|\lambda_n|$.

由式(7.1.2)得

$$\boldsymbol{z}_k=\lambda_1^k\left[\alpha_1\boldsymbol{x}_1+\alpha_2\left(\frac{\lambda_2}{\lambda_1}\right)^k\boldsymbol{x}_2+\cdots+\alpha_n\left(\frac{\lambda_n}{\lambda_1}\right)^k\boldsymbol{x}_n\right]$$

因为

$$|\lambda_i/\lambda_1|<1\quad(i=3,4,\cdots,n)$$

所以

$$\lim_{k\to\infty}(\lambda_i/\lambda_1)^k=0\quad(i=3,4,\cdots,n)$$

假设 $\alpha_1\neq0,\alpha_2\neq0$，则当 $k$ 足够大时

$$\begin{cases}\boldsymbol{z}_k\approx\lambda_1^k\alpha_1\boldsymbol{x}_1+\lambda_2^k\alpha_2\boldsymbol{x}_2\\ \boldsymbol{z}_{k+1}\approx\lambda_1^{k+1}\alpha_1\boldsymbol{x}_1+\lambda_2^{k+1}\alpha_2\boldsymbol{x}_2\\ \boldsymbol{z}_{k+2}\approx\lambda_1^{k+2}\alpha_1\boldsymbol{x}_1+\lambda_2^{k+2}\alpha_2\boldsymbol{x}_2\end{cases} \tag{7.1.8}$$

于是

$$\begin{aligned}\boldsymbol{z}_{k+2}-(\lambda_1+\lambda_2)\boldsymbol{z}_{k+1}+\lambda_1\lambda_2\boldsymbol{z}_k\approx&[\lambda_1^{k+2}-(\lambda_1+\lambda_2)\lambda_1^{k+1}+\lambda_1^{k+1}\lambda_2]\alpha_1\boldsymbol{x}_1+\\&[\lambda_2^{k+2}-(\lambda_1+\lambda_2)\lambda_2^{k+1}+\lambda_1\lambda_2^{k+1}]\alpha_2\boldsymbol{x}_2=0\end{aligned} \tag{7.1.9}$$

上式说明，$\boldsymbol{z}_k$，$\boldsymbol{z}_{k+1}$ 以及$\boldsymbol{z}_{k+2}$ 近似地线性相关. 令 $p=-(\lambda_1+\lambda_2)$，$q=\lambda_1\lambda_2$，则有

$$\boldsymbol{z}_{k+2}+p\boldsymbol{z}_{k+1}+q\boldsymbol{z}_k\approx\boldsymbol{0} \tag{7.1.10}$$

也就是说，这种情况下，存在常数 $p$，$q$ 使式(7.1.10) 成立.

如果把近似式改为等式，则得到 $n$ 个方程的超定线性方程组. 或者任取其中两个方程求得 $p$，$q$ 值；或者以 $p$，$q$ 为未知数，用最小二乘法解超定线性方程组

$$p\boldsymbol{z}_{k+1}+q\boldsymbol{z}_k=-\boldsymbol{z}_{k+2}$$

求得 $p$，$q$ 值. 然后，解一元二次方程

$$x^2+px+q=0$$

得到 $$\lambda_1=-\frac{p}{2}+\frac{1}{2}\sqrt{p^2-4q},\quad \lambda_2=-\frac{p}{2}-\frac{1}{2}\sqrt{p^2-4q}$$

当 $\lambda_1\neq\lambda_2$ 时

$$\boldsymbol{A}(\boldsymbol{z}_{k+1}-\lambda_2\boldsymbol{z}_k)=\boldsymbol{z}_{k+2}-\lambda_2\boldsymbol{z}_{k+1}\approx(\lambda_1+\lambda_2)\boldsymbol{z}_{k+1}-\lambda_1\lambda_2\boldsymbol{z}_k-\lambda_2\boldsymbol{z}_{k+1}=\lambda_1(\boldsymbol{z}_{k+1}-\lambda_2\boldsymbol{z}_k) \tag{7.1.11}$$

如果$\boldsymbol{z}_{k+1}-\lambda_2\boldsymbol{z}_k=\boldsymbol{0}$，则$\lambda_2$ 是特征值，$\boldsymbol{z}_k$ 是相应的特征向量；否则，由式(7.1.11)知，$\lambda_1$ 是特征值，$\boldsymbol{z}_{k+1}-\lambda_2\boldsymbol{z}_k$ 是相应的特征向量.

类似地，也有

$$\boldsymbol{A}(\boldsymbol{z}_{k+1}-\lambda_1\boldsymbol{z}_k)\approx\lambda_2(\boldsymbol{z}_{k+1}-\lambda_1\boldsymbol{z}_k) \tag{7.1.12}$$

如果$\boldsymbol{z}_{k+1}-\lambda_1\boldsymbol{z}_k=\boldsymbol{0}$，则$\lambda_1$ 是特征值，$\boldsymbol{z}_k$ 是相应的特征向量；否则，$\lambda_2$ 是特征值，$\boldsymbol{z}_{k+1}-\lambda_1\boldsymbol{z}_k$ 是相应的特征向量.

若遇 $-\lambda_1=\lambda_2$ 时，则有 $p=0$，此时便有

$$\boldsymbol{z}_{k+2}\approx-q\boldsymbol{z}_k$$

即$\boldsymbol{z}_{k+2}$ 近似等于$\boldsymbol{z}_k$ 乘以非零常数 $-q$.

当 $\lambda_1=\lambda_2$ 时，只能确定出两个特征向量中的一个，$\boldsymbol{z}_{k+1}$ 就是这个特征向量.

综上所述，应用幂法得到足够多的迭代向量后，应当检查是否出现下列情况：

① $\boldsymbol{z}_{k+1}$ 近似地等于$\boldsymbol{z}_k$ 乘以某一常数 $r$；

② $\boldsymbol{z}_{k+2}$ 近似地等于$\boldsymbol{z}_k$ 乘以某一常数 $s$；

③ $\boldsymbol{z}_k$，$\boldsymbol{z}_{k+1}$ 以及$\boldsymbol{z}_{k+2}$ 满足式(7.1.10).

出现 3 种情况中任何一种，均可根据以上讨论，得出一个或两个按模最大的特征值，以及一个或两个相应的特征向量.

**例 7.1** 用幂法计算矩阵

$$\begin{bmatrix}2 & -1 & 0\\ -1 & 2 & -1\\ 0 & -1 & 2\end{bmatrix}$$

按模最大的特征值及相应的特征向量.

**解**　取初始向量$\boldsymbol{z}_0=(1,1,1)^{\mathrm{T}}$,由迭代公式

$$\begin{cases}\boldsymbol{y}_k=\boldsymbol{A}\boldsymbol{z}_{k-1}\\ m_k=\max\ (\boldsymbol{y}_k)\quad (k=1,2,\cdots)\\ \boldsymbol{z}_k=\boldsymbol{y}_k/m_k\end{cases}$$

得

$$\boldsymbol{y}_1=\boldsymbol{A}\boldsymbol{z}_0=\begin{bmatrix}2&-1&0\\-1&2&-1\\0&-1&2\end{bmatrix}\begin{bmatrix}1\\1\\1\end{bmatrix}=\begin{bmatrix}1\\0\\1\end{bmatrix}$$

$$m_1=\max(\boldsymbol{y}_1)=1$$

$$\boldsymbol{z}_1=(1,0,1)^{\mathrm{T}}$$

$$\boldsymbol{y}_2=\boldsymbol{A}\boldsymbol{z}_1=\begin{bmatrix}2&-1&0\\-1&2&-1\\0&-1&2\end{bmatrix}\begin{bmatrix}1\\0\\1\end{bmatrix}=\begin{bmatrix}2\\-2\\2\end{bmatrix}$$

$$m_2=\max(\boldsymbol{y}_2)=2$$

$$\boldsymbol{z}_2=(1,-1,1)^{\mathrm{T}}$$

依次进行迭代,计算结果见表 7-1.

**表　7-1**

| $k$ | $z_k^{(1)}$ | $z_k^{(2)}$ | $z_k^{(3)}$ | $m_k$ |
|---|---|---|---|---|
| 0 | 1.000 000 00 | 1.000 000 00 | 1.000 000 00 | 1.000 000 00 |
| 1 | 1.000 000 00 | 0.000 000 00 | 1.000 000 00 | 1.000 000 00 |
| 2 | 1.000 000 00 | −1.000 000 00 | 1.000 000 00 | 2.000 000 00 |
| 3 | −0.750 000 00 | 1.000 000 00 | −0.750 000 00 | −4.000 000 00 |
| 4 | −0.714 285 67 | 1.000 000 00 | −0.717 285 67 | 3.500 000 00 |
| 5 | −0.708 333 43 | 1.000 000 00 | −0.708 333 43 | 3.428 569 76 |
| 6 | −0.707 316 99 | 1.000 000 00 | −0.707 316 99 | 3.416 666 03 |
| 7 | −0.707 143 01 | 1.000 000 00 | −0.707 143 01 | 3.414 632 80 |
| 8 | −0.707 112 91 | 1.000 000 00 | −0.707 112 91 | 3.414 285 66 |
| 9 | −0.707 107 96 | 1.000 000 00 | −0.707 107 96 | 3.414 224 62 |
| 10 | −0.707 106 89 | 1.000 000 00 | −0.707 106 89 | 3.414 215 09 |

由上表可知,迭代 10 次后,得到特征值$\lambda_1\approx 3.414\ 2$,对应的特征向量为

$$(-0.707\ 106\ 89,1.000\ 000\ 00,-0.707\ 106\ 89)^{\mathrm{T}}$$

可计算 $\boldsymbol{A}$ 的精确特征值和相应的特征向量分别是

$$\lambda_1=2+\sqrt{2}=3.414\ 213\ 562\cdots$$

$$(-1,\sqrt{2},-1)=\sqrt{2}\,(-0.707\,106\,7\cdots,1,-0.707\,106\,7\cdots)^{T}$$

由此可见，取初始向量$z_0=(1,1,1)^T$，使用幂法迭代 10 次时，可以求得有 5 位有效数字的特征值和有 6 位有效数字的对应的特征向量.

对于幂法的应用，现给出以下两点说明.

(1) 上文就两种简单情况对幂法进行讨论. 可以看出，计算过程比较简单，困难的是预先并不知道按模最大的特征值属于上面哪种情况，而且还有其他情形存在. 此外，$\boldsymbol{A}$ 是否有 $n$ 个线性无关的特征向量，初始向量关于基向量的展开式中的 $\alpha_1\neq 0$ 是否成立，都难以预先判断. 克服这些困难的办法是，先用幂法计算，在计算过程中检查是否出现了预期的情况. 如果出现了上述情况中的某一种，就能够得到特征值和特征向量的近似值；否则，只能用其他方法来计算.

(2) 如果初始向量选择不当，使 $\alpha_1$ 等于零或很小. 但由于舍入误差的影响，可将若干步后得到的迭代向量作为初始向量，然后继续迭代. 这样可能就会增加迭代次数.

## 第二节　反　幂　法

设零不是方阵 $\boldsymbol{A}$ 的特征值，则 $\boldsymbol{A}$ 非奇异，即$\boldsymbol{A}^{-1}$ 存在.

若 $\boldsymbol{A}$ 的特征值为$\lambda_1,\lambda_2,\cdots,\lambda_n$，则$\boldsymbol{A}^{-1}$ 的特征值为 $1/\lambda_1,1/\lambda_2,\cdots,1/\lambda_n$. 于是 $\boldsymbol{A}$ 的按模最小的特征值，就是$\boldsymbol{A}^{-1}$ 的按模最大特征值的倒数. 先用幂法求出$\boldsymbol{A}^{-1}$ 的按模最大的特征值，再求其倒数便得到 $\boldsymbol{A}$ 的按模最小的特征值. 用$\boldsymbol{A}^{-1}$ 代替 $\boldsymbol{A}$ 进行幂法计算就是反幂法.

设 $\boldsymbol{A}$ 的特征值$\lambda_1,\lambda_2,\cdots,\lambda_n$ 已经按模的大小排列为

$$|\lambda_1|\geqslant|\lambda_2|\geqslant\cdots\geqslant|\lambda_n|>0$$

则$\boldsymbol{A}^{-1}$ 的特征值满足

$$|1/\lambda_n|\geqslant|1/\lambda_{n-1}|\geqslant\cdots\geqslant|1/\lambda_1|$$

$\dfrac{1}{\lambda_n}$ 是$\boldsymbol{A}^{-1}$ 的主特征值. $\boldsymbol{A}$ 的对应于特征值$\lambda_i$ 的特征向量$\boldsymbol{x}_i$ 就是$\boldsymbol{A}^{-1}$ 的对应于特征值$\dfrac{1}{\lambda_i}$ 的特征向量($i=1,2,\cdots,n$).

对$\boldsymbol{A}^{-1}$ 作幂法计算，由于要求得 $\boldsymbol{A}$ 的逆矩阵，工作量较大. 故对任取的非零初始向量$z_0$，反复进行以下迭代

$$\begin{cases}\boldsymbol{A}\boldsymbol{y}_k=\boldsymbol{z}_{k-1}\\ m_k=\max(\boldsymbol{y}_k)\quad(k=1,2,\cdots)\\ \boldsymbol{z}_k=\boldsymbol{y}_k/m_k\end{cases}\tag{7.2.1}$$

可以看出，每迭代一次都要解一个线性方程组 $\boldsymbol{A}\boldsymbol{y}_k=\boldsymbol{z}_{k-1}$，运算量很大. 具体计算时，可事先对 $\boldsymbol{A}$ 进行 $\boldsymbol{LU}$ 分解，每次迭代只需解 2 个三角方程组，即

$$\begin{cases}\boldsymbol{L}\boldsymbol{v}_k=\boldsymbol{z}_{k-1}\\ \boldsymbol{U}\boldsymbol{y}_k=\boldsymbol{v}_k\end{cases} \tag{7.2.2}$$

由幂法知，在 $|\lambda_1|\geqslant|\lambda_2|\geqslant\cdots\geqslant|\lambda_{n-1}|>|\lambda_n|>0$ 的情况下，有

$$\lim_{k\to\infty} m_k=\frac{1}{\lambda_n},\quad \lim_{k\to\infty}\boldsymbol{z}_k=\frac{\boldsymbol{x}_n}{\max(\boldsymbol{x}_n)} \tag{7.2.3}$$

反幂法的收敛速度取决于比值 $|\lambda_n/\lambda_{n-1}|$，该比值越小收敛速度越快.

**例 7.2**　用反幂法计算矩阵

$$\boldsymbol{A}=\begin{bmatrix}2 & 8 & 9\\ 8 & 3 & 4\\ 9 & 4 & 7\end{bmatrix}$$

按模最小的特征值及相应的特征向量.

**解**　对 $\boldsymbol{A}$ 进行 $\boldsymbol{LU}$ 分解可得

$$\boldsymbol{L}=\begin{bmatrix}1 & & \\ 4 & 1 & \\ 4.5 & 1.1034 & 1\end{bmatrix},\quad \boldsymbol{U}=\begin{bmatrix}2 & 8 & 9\\ & -29 & -32\\ & & 1.8103\end{bmatrix}$$

取初始向量 $\boldsymbol{z}_0=(1,1,1)^{\mathrm{T}}$，反幂法的迭代公式为

$$\begin{cases}\boldsymbol{L}\boldsymbol{v}_k=\boldsymbol{z}_{k-1}\\ \boldsymbol{U}\boldsymbol{y}_k=\boldsymbol{v}_k\\ m_k=\max(\boldsymbol{y}_k)\\ \boldsymbol{z}_k=\boldsymbol{y}_k/m_k\end{cases}\quad (k=1,2,\cdots)$$

计算结果见表 7-2.

**表　7-2**

| $k$ | $z_k^{(1)}$ | $z_k^{(2)}$ | $z_k^{(3)}$ | $m_k$ |
|---|---|---|---|---|
| 0 | 1.000 0 | 1.000 0 | 1.000 0 | 1.000 0 |
| 1 | 0.434 8 | 1.000 0 | −0.478 3 | 0.565 2 |
| 2 | 0.190 2 | 1.000 0 | −0.883 4 | 0.987 7 |
| 3 | 0.184 3 | 1.000 0 | −0.912 4 | 0.824 5 |
| 4 | 0.183 1 | 1.000 0 | −0.912 9 | 0.813 4 |
| 5 | 0.183 2 | 1.000 0 | −0.913 0 | 0.813 4 |

迭代 5 次后得到 $\frac{1}{\lambda_3}\approx 0.8134$，即 $\lambda_3\approx 1.2294$，对应的特征向量为 $(0.1832,1.0000,-0.9130)^{\mathrm{T}}$.

上文讨论了求方阵$\boldsymbol{A}$的按模最大或最小的特征值及相应特征向量的幂法和反幂法.事实上,可进一步将原矩阵进行适当修改,对新矩阵应用幂法或反幂法求出其按模最大或最小的特征值及相应特征向量,使它们恰好为原矩阵的按模次大或次小的特征值及相应特征向量.详细内容请参阅相关文献.

## 第三节　雅可比方法

雅可比方法是用来求实对称矩阵的全部特征值和特征向量的一种迭代法.其主要理论依据是:对于任意一个$n$阶实对称矩阵$\boldsymbol{A}$,都存在一个$n$阶正交矩阵$\boldsymbol{R}$,使得

$$\boldsymbol{R}^{\mathrm{T}}\boldsymbol{A}\boldsymbol{R}=\boldsymbol{D}$$

其中$\boldsymbol{D}=\mathrm{diag}(\lambda_1,\lambda_2,\cdots,\lambda_n)$是对角阵.$\lambda_i$为$\boldsymbol{A}$的特征值,$\boldsymbol{R}$的第$j$列为$\lambda_j$相应的特征向量.雅可比方法的基本思想是,用一系列简单的正交矩阵,逐步将$\boldsymbol{A}$化成对角阵.

为了使雅可比方法更容易理解,首先对平面旋转变换和正交变换进行简单回顾.

### 一、平面旋转变换与正交变换

设有线性变换$\boldsymbol{y}=\boldsymbol{R}\boldsymbol{x}$,其中$\boldsymbol{x}\in\mathbf{R}^n$,$n$阶方阵$\boldsymbol{R}$为

$$\boldsymbol{R}(p,q)=\begin{bmatrix}1 &&&&&&&&&\\ &\ddots&&&&&&&&\\ &&1&&&&&&&\\ &&&\cos\varphi&&&\sin\varphi&&&\\ &&&&\ddots&&&&&\\ &&&&&1&&&&\\ &&&&&&\ddots&&&\\ &&&-\sin\varphi&&&\cos\varphi&&&\\ &&&&&&&1&&\\ &&&&&&&&\ddots&\\ &&&&&&&&&1\end{bmatrix}\begin{matrix}\\ \\ \\ p\text{行}\\ \\ \\ \\ q\text{行}\\ \\ \\ \\ \end{matrix}$$

$\boldsymbol{R}$的非对角线元素中,除$r_{pq}=\sin\varphi$,$r_{qp}=-\sin\varphi$之外,其余均为零,$\boldsymbol{R}$的对角线元素中,除$r_{pp}=r_{qq}=\cos\varphi$之外,其余均为1.$\boldsymbol{R}$是一个正交矩阵,即$\boldsymbol{R}^{-1}=\boldsymbol{R}^{\mathrm{T}}$或$\boldsymbol{R}^{\mathrm{T}}\boldsymbol{R}=\boldsymbol{I}$.

变换$\boldsymbol{y}=\boldsymbol{R}\boldsymbol{x}$可表示为

$$\begin{cases} y_j = x_j & (j \neq p, j \neq q) \\ y_p = x_p \cos\varphi + x_q \sin\varphi \\ y_q = -x_p \sin\varphi + x_q \cos\varphi \end{cases}$$

它可看成是在 $n$ 维空间以角度 $\varphi$ 沿 $x_p x_q$ 平面旋转. 通过适当选择角度 $\varphi$，可使得映像中 $y_p = 0$ 或者 $y_q = 0$. 逆变换 $\boldsymbol{x} = \boldsymbol{R}^{-1}\boldsymbol{y}$ 表示以角度 $-\varphi$ 沿 $x_p x_q$ 平面旋转.

对正交矩阵 $\boldsymbol{R}$，定义 $\boldsymbol{D}$ 为

$$\boldsymbol{D} = \boldsymbol{R}^{\mathrm{T}}\boldsymbol{A}\boldsymbol{R} \tag{7.3.1}$$

设 $\lambda$ 是 $\boldsymbol{A}$ 的特征值，$\boldsymbol{x}$ 是对应的特征向量，即

$$\boldsymbol{A}\boldsymbol{x} = \lambda\boldsymbol{x} \tag{7.3.2}$$

对式(7.3.1) 两端右乘 $\boldsymbol{R}^{\mathrm{T}}\boldsymbol{x}$，得到

$$\boldsymbol{D}\boldsymbol{R}^{\mathrm{T}}\boldsymbol{x} = \boldsymbol{R}^{\mathrm{T}}\boldsymbol{A}\boldsymbol{R}\boldsymbol{R}^{\mathrm{T}}\boldsymbol{x} = \boldsymbol{R}^{\mathrm{T}}\boldsymbol{A}\boldsymbol{x} = \boldsymbol{R}^{\mathrm{T}}\lambda\boldsymbol{x} = \lambda\boldsymbol{R}^{\mathrm{T}}\boldsymbol{x} \tag{7.3.3}$$

即 $\lambda$ 也是 $\boldsymbol{D}$ 的特征值，而相应的特征向量为 $\boldsymbol{R}^{\mathrm{T}}\boldsymbol{x}$.

如果 $\boldsymbol{A}$ 是对称矩阵，则可得到

$$\boldsymbol{D}^{\mathrm{T}} = (\boldsymbol{R}^{\mathrm{T}}\boldsymbol{A}\boldsymbol{R})^{\mathrm{T}} = \boldsymbol{R}^{\mathrm{T}}\boldsymbol{A}\boldsymbol{R} = \boldsymbol{D} \tag{7.3.4}$$

由上述分析可以看出，对于对称矩阵 $\boldsymbol{A}$，式(7.3.1) 中 $\boldsymbol{A}$ 到 $\boldsymbol{D}$ 的正交变换并不改变对称性和特征值. 而特征向量为 $\boldsymbol{R}^{\mathrm{T}}\boldsymbol{x}$.

## 二、雅可比方法

设有对称矩阵 $\boldsymbol{A}$，则构造正交矩阵序列 $\boldsymbol{R}_1, \boldsymbol{R}_2, \cdots, \boldsymbol{R}_n$，使得

$$\begin{cases} \boldsymbol{D}_0 = \boldsymbol{A} \\ \boldsymbol{D}_j = \boldsymbol{R}_j^{\mathrm{T}}\boldsymbol{D}_{j-1}\boldsymbol{R}_j \end{cases} \quad (j = 1, 2, \cdots) \tag{7.3.5}$$

而且所构造的 $\{\boldsymbol{R}_j\}$ 应满足

$$\lim_{j\to\infty}\boldsymbol{D}_j = \boldsymbol{D} = \mathrm{diag}(\lambda_1, \lambda_2, \cdots, \lambda_n) \tag{7.3.6}$$

在实际过程中，当非对角线元素接近零时，构造过程停止. 这时，可得到

$$\boldsymbol{D}_k \approx \boldsymbol{D}$$

这样，由上述过程得出

$$\boldsymbol{D}_k = \boldsymbol{R}_k^{\mathrm{T}}\boldsymbol{R}_{k-1}^{\mathrm{T}}\cdots\boldsymbol{R}_1^{\mathrm{T}}\boldsymbol{A}\boldsymbol{R}_1\cdots\boldsymbol{R}_{k-1}\boldsymbol{R}_k \tag{7.3.7}$$

记 $\boldsymbol{R} = \boldsymbol{R}_1\boldsymbol{R}_2\cdots\boldsymbol{R}_{k-1}\boldsymbol{R}_k$，且将其表示为

$$\boldsymbol{R} = [\boldsymbol{x}_1 \quad \boldsymbol{x}_2 \quad \cdots \quad \boldsymbol{x}_n] \tag{7.3.8}$$

则由式(7.3.7) 得到

$$\boldsymbol{A}\boldsymbol{R} \approx \boldsymbol{R}\boldsymbol{D} = \boldsymbol{R}\,\mathrm{diag}(\lambda_1, \lambda_2, \cdots, \lambda_n) \tag{7.3.9}$$

即

$$[\boldsymbol{A}\boldsymbol{x}_1 \quad \boldsymbol{A}\boldsymbol{x}_2 \quad \cdots \quad \boldsymbol{A}\boldsymbol{x}_n] \approx [\lambda_1 \boldsymbol{x}_1 \quad \lambda_2 \boldsymbol{x}_2 \quad \cdots \quad \lambda_n \boldsymbol{x}_n] \tag{7.3.10}$$

由式(7.3.8)和(7.3.10)可以看出,$\boldsymbol{x}_j$($\boldsymbol{R}$的第$j$列)是对应特征值$\lambda_j$的特征向量.

雅可比方法就是用一系列简单的形如$\boldsymbol{R}(p,q)$的正交矩阵$\boldsymbol{R}_j$,逐步将对称矩阵$\boldsymbol{A}$化成对角矩阵,进而求得$\boldsymbol{A}$的特征值和相应的特征向量.

现在来构造正交矩阵序列$\{\boldsymbol{R}_j\}$.设$\boldsymbol{R}_1=\boldsymbol{R}(p,q)$,则

$$\boldsymbol{D}_1=\boldsymbol{R}_1^{\mathrm{T}}\boldsymbol{A}\boldsymbol{R}_1$$

$\boldsymbol{D}_1$中的元素$d_{ij}$与$\boldsymbol{A}$中的元素$a_{ij}$之间有如下关系:

$$\begin{cases} d_{pp}=a_{pp}\cos^2\varphi+a_{qq}\sin^2\varphi-2a_{pq}\sin\varphi\cos\varphi \\ d_{qq}=a_{pp}\sin^2\varphi+a_{qq}\cos^2\varphi+2a_{pq}\sin\varphi\cos\varphi \\ d_{pq}=d_{qp}=\dfrac{1}{2}(a_{pp}-a_{qq})\sin 2\varphi+a_{pq}\cos 2\varphi \\ d_{pl}=d_{lp}=a_{pl}\cos\varphi-a_{ql}\sin\varphi, l\neq p,q \\ d_{ql}=d_{lq}=a_{pl}\sin\varphi+a_{ql}\cos\varphi, l\neq p,q \\ d_{lm}=d_{ml}=a_{lm}, m,l\neq p,q \end{cases} \tag{7.3.11}$$

可以看出,用$\boldsymbol{R}_1$对$\boldsymbol{A}$作正交变换,只改变第$p$行,第$q$行以及第$p$列,第$q$列的元素,其他元素不变.另外有

$$d_{pl}^2+d_{ql}^2=(a_{pl}\cos\varphi-a_{ql}\sin\varphi)^2+(a_{pl}\sin\varphi+a_{ql}\cos\varphi)^2=$$
$$a_{pl}^2\cos^2\varphi+a_{ql}^2\sin^2\varphi+a_{pl}^2\sin^2\varphi+a_{ql}^2\cos^2\varphi=a_{pl}^2+a_{ql}^2$$

于是,$\boldsymbol{D}_1$的非对角线元素平方之和为

$$\sum_{i\neq j}d_{pq}^2=\sum_{i\neq j}a_{ij}^2-2a_{pq}^2+2d_{pq}^2 \tag{7.3.12}$$

当$a_{pq}\neq 0$时,选取$\varphi$使得

$$d_{pq}=0$$

由式(7.3.11)中的第3式可知,即$\varphi$满足

$$\cot 2\varphi=\frac{a_{qq}-a_{pp}}{2a_{pq}} \tag{7.3.13}$$

则
$$\sum_{i\neq j}d_{pq}^2=\sum_{i\neq j}a_{ij}^2-2a_{pq}^2<\sum_{i\neq j}a_{ij}^2 \tag{7.3.14}$$

这说明非对角线元素的平方和下降了$2a_{pq}^2$.还可直接验证

$$d_{pp}^2+d_{qq}^2=a_{pp}^2+a_{qq}^2+2a_{pq}^2$$

从而$\boldsymbol{D}_1$的对角线元素平方之和为

$$\sum_{i=1}^{n}d_{ii}^2=\sum_{i=1}^{n}a_{ii}^2+2a_{pq}^2>\sum_{i=1}^{n}a_{ii}^2 \tag{7.3.15}$$

可见,对角线元素的平方和增加了$2a_{pq}^2$.说明正交变换后,矩阵所有元素

的平方和保持不变.

如果取$|a_{pq}|$大于或等于$\boldsymbol{A}$的其他非对角线元素的绝对值,则有

$$a_{pq}^2 \geqslant \frac{1}{n(n-1)}S$$

其中,$S$为$\boldsymbol{A}$的非对角线元素的平方和.从而对$\boldsymbol{A}$用$\boldsymbol{R}_1$(即$\boldsymbol{R}(p,q)$)进行1次变换后,非对角线元素平方和为

$$\sum_{i\neq j} d_{pq}^2 = S - 2a_{pq}^2 \leqslant S - \frac{2}{n(n-1)}S = \left[1 - \frac{2}{n(n-1)}\right]S$$

这说明非对角线元素的平方和不会超过原来的$\left[1-\frac{2}{n(n-1)}\right]$倍.

以上分析了第1次变换过程及结论.该过程及结论具有典型性.重复这一过程,经过$j$次正交变换后,得到的矩阵$\boldsymbol{D}_j$的非对角线元素的平方和一定不会超过$\boldsymbol{A}$的非对角线元素的平方和的$\left[1-\frac{2}{n(n-1)}\right]^j$倍.由于$\left|1-\frac{2}{n(n-1)}\right|<1$,所以当$j\to\infty$时,非对角线元素的平方和趋于0,从而每个非对角线元素趋于0,因此有$\boldsymbol{D}_j \to \boldsymbol{D}$.

根据上述分析,可得雅可比方法的具体计算步骤如下:

(1) 找出$\boldsymbol{D}_0$(即$\boldsymbol{A}$)中非对角线元素的绝对值最大者,确定$p,q$;

(2) 由式(7.3.13)求得$\cot 2\varphi$,并利用三角函数的关系式,求得$\sin\varphi$和$\cos\varphi$;

(3) 由式(7.3.11)求得$d_{pp},d_{qq},d_{pl},d_{ql}(l=1,2,\cdots,n,l\neq p,q)$,得到$\boldsymbol{D}_1$;

(4) 以$\boldsymbol{D}_1$代替$\boldsymbol{D}_0$重复(1)(2)(3),直到$|a_{pq}|<\varepsilon$时停止$(p\neq q)$;

(5) 若用$k$表示变换次数,则$\boldsymbol{D}_k$的对角线元素可取为所求特征值的近似值,一系列平面旋转矩阵(正交变换矩阵)的乘积

$$\boldsymbol{R} = \boldsymbol{R}_1\boldsymbol{R}_2\cdots\boldsymbol{R}_{k-1}\boldsymbol{R}_k$$

的列向量依次作为相应于所求特征值的特征向量的近似值.

在实际计算时,为了提高精度和减少工作量,常采取下述措施.

(1) 减少舍入误差.公式(7.3.11)以及(7.3.13)含有非算术运算,为了减少舍入误差的积累,作变形:

$$\begin{aligned} d_{pp} = {} & a_{pp}\cos^2\varphi + a_{qq}\sin^2\varphi - 2a_{pq}\sin\varphi\cos\varphi = \\ & a_{pp} + (a_{qq}-a_{pp})\sin^2\varphi - 2a_{pq}\sin\varphi\cos\varphi = \\ & a_{pp} + 2a_{pq}\cot 2\varphi\, sin^2\varphi - 2a_{pq}\sin\varphi\cos\varphi = \\ & a_{pp} + 2a_{pq}(\cot 2\varphi\sin^2\varphi - \sin\varphi\cos\varphi) = \\ & a_{pp} - a_{pq}\tan\varphi \end{aligned} \tag{7.3.16}$$

由于

$$d_{pp} + d_{qq} = a_{pp} + a_{qq}$$

则有
$$d_{qq}=a_{qq}+a_{pq}\tan\varphi \tag{7.3.17}$$
而
$$\begin{aligned}d_{pl}&=a_{pl}\cos\varphi-a_{ql}\sin\varphi=a_{pl}-a_{pl}(1-\cos\varphi)-a_{ql}\sin\varphi=\\&a_{pl}-a_{pl}\sin\varphi\tan\frac{\varphi}{2}-a_{ql}\sin\varphi=\\&a_{pl}-\sin\varphi\left(a_{pl}\tan\frac{\varphi}{2}+a_{ql}\right)\end{aligned} \tag{7.3.18}$$
$$\begin{aligned}d_{ql}&=a_{pl}\sin\varphi+a_{ql}\cos\varphi=a_{ql}+a_{pl}\sin\varphi-a_{ql}(1-\cos\varphi)=\\&a_{ql}+a_{pl}\sin\varphi-a_{ql}\sin\varphi\tan\frac{\varphi}{2}=a_{ql}+\sin\varphi\left(a_{pl}-a_{ql}\tan\frac{\varphi}{2}\right)\end{aligned} \tag{7.3.19}$$

上面式子中的$\tan\varphi,\sin\varphi,\tan\frac{\varphi}{2}$可由式(7.3.13)导出.由(7.3.13)可知$\cot 2\varphi$,注意到
$$\cot 2\varphi=\frac{1-\tan^2\varphi}{2\tan\varphi}$$
因此
$$(\tan\varphi)^2+2\cot 2\varphi(\tan\varphi)-1=0$$
选取
$$\tan\varphi=-\cot 2\varphi+\sqrt{1+\cot^2 2\varphi}\,\mathrm{sign}(\cot 2\varphi) \tag{7.3.20}$$

考虑到$|\cot 2\varphi|$很大时,两个相近的数相减会造成精度损失,为避免此现象的发生,可将式(7.3.20)变形为
$$\tan\varphi=\frac{1}{\cot 2\varphi+\sqrt{1+\cot^2 2\varphi}\,\mathrm{sign}(\cot 2\varphi)} \tag{7.3.21}$$
来计算$\tan\varphi$.

进而
$$\cos\varphi=\frac{1}{\sqrt{1+\tan^2\varphi}} \tag{7.3.22}$$
$$\sin\varphi=\cos\varphi\tan\varphi \tag{7.3.23}$$
$$\tan\frac{\varphi}{2}=\frac{\sin\varphi}{1+\cos\varphi} \tag{7.3.24}$$
其中
$$\mathrm{sign}(z)=\begin{cases}1, z\geqslant 0\\-1, z<0\end{cases}$$
这时,保证$|\tan\varphi|\leqslant 1$,从而$|\varphi|\leqslant\frac{\pi}{4}$.

(2) 减少工作量.在正交变换过程中,非对角线元素的平方和下降得越快越好.虽说每次选择平面旋转矩阵时,用绝对值最大的非对角线元素来确定是最好的选择,然而整体来讲并不一定好,并且找出那个绝对值最大的非对角线元素要花费较多时间.因此,常常这样处理:首先给定一个较小的正数$\varepsilon$,依次

逐行检查非对角线元素的绝对值是否超过 ε，若超过，则由该元素确定平面旋转矩阵进行正交变换将其消去；否则，继续检查. 这个过程要进行多遍，ε 可以逐渐变小.

雅可比方法适合于求低阶对称矩阵的特征值和特征向量. 该方法收敛快、算法稳定，求得的特征向量具有很好的正交性. 其缺点是计算量较大.

**例 7.3**　用雅可比方法求矩阵

$$\boldsymbol{A}=\begin{bmatrix}2 & -1 & 0\\ -1 & 2 & -1\\ 0 & -1 & 2\end{bmatrix}$$

的特征值与特征向量.

**解**　令 $\boldsymbol{D}_0=\boldsymbol{A}$，首先取 $p=1,q=2,d_{12}^{(0)}=a_{12}=-1$. 由于 $d_{11}^{(0)}=a_{11}=2$，$d_{22}^{(0)}=a_{22}=2$，由式(7.3.13) 得 $\cot 2\varphi=0$，故取 $\varphi=\frac{\pi}{4}$，$\sin\varphi=\cos\varphi=\frac{\sqrt{2}}{2}\approx 0.707\,1$.

于是

$$\boldsymbol{R}_1=\begin{bmatrix}0.707\,1 & 0.707\,1 & 0.000\,0\\ -0.707\,1 & 0.707\,1 & 0.000\,0\\ 0.000\,0 & 0.000\,0 & 1.000\,0\end{bmatrix}$$

由式(7.3.11) 得，$d_{11}^{(1)}=3,d_{22}^{(1)}=1,d_{12}^{(1)}=d_{21}^{(1)}=0,d_{13}^{(1)}=d_{31}^{(1)}=\frac{\sqrt{2}}{2}\approx 0.707\,1,d_{23}^{(1)}=d_{32}^{(1)}=-\frac{\sqrt{2}}{2}\approx-0.707\,1,d_{33}^{(1)}=d_{33}^{(0)}=2$. 于是

$$\boldsymbol{D}_1=\begin{bmatrix}3.000\,0 & 0.000\,0 & 0.707\,1\\ 0.000\,0 & 1.000\,0 & -0.707\,1\\ 0.707\,1 & -0.707\,1 & 2.000\,0\end{bmatrix}$$

再取 $p=1,q=3,d_{13}^{(1)}=0.7071$. 由于 $d_{11}^{(1)}=3,d_{33}^{(1)}=2$，由式(7.3.13) 得，$\cot 2\varphi\approx-0.707\,1,\tan\varphi=-0.517\,6,\cos\varphi\approx 0.888\,1,\sin\varphi\approx-0.459\,7$，故

$$\boldsymbol{R}_2=\begin{bmatrix}0.888\,1 & 0.000\,0 & -0.459\,7\\ 0.000\,0 & 1.000\,0 & 0.000\,0\\ 0.459\,7 & 0.000\,0 & 0.888\,1\end{bmatrix}$$

同理可得

$$\boldsymbol{D}_2=\begin{bmatrix}3.366\,2 & -0.325\,1 & 0.000\,0\\ -0.325\,1 & 1.000\,0 & -0.628\,0\\ 0.000\,0 & -0.628\,0 & 1.634\,1\end{bmatrix}$$

同理进行计算，直到非对角线元素趋于零. 进行 6 次变换，具体计算结果见表 7-3.

表 7-3

| $k$ | 矩阵$\boldsymbol{D}_k$ | $d_{pq}^{(k)}$ | cos $\varphi$sin $\varphi$ | $\boldsymbol{R}_{k+1}$ |
|---|---|---|---|---|
| 0 | $\begin{bmatrix} 2.0000 & -1.0000 & 0.0000 \\ -1.0000 & 2.0000 & -1.0000 \\ 0.0000 & -1.0000 & 2.0000 \end{bmatrix}$ | $d_{12}^{(0)}=-1$ | $\cos\varphi\approx0.7071$<br>$\sin\varphi\approx0.7071$ | $\begin{bmatrix} 0.7071 & 0.7071 & 0.0000 \\ -0.7071 & 0.7071 & 0.0000 \\ 0.0000 & 0.0000 & 1.0000 \end{bmatrix}$ |
| 1 | $\begin{bmatrix} 3.0000 & 0.0000 & 0.7071 \\ 0.0000 & 1.0000 & -0.7071 \\ 0.7071 & -0.7071 & 2.0000 \end{bmatrix}$ | $d_{13}^{(1)}=0.7071$ | $\cos\varphi\approx0.8881$<br>$\sin\varphi\approx-0.4597$ | $\begin{bmatrix} 0.8881 & 0.0000 & -0.4597 \\ 0.0000 & 1.0000 & 0.0000 \\ 0.4597 & 0.0000 & 0.8881 \end{bmatrix}$ |
| 2 | $\begin{bmatrix} 3.3662 & -0.3251 & 0.0000 \\ -0.3251 & 1.0000 & -0.6280 \\ 0.0000 & -0.6280 & 1.6341 \end{bmatrix}$ | $d_{23}^{(2)}=-0.6280$ | $\cos\varphi\approx0.8517$<br>$\sin\varphi\approx-0.5241$ | $\begin{bmatrix} 1.0000 & 0.0000 & 0.0000 \\ 0.0000 & 0.8517 & -0.5241 \\ 0.0000 & 0.5241 & 0.8517 \end{bmatrix}$ |
| 3 | $\begin{bmatrix} 3.3662 & -0.2769 & 0.1704 \\ -0.2769 & 0.6136 & 0.0000 \\ 0.1704 & 0.0000 & 2.0207 \end{bmatrix}$ | $d_{12}^{(3)}=-0.2769$ | $\cos\varphi\approx0.9951$<br>$\sin\varphi\approx0.0991$ | $\begin{bmatrix} 0.9951 & 0.0991 & 0.0000 \\ -0.0991 & 0.9951 & 0.0000 \\ 0.0000 & 0.0000 & 1.0000 \end{bmatrix}$ |
| 4 | $\begin{bmatrix} 3.3939 & 0.0000 & 0.1696 \\ 0.0000 & 0.5860 & 0.0169 \\ 0.1696 & 0.0169 & 2.0207 \end{bmatrix}$ | $d_{13}^{(4)}=0.1696$ | $\cos\varphi\approx0.9927$<br>$\sin\varphi\approx-0.1208$ | $\begin{bmatrix} 0.9927 & 0.0000 & -0.1208 \\ 0.0000 & 1.0000 & 0.0000 \\ 0.1208 & 0.0000 & 0.9927 \end{bmatrix}$ |
| 5 | $\begin{bmatrix} 3.4147 & 0.0020 & 0.0000 \\ 0.0020 & 0.5860 & 0.0168 \\ 0.0000 & 0.0168 & 2.0002 \end{bmatrix}$ | $d_{23}^{(5)}=0.0168$ | $\cos\varphi\approx0.9999$<br>$\sin\varphi\approx0.0119$ | $\begin{bmatrix} 1.0000 & 0.0000 & 0.0000 \\ 0.0000 & 0.9999 & 0.0119 \\ 0.0000 & -0.0119 & 0.9999 \end{bmatrix}$ |
| 6 | $\begin{bmatrix} 3.4147 & 0.0020 & 0.0000 \\ 0.0020 & 0.5858 & -0.0001 \\ 0.0000 & -0.0001 & 2.0001 \end{bmatrix}$ | | | |

可得

$$R_6=\begin{bmatrix}1.0000 & 0.0000 & 0.0000\\ 0.0000 & 0.9999 & 0.0119\\ 0.0000 & -0.0119 & 0.9999\end{bmatrix}$$

$$D_6=\begin{bmatrix}3.4147 & 0.0020 & 0.0000\\ 0.0020 & 0.5858 & -0.0001\\ 0.0000 & -0.0001 & 2.0001\end{bmatrix}$$

$D_6$ 的对角线元素就是 $A$ 的特征值的近似值，即 $\lambda_1\approx 3.4147,\lambda_2\approx 0.5858,\lambda_3\approx 2.0001$. 而

$$R=R_1R_2R_3R_4R_5R_6=\begin{bmatrix}0.4996 & 0.5004 & -0.7071\\ -0.7077 & 0.7066 & -0.0001\\ 0.4997 & 0.5003 & 0.7072\end{bmatrix}$$

即相应于特征值 $\lambda_1,\lambda_2,\lambda_3$ 的特征向量为

$$x_1=\begin{bmatrix}0.4996\\ -0.7077\\ 0.4997\end{bmatrix},\quad x_2=\begin{bmatrix}0.5004\\ 0.7066\\ 0.5003\end{bmatrix},\quad x_3=\begin{bmatrix}-0.7071\\ 0.0001\\ 0.7072\end{bmatrix}$$

矩阵 $A$ 的精确特征值为 $\lambda_1=2+\sqrt{2},\lambda_2=2-\sqrt{2},\lambda_3=2$.

## 习　题　七

1. 用幂法求矩阵的主特征值及相应的特征向量.

(1) $A=\begin{bmatrix}4 & -1 & 1\\ -1 & 3 & -2\\ 1 & -2 & 3\end{bmatrix}$　　(2) $B=\begin{bmatrix}-1 & 2 & 1\\ 2 & -4 & 1\\ 1 & 1 & -6\end{bmatrix}$

2. 用幂法求方阵

$$\begin{bmatrix}-1 & -1 & -2\\ 1 & 1 & -80\\ 0 & 1 & 1\end{bmatrix}$$

的按模最大的特征值，取初始向量 $z_0=(0,1,0)^{\mathrm T}$.

3. 已知矩阵

$$\begin{bmatrix}-1 & 2 & 1\\ 2 & -4 & 1\\ 1 & 1 & -6\end{bmatrix}$$

有一个近似特征值是 $-6.42$，用反幂法求对应的特征向量（迭代 2 次）.

# 第八章　常微分方程的数值解法

在实际问题中，经常会遇到常微分方程求解问题，然而只有少数比较典型的微分方程，如可分离变量的微分方程、常系数线性微分方程等，能够求得它们的解，大多数常微分方程是不可能得出解析解的，因此需要研究求常微分方程近似解的方法．求常微分方程近似解的方法主要分为两类：一类是近似解析方法，如级数解法，可以给出解的近似表达式；另一类则是数值方法，即求出微分方程的解在若干离散点上的近似值．在许多实际问题中，并不需要方程解的解析表达式，而仅仅需要获得解在若干点上的近似值．本章讨论常微分方程的数值解法．

考虑常微分方程中最简单的一类问题——一阶常微分方程的初值问题．

$$\begin{cases} y' = f(x,y) \\ y(x_0) = y_0 \end{cases} \tag{8.0.1}$$

只要 $f(x,y)$ 在带形域 $D=\{(x,y) \mid a \leqslant x \leqslant b, -\infty < y < +\infty\}$ 上连续，并且 $f(x,y)$ 关于 $y$ 满足李普希兹条件：

$$| f(x,y_1) - f(x,y_2) | \leqslant L \mid y_1 - y_2 \mid \tag{8.0.2}$$

其中 $L(0 < L < \infty)$ 称为李普希兹常数，则初值问题(8.0.1)的解 $y=y(x)$ 必存在且唯一．

本章着重讨论初值问题(8.0.1)的数值解法，即任给 $\hat{x}(\hat{x} > x_0) \in [a,b]$，如何近似地求出问题(8.0.1)的解 $y = y(x)$ 在 $\hat{x}$ 的近似值．通常是先用等距节点将区间 $[x_0, \hat{x}]$ 分成若干小区间，节点为 $x_i = ih(i = 0,1,\cdots,m)$，$h$ 称为步长．然后逐个地求出 $y(x_1), y(x_2), \cdots, y(x_n), \cdots, y(x_m) = y(\hat{x})$ 的近似值 $y_1, y_2, \cdots, y_n, \cdots, y_m$．这种数值方法有单步法和多步法之分．单步法是在计算 $y_{n+1}$ 时仅需利用 $y_n$；而多步法在计算 $y_{n+1}$ 时不仅要用到 $y_n$，还要用到 $y_{n-1}, y_{n-2}, \cdots$ 等多个值．下面第一节和第二节的方法属于单步法，第三节的方法属于多步法．

## 第一节　欧拉方法和改进欧拉方法

### 一、欧拉方法

欧拉方法是解初值问题(8.0.1)的最基本的数值方法．在点 $x_0$ 处对初值

问题(8.0.1)的第一式

$$y'(x_0)=f(x_0,y(x_0))$$

用一阶数值微分法的后点公式(4.5.3)计算导数 $y'(x_0)$，即用向前差商 $\dfrac{y(x_1)-y(x_0)}{h}$ 近似代替导数项 $y'(x_0)$，再将已给的 $y(x_0)=y_0$ 代入，可得

$$y(x_1)\approx y_0+hf(x_0,y_0)$$

从而得到 $y(x_1)$ 的近似值

$$y_1=y_0+hf(x_0,y_0)$$

继续这个过程，在点 $x_1$ 处对

$$y'(x_1)=f(x_1,y(x_1))$$

中的导数项用数值微分公式，即用向前差商 $\dfrac{y(x_2)-y(x_1)}{h}$ 近似代替 $y'(x_1)$，再用已算得的 $y_1$ 代替 $y(x_1)$，可得

$$y(x_2)\approx y_1+hf(x_1,y_1)$$

从而获得 $y(x_2)$ 的近似值

$$y_2=y_1+hf(x_1,y_1)$$

一般地，在点 $x_n$ 处对

$$y'(x_n)=f(x_n,y(x_n))$$

用向前差商 $\dfrac{y(x_{n+1})-y(x_n)}{h}$ 近似代替导数项 $y'(x_n)$，再由已算得的的 $y_n$ 代替 $y(x_n)$，可得

$$y(x_{n+1})\approx y_n+hf(x_n,y_n)$$

从而获得 $y(x_{n+1})$ 的近似值

$$y_{n+1}=y_n+hf(x_n,y_n) \tag{8.1.1}$$

称式(8.1.1)为欧拉公式. 对于初值问题(8.0.1)，从初始值 $y_0$ 开始，反复使用欧拉公式，就能逐步求出 $y(x_1),y(x_2),\cdots,y(x_n),\cdots,y(x_m)$ 的近似值 $y_1,y_2,\cdots,y_n,\cdots,y_m$，这种方法称为欧拉方法.

欧拉公式是一递推式，在计算 $y_{n+1}$ 时只需要用到 $y_n$，因此是单步法.

欧拉方法的几何意义十分明显，如图 8-1 所示. 初值问题(8.0.1)的解为通过点 $P_0(x_0,y_0)$ 的曲线 $y=y(x)$. 从点 $P_0$ 出发，作以 $f(x_0,y_0)$ 为斜率的直线 $y=y_0+hf(x_0,y_0)$，该直线与 $x=x_1$ 相交于 $P_1(x_1,y_1)$，显然其纵坐标 $y_1$ 正是以 $y_0$ 为初始值由欧拉公式得出的，即 $y_1=y_0+hf(x_0,y_0)$. 同理，再从点 $P_1$ 出发，作以 $f(x_1,y_1)$ 为斜率的直线，与直线 $x=x_2$ 相交于 $P_2(x_2,y_2)$，有 $y_2=y_1+hf(x_1,y_1)$. 不断地重复这个过程，得到 $P_{n-1}(x_{n-1},y_{n-1})$. 过 $P_{n-1}(x_{n-1},y_{n-1})$ 点，作以 $f(x_{n-1},y_{n-1})$ 为斜率的直线，该直线与直线 $x=x_n$ 的

交点为 $P_n(x_n, y_n)$，其纵坐标 $y_n$ 正是由欧拉公式得到的 $y_n = y_{n-1} + hf(x_{n-1}, y_{n-1})$，以此类推，就得到一条经过点 $P_0, P_1, \cdots, P_n, \cdots$ 的折线. 欧拉方法从几何上讲，就是用得到的这条折线作为过 $P_0(x_0, y_0)$ 的解曲线 $y = y(x)$ 的近似曲线. 因此，欧拉方法也称为折线法.

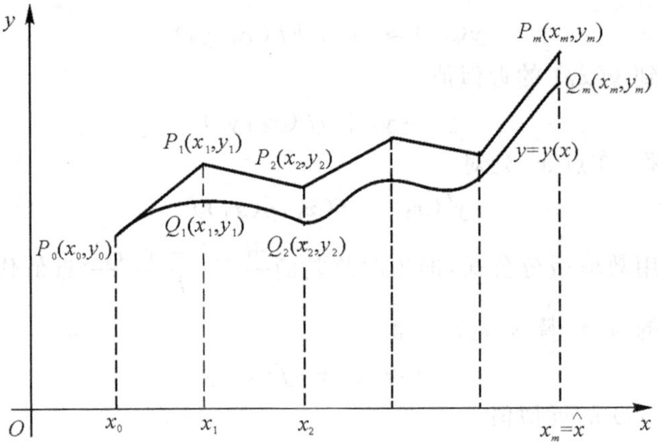


图 8-1

欧拉公式还可以用数值积分方法导出. 对(8.0.1)的第一式两端在区间 $[x_n, x_{n+1}]$ 上积分，得

$$y(x_{n+1}) - y(x_n) = \int_{x_n}^{x_{n+1}} f(x, y)\,\mathrm{d}x \tag{8.1.2}$$

用左矩形公式计算右端积分，并用 $y_n, y_{n+1}$ 分别替代 $y(x_n), y(x_{n+1})$，即得式(8.1.1).

用泰勒展开法也能推导出欧拉公式. $y(x_{n+1})$ 在 $x_n$ 处的泰勒公式为

$$y(x_{n+1}) = y(x_n) + hy'(x_n) + \frac{h^2}{2}y''(\xi_n) \quad (x_n < \xi < x_{n+1}) \tag{8.1.3}$$

忽略右端最后一项，并用 $y_n, y_{n+1}$ 分别替代 $y(x_n), y(x_{n+1})$ 即得式(8.1.1).

**二、欧拉方法的误差分析**

首先讨论用欧拉公式(8.1.1)一步所产生的误差，也就是假定前一个值 $y_n$ 是准确的，即在 $y_n = y(x_n)$ 的前提下，计算 $y_{n+1}$ 时公式本身所产生的误差 $y(x_{n+1}) - y_{n+1}$，这种误差称为局部截断误差. 实际在用欧拉公式计算 $y_{n+1}$ 时，$y_n(\neq y(x_n))$ 已是近似值，此时产生的误差 $y(x_{n+1}) - y_{n+1}$，即局部误差的积累误差称为总体截断误差.

**定理 8.1**　设 $f(x,y)$ 关于 $y$ 满足李普希兹条件(8.0.2)，则欧拉方法的局部截断误差为 $O(h^2)$，总体误差为 $O(h)$.

**证**　先证局部截断误差为 $O(h^2)$. 此时 $y_n = y(x_n)$，即欧拉公式为

$$y_{n+1} = y(x_n) + hf(x_n, y(x_n)) \tag{8.1.4}$$

由式(8.1.3) 及(8.1.4) 可得

$$y(x_{n+1}) - y_{n+1} = \frac{h^2}{2}y''(\xi_n) = O(h^2) \quad (x_n < \xi < x_{n+1}) \tag{8.1.5}$$

现在证明总体误差为 $O(h)$. 先来推导用欧拉方法在计算 $y_2$ 时的总体截断误差 $y(x_2) - y_2$. 令

$$\overline{y}_2 = y(x_1) + hf(x_1, y(x_1))$$

它是在式(8.1.1) 中 $n=1$ 且 $y_1$ 是精确解，即 $y_1 = y(x_1)$ 时得到的，因此由式(8.1.5) 有

$$y(x_2) - \overline{y}_2 = O(h^2)$$

于是

$$\begin{aligned} |y(x_2) - y_2| &= |y(x_2) - \overline{y}_2 + \overline{y}_2 - y_2| \leqslant \\ &|y(x_2) - \overline{y}_2| + |\overline{y}_2 - y_2| = \\ &O(h^2) + |\overline{y}_2 - y_2| \end{aligned} \tag{8.1.6}$$

而　$$\begin{aligned} |\overline{y}_2 - y_2| &= |[y(x_1) + hf(x_1, y(x_1))] - [y_1 + hf(x_1, y_1)]| \leqslant \\ &|y(x_1) - y_1| + h\,|f(x_1, y(x_1) - f(x_1, y_1)| \end{aligned}$$

因为 $f(x,y)$ 满足李普希兹条件，所以

$$|f(x, y(x_1)) - f(x, y_1)| \leqslant L\,|y(x_1) - y_1|$$

于是

$$\begin{aligned} |\overline{y}_2 - y_2| &\leqslant |y(x_1) - y_1| + hL\,|y(x_1) - y_1| = \\ &(1+hL)\,|y(x_1) - y_1| = (1+hL)O(h^2) \end{aligned}$$

把它代入式(8.1.6)，得

$$|y(x_2) - y_2| \leqslant [1 + (1+hL)]O(h^2)$$

类似可得　$$|y(x_3) - y_3| \leqslant [1 + (1+hL) + (1+hL)^2]O(h^2)$$

一般地，可得

$$\begin{aligned} |y(x_{n+1}) - y_{n+1}| &\leqslant [1 + (1+hL) + (1+hL)^2 + \cdots + (1+hL)^n]O(h^2) = \\ &\frac{(1+hL)^n - 1}{(1+hL) - 1}O(h^2) = \frac{(1+hL)^n - 1}{L}O(h) \end{aligned}$$

则计算 $y_m$ 的总体误差为

$$|y(\hat{x}) - y_m| = |y(x_m) - y_m| = \frac{(1+hL)^m - 1}{L}O(h)$$

而

$$\lim_{h\to 0}(1+hL)^m=\lim_{h\to 0}(1+hL)^{\frac{\hat{x}-x_0}{h}}=\lim_{h\to 0}(1+hL)^{\frac{1}{hL}\cdot L(\hat{x}-x_0)}=e^{L(\hat{x}-x_0)}$$

故 $|y(\hat{x})-y_m|=O(h)$.

由上可知，欧拉方法的局部截断误差与 $h^2$ 同阶，总体误差与 $h$ 同阶. 当 $h\to 0(m\to\infty)$ 时，由欧拉公式计算的 $y_m$ 收敛到精确解 $y(\hat{x})$.

如果数值方法的局部截断误差为 $O(h^{n+1})$，则称这种方法的精度为 $n$ 阶，通常 $n$ 越大，则局部截断误差越小，数值方法越精确. 由式(8.1.5)知，欧拉方法的精度是一阶的.

**例 8.1** 求初值问题

$$\begin{cases} y'=x+y \\ y(0)=1 \end{cases}$$

的解在 $x=0.1$ 处的近似值，取步长 $h=0.02$，将计算结果与精确解 $y=2e^x-x-1$ 比较.

**解** 将区间[0,0.1]进行5等分，$h=0.02$，$x_n=0.02n(n=0,1,2,3,4,5)$. 欧拉公式为

$$y_{n+1}=y_n+h(x_n+y_n)=0.02x_n+1.02y_n$$

数值解 $y_n$ 列于表 8-1 中.

**表 8-1**

| | $x_n$ | $y_n$ | | $x_n$ | $y_n$ |
|---|---|---|---|---|---|
| 0 | 0 | 1 | 3 | 0.06 | 1.062 416 |
| 1 | 0.02 | 1.02 | 4 | 0.08 | 1.084 864 |
| 2 | 0.04 | 1.040 8 | 5 | 0.1 | 1.132 324 |

$y(0.1)\approx y_5=1.132\ 324$. 该初值问题的精确解在 $x=0.1$ 处的值为 $y(0.1)=1.110\ 341\ 8\cdots$，数值解 $y_5$ 具有 2 位有效数字.

**例 8.2** 设初值问题

$$\begin{cases} y'=y-x^2+1 \quad (0\leqslant x\leqslant 2) \\ y(0)=0.5 \end{cases}$$

取步长 $h=0.2$，求近似解，并与精确解 $y=(x+1)^2-0.5e^x$ 进行比较.

**解** $x_0=0,y_0=0.5,h=0.2,x_n=0.2n(n=0,1,\cdots,10)$. 欧拉公式为

$$y_{n+1}=y_n+0.2(y_n-x_n^2+1)=1.2y_n-0.008n^2+0.2$$

用上述欧拉公式的计算结果、初值问题的精确解及误差列于表 8-2.

表　8－2

| $x_n$ | 欧拉法 $y_n$ | 精确解 $y(x_n)$ | $\mid y_n - y(x_n) \mid$ |
|---|---|---|---|
| 0 | 0.500 000 0 | 0.500 000 0 | 0.000 000 0 |
| 0.2 | 0.800 000 0 | 0.829 298 6 | 0.029 298 6 |
| 0.4 | 1.152 000 0 | 1.214 087 7 | 0.062 087 7 |
| 0.6 | 1.550 400 0 | 1.648 940 6 | 0.098 540 6 |
| 0.8 | 1.988 480 0 | 2.127 229 5 | 0.138 749 5 |
| 1.0 | 2.458 176 0 | 2.640 859 1 | 0.182 683 1 |
| 1.2 | 2.949 811 2 | 3.179 941 5 | 0.230 130 3 |
| 1.4 | 3.451 773 4 | 3.732 400 0 | 0.280 626 6 |
| 1.6 | 3.950 128 1 | 4.283 483 8 | 0.333 355 7 |
| 1.8 | 4.428 153 7 | 4.815 176 3 | 0.387 022 6 |
| 2.0 | 4.865 784 4 | 5.305 472 0 | 0.439 687 6 |

从表 8－2 中 $\mid y_n - y(x_n) \mid$ 可以看到，$y_n$ 的总体误差随着 $n$ 的增大而增大了，但这个增长是可以控制的，因为由欧拉公式计算的 $y_n$，当 $h \to 0 (n \to \infty)$ 时是收敛到精确解 $y(x_n)$ 的.

欧拉公式是把初值问题(8.0.1) 的第一式中的导数项 $y'(x_n)$ 用数值微分方法的后点公式(4.5.3)，即用向前差商近似代替而导出的，其局部截断误差为 $O(h^2)$，如果将导数项 $y'(x_{n+1})$ 用前点公式(4.5.4)，即向后差商 $\dfrac{y(x_{n+1}) - y(x_n)}{h}$ 近似代替，则可得到

$$\frac{y(x_{n+1}) - y(x_n)}{h} \approx f(x_{n+1}, y(x_{n+1}))$$

再用 $y_{n+1}, y_n$ 分别表示 $y(x_{n+1})$ 和 $y(x_n)$ 的近似值，则有

$$y_{n+1} = y_n + hf(x_{n+1}, y_{n+1}) \tag{8.1.7}$$

称式(8.1.7) 为向后欧拉公式，由于向后欧拉公式的右端包含了未知的 $y_{n+1}$，因此也称它为隐式欧拉公式，相应地称欧拉公式(8.1.1) 为向前欧拉公式，其右端不包含 $y_{n+1}$，因此也称为显式欧拉公式. 隐式欧拉公式的计算比显式公式要困难得多，可以用迭代法求解，但计算工作量较大.

隐式欧拉公式(8.1.7) 的局部截断误差为

$$y(x_{n+1}) - y_{n+1} = -\frac{h^2}{2} y''(\xi_n) = O(h^2) \quad (x_n < \xi_n < x_{n+1}) \tag{8.1.8}$$

类似于欧拉公式的导出方法，隐式欧拉公式(8.1.8) 也可以通过对(8.0.1) 的第一式两端在区间$[x_n, x_{n+1}]$上进行积分，并用右矩形公式计算右端积分而导出.

### 三、改进的欧拉方法

无论是显式欧拉公式(8.1.1)还是隐式欧拉公式(8.1.7)，它们都是用一阶数值微分公式或数值积分的矩形公式导出的，精度都较低.注意到局部截断误差(8.1.5)和(8.1.8)的符号正好相反，因此会想到由式(8.1.1)和式(8.1.7)相加，再除以2，以期望获得较高的精度.这样便得到

$$y_{n+1}=y_n+\frac{h}{2}[f(x_n,y_n)+f(x_{n+1},y_{n+1})] \tag{8.1.9}$$

事实上可以证明，式(8.1.9)的局部截断误差为$O(h^2)$，其精度为二阶的.式(8.1.9)也可以对式(8.1.2)右端用梯形公式计算积分而获得.

式(8.1.9)虽然提高了精度，但为隐式公式，不易求解；而显式欧拉公式易于计算，工作量小，但精度低.因此，在实际计算时，综合运用这两个公式.先用欧拉公式(8.1.1)求出一个$\overline{y}_{n+1}$，称之为预估值，预估值的精度可能较差，再用$\overline{y}_{n+1}$代替式(8.1.9)右端的$y_{n+1}$求得新的$y_{n+1}$，称之为校正值，这样就得到改进的欧拉公式，即

$$\begin{cases}\overline{y}_{n+1}=y_n+hf(x_n,y_n)\\ y_{n+1}=y_n+\dfrac{h}{2}[f(x_n,y_n)+f(x_{n+1},\overline{y}_{n+1})]\end{cases} \tag{8.1.10}$$

其中第一式为预测公式，第二式为校正公式.基于式(8.1.10)的方法称为改进的欧拉方法.

可以证明，改进的欧拉公式的局部截断误差为$O(h^3)$.

**例 8.3** 设初值问题

$$\begin{cases}y'=y-x^2+1 \quad (0\leqslant x\leqslant 2)\\ y(0)=0.5\end{cases}$$

取步长$h=0.2$，用改进的欧拉方法求近似解，并与精确解$y=(x+1)^2-0.5e^x$进行比较.

**解** 由改进的欧拉公式(8.1.10)，有

$$\begin{aligned}\overline{y}_{n+1}&=y_n+hf(x_n,y_n)=y_n+0.2[y_n-(0.2n)^2+1]=\\&\quad 1.2y_n-0.008n^2+0.2\\ y_{n+1}&=y_n+\frac{h}{2}[f(x_n,y_n)+f(x_{n+1},\overline{y}_{n+1})]=\\&\quad 1.22y_n-0.0088n^2-0.008n+0.216\end{aligned}$$

再由$x_0=0, y_0=0.5, h=0.2$，计算结果见表 8-3.

表　8-3

| $x_n$ | 改进的欧拉公式为 $y_n$ | 精确解 $y(x_n)$ | $\lvert y_n - y(x_n) \rvert$ |
|---|---|---|---|
| 0 | 0.500 000 0 | 0.500 000 0 | 0.000 000 0 |
| 0.2 | 0.826 000 0 | 0.829 298 6 | 0.003 298 6 |
| 0.4 | 1.206 920 0 | 1.214 087 7 | 0.007 167 7 |
| 0.6 | 1.637 242 4 | 1.648 940 6 | 0.011 698 2 |
| 0.8 | 2.110 235 7 | 2.127 229 5 | 0.016 993 8 |
| 1.0 | 2.617 687 6 | 2.640 859 1 | 0.023 171 5 |
| 1.2 | 3.149 578 9 | 3.179 941 5 | 0.030 362 6 |
| 1.4 | 3.693 686 3 | 3.732 400 0 | 0.038 713 7 |
| 1.6 | 4.235 097 3 | 4.283 483 8 | 0.048 386 5 |
| 1.8 | 4.755 618 7 | 4.815 176 3 | 0.059 557 6 |
| 2.0 | 5.233 054 8 | 5.305 472 0 | 0.072 417 2 |

由表中所得结果与例 8.2 中用欧拉公式计算的结果比较可以看出，改进的欧拉法比欧拉法明显地提高了精度.

## 第二节　龙格-库塔方法

### 一、龙格-库塔方法的基本思想

对于初值问题(8.0.1) 的解 $y(x)$，在$[x_n, x_{n+1}]$上用微分中值定理可得

$$\frac{y(x_{n+1}) - y(x_n)}{h} = y'(\xi_n)$$

或写为

$$y(x_{n+1}) - y(x_n) = hk \tag{8.2.1}$$

其中 $k = y'(\xi_n)$，称为 $y(x)$ 在$[x_n, x_{n+1}]$上的平均斜率，在式(8.2.1) 中，当用点 $x_n$ 处的斜率 $y'(x_n) = f(x_n, y_n)$ 近似值替代平均斜率 $k$，并用 $y_n$ 替代 $y(x_n)$ 而得到 $y(x_{n+1})$ 的近似值 $y_{n+1}$ 的公式正是欧拉公式. 记 $k_1 = f(x_n, y_n)$，则欧拉公式改写成

$$y_{n+1} = y_n + hk_1$$

若在式(8.2.1) 中，用 $x_n$ 和 $x_{n+1}$ 两个点的斜率值 $f(x_n, y_n)$ 和 $f(x_{n+1}, y_n + hk_1)$ 的算术平均值来替代的平均斜率 $k$，则得到的正是改进的欧拉公式. 记 $k_1 = f(x_n, y_n)$，$k_2 = f(x_{n+1}, y_n + hk_1)$，可将改进的欧拉公式改写成

$$\begin{cases} y_{n+1} = y_n + \dfrac{1}{2}h(k_1 + k_2) \\ k_1 = f(x_n, y_n) \\ k_2 = f(x_{n+1}, y_n + hk_1) \end{cases} \tag{8.2.2}$$

可以看到,欧拉公式由于仅取一个点 $x_n$ 的斜率值 $k_1$ 作为 $k$ 的近似值,因此精度较低,而改进的欧拉公式却是利用了 $x_n$ 和 $x_{n+1}$ 两个点的斜率值 $k_1$ 与 $k_2$ 的平均值作为 $k$ 的近似值,其精度高于欧拉公式.由此也启发我们,如果用 $x_n$ 和 $[x_n, x_{n+1}]$ 上其他某个点或更多点的斜率值的加权平均替代平均斜率 $k$,有可能构造出更高精度的方法.

## 二、龙格-库塔方法的推导

按照上述思想,龙格-库塔方法的一般形式可设定为

$$\begin{cases} y_{n+1} = y_n + h\sum_{i=1}^{m}\omega_i k_i \\ k_1 = f(x_n, y_n) \\ k_i = f(x_n + \alpha_i h, y_n + h\sum_{j=1}^{i-1}\beta_{ij}k_j) \end{cases} \tag{8.2.3}$$

其中,$\omega_i$,$\alpha_i$,$\beta_{ij}$ 为待定参数,如果所确定的参数能使(8.2.3) 的局部截断误差为 $O(h^{m+1})$,则称式(8.2.3) 为 $m$ 阶龙格-库塔公式,基于(8.2.3) 式的方法称为龙格-库塔方法.

下文我们来介绍几种常用的龙格-库塔方法

*1.二阶龙格-库塔方法*

当 $m = 2$ 时,式(8.2.3) 即成为

$$\begin{cases} y_{n+1} = y_n + \omega_1 hk_1 + \omega_2 hk_2 \\ k_1 = f(x_n, y_n) \\ k_2 = f(x_n + \alpha_2 h, y_n + \beta_{21}hk_1) \end{cases} \tag{8.2.4}$$

选取参数 $\omega_1$,$\omega_2$,$\alpha_2$ 和 $\beta_{21}$,使在 $y_n = y(x_n)$ 的假设下,由式(8.2.4) 所求 $x_{n+1}$ 处近似解 $y_{n+1}$ 的局部截断误差为

$$y(x_{n+1}) - y_{n+1} = O(h^3)$$

首先,将式(8.2.4) 中的 $k_1 = f(x_n, y_n)$ 与 $k_2 = f(x_n + \alpha_2 h, y_n + \beta_{21}hk_1)$ 代入(8.2.4) 的第一式,得

$$y_{n+1} = y_n + \omega_1 hf(x_n, y_n) + \omega_2 hf(x_n + \alpha_2 h, y_n + \beta_{21}hf(x_n, y_n)) \tag{8.2.5}$$

将 $f(x_n + \alpha_2 h, y_n + \beta_{21}hf(x_n, y_n))$ 在 $(x_n, y_n)$ 处作泰勒展开得

$$f(x_n + \alpha_2 h, y_n + \beta_{21}hf(x_n, y_n)) = f(x_n, y_n) + f_x(x_n, y_n)\alpha_2 h + f_y(x_n, y_n)\beta_{21}hf(x_n, y_n) + O(h^2)$$

把上式代入式(8.2.5),则由式(8.2.4) 计算的 $y_{n+1}$ 就可以表示为

$$y_{n+1} = y_n + (\omega_1 + \omega_2)hf(x_n, y_n) +$$

$$\omega_2\alpha_2 h^2 f_x(x_n, y_n) + \omega_2\beta_{21} h^2 f(x_n, y_n) f_y(x_n, y_n) + O(h^3) \tag{8.2.6}$$

其次,由微分方程(8.0.1)的解 $y(x)$ 在 $x_n$ 的泰勒展式,有

$$y(x_{n+1}) = y(x_n) + y'(x_n)h + \frac{1}{2!}y''(x_n)h^2 + O(h^3)$$

将 $y'(x_n) = f(x_n, y(x_n))$, $y''(x_n) = f_x(x_n, y(x_n)) + f(x_n, y_n) f_y(x_n, y(x_n))$ 代入上式,得

$$y(x_{n+1}) = y(x_n) + hf(x_n, y(x_n)) + \frac{h^2}{2} f_x(x_n, y(x_n)) + \frac{h^2}{2} f(x_n, y_n) f_y(x_n, y(x_n)) + O(h^3) \tag{8.2.7}$$

比较式(8.2.6)与(8.2.7)可以看到,为使 $y(x_{n+1}) - y_{n+1} = O(h^3)$,只要

$$\begin{cases} \omega_1 + \omega_2 = 1 \\ \omega_2\alpha_2 = \dfrac{1}{2} \\ \omega_2\beta_{21} = \dfrac{1}{2} \end{cases} \tag{8.2.8}$$

方程(8.2.8)有无穷多个解,满足条件(8.2.8)的式(8.2.4)称为二阶龙格-库塔公式.

当 $\omega_1 = \omega_2 = \frac{1}{2}$, $\alpha_2 = 1$, $\beta_{21} = 1$ 时,有

$$\begin{cases} y_{n+1} = y_n + \dfrac{1}{2}h(k_1 + k_2) \\ k_1 = f(x_n, y_n) \\ k_2 = f(x_{n+1}, y_n + hk_1) \end{cases}$$

这正是改进的欧拉公式.

当 $\omega_1 = 0$, $\omega_2 = 1$, $\alpha_2 = \frac{1}{2}$, $\beta_{21} = \frac{1}{2}$ 时,式(8.2.4)就成为

$$\begin{cases} y_{n+1} = y_n + hk_2 \\ k_1 = f(x_n, y_n) \\ k_2 = f\left(x_n + \dfrac{1}{2}h, y_n + \dfrac{1}{2}hk_1\right) \end{cases} \tag{8.2.9}$$

由于式(8.2.9)中的 $y_n + \frac{1}{2}hk_1 = y_n + \frac{1}{2}hf(x_n, y_n)$ 是由欧拉公式预测出来的区间 $[x_n, x_{n+1}]$ 的中点的近似解,$k_2$ 就是此中点的斜率,因此式(8.2.9)就相当于用区间 $[x_n, x_{n+1}]$ 的中点的斜率替代平均斜率 $k$ 所得到的,所以这种方法也

称为中间点法.

为提高精度,使局部截断误差为 $O(h^4)$,用上述方法处理,应该考虑用区间 $[x_n, x_{n+1}]$ 上三个点处的斜率的加权平均作为平均斜率 $k$ 的近似值,构成三阶龙格-库塔方法.

2. 三阶龙格-库塔方法

此时 $m=3$,一般形式为

$$\begin{cases} y_{n+1}=y_n+h(\omega_1 k_1+\omega_2 k_2+\omega_3 k_3) \\ k_1=f(x_n, y_n) \\ k_2=f(x_n+\alpha_2 h, y_n+\beta_{21} h k_1) \\ k_3=f(x_n+\alpha_3 h, y_n+h(\beta_{31} k_1+\beta_{32} k_2)) \end{cases} \tag{8.2.10}$$

在 $y_n=y(x_n)$ 的假设下,将上式的 $k_1, k_2$ 与 $k_3$ 代入第一式 $y_{n+1}$ 的表达式中,再将 $f(x, y)$ 在 $(x_n, y_n)$ 处进行泰勒展开,然后与 $y(x_{n+1})$ 在点 $x_n$ 处的泰勒展开式作比较. 为使 $y(x_{n+1})-y_{n+1}=O(h^4)$,只须选取参数 $\omega_1, \omega_2, \omega_3, \alpha_2, \alpha_3, \beta_{21}, \beta_{31}, \beta_{32}$,使它们满足方程组

$$\begin{cases} \omega_1+\omega_2+\omega_3=1 \\ \alpha_2=\beta_{21} \\ \alpha_3=\beta_{31}+\beta_{32} \\ \omega_2 \alpha_2+\omega_3 \alpha_3=\dfrac{1}{2} \\ \omega_2 \alpha_2^2+\omega_3 \alpha_3^2=\dfrac{1}{3} \\ \omega_3 \beta_{32} \alpha_2=\dfrac{1}{3} \end{cases}$$

此方程有无穷多个解,此方程组解出的每一组解,都对应一个三阶龙格-库塔方法. 下面是一个常用的三阶龙格-库塔公式

$$\begin{cases} y_{n+1}=y_n+\dfrac{h}{6}(k_1+4k_2+k_3) \\ k_1=f(x_n, y_n) \\ k_2=f\left(x_n+\dfrac{h}{2}, y_n+\dfrac{h}{2} k_1\right) \\ k_3=f(x_n+h, y_n-h k_1+2h k_2) \end{cases} \tag{8.2.11}$$

3. 四阶龙格-库塔方法

为进一步提高精度,使局部截断误差为 $O(h^5)$,类似上述方法,应该用区间 $[x_n, x_{n+1}]$ 上四个点处的斜率的加权平均作为平均斜率 $k$ 的近似值,构成四阶龙格-库塔方法. 此时 $m=4$,一般形式为

$$\begin{cases} y_{n+1} = y_n + h(\omega_1 k_1 + \omega_2 k_2 + \omega_3 k_3 + \omega_4 k_4) \\ k_1 = f(x_n, y_n) \\ k_2 = f(x_n + \alpha_2 h, y_n + \beta_{21} h k_1) \\ k_3 = f(x_n + \alpha_3 h, y_n + h(\beta_{31} k_1 + \beta_{32} k_2) \\ k_4 = f(x_n + \alpha_4 h, y_n + h(\beta_{41} k_1 + \beta_{42} k_2 + \beta_{43} k_3)) \end{cases}$$

类似于二、三阶龙格-库塔方法的推导，可得一个含有 13 个未知参数、11 个方程的方程组. 由于推导比较复杂，这里从略. 现在给出一种四阶龙格-库塔公式，称之为经典龙格-库塔公式：

$$\begin{cases} y_{n+1} = y_n + \dfrac{h}{6}(k_1 + 2k_2 + 2k_3 + k_4) \\ k_1 = f(x_n, y_n) \\ k_2 = f\left(x_n + \dfrac{h}{2}, y_n + \dfrac{h}{2} k_1\right) \\ k_3 = f\left(x_n + \dfrac{h}{2}, y_n + \dfrac{h}{2} k_2\right) \\ k_4 = f(x_n + h, y_n + h k_3) \end{cases} \tag{8.2.12}$$

当然还可以考虑使用更高阶的龙格-库塔方法，使得所求解的精度更高. 但需要增加的计算量太大，从而降低了计算效率. 因此，在实际应用中一般不采用高阶的龙格-库塔方法. 四阶的经典龙格-库塔方法是最常用的方法.

**例 8.4**　用经典龙格-库塔方法解初值问题

$$\begin{cases} y' = -2xy \quad (0 \leqslant x \leqslant 1.2) \\ y(0) = 1 \end{cases}$$

取步长 $h = 0.4$.

**解**　$f(x, y) = -2xy$，于是

$$k_1 = f(x_n, y_n) = -2x_n y_n$$

$$k_2 = f(x_n + \frac{h}{2}, y_n + \frac{h}{2} k_1) = -2(x_n + 0.2)(y_n + 0.2k_1)$$

$$k_3 = f(x_n + \frac{h}{2}, y_n + \frac{h}{2} k_2) = -2(x_n + 0.2)(y_n + 0.2k_2)$$

$$k_4 = f(x_n + h, y_n + hk_3) = -2(x_n + 0.4)(y_n + 0.4k_3)$$

$$y_{n+1} = y_n + \frac{h}{6}(k_1 + 2k_2 + 2k_3 + k_4)$$

由 $x_0 = 0, y_0 = 1, h = 0.4$ 及相应计算，结果列于表 8-4 中.

**表 8-4**

| $n$ | $x_n$ | $y_n$ | $k_1$ | $k_2$ | $k_3$ | $k_4$ |
|---|---|---|---|---|---|---|
| 0 | 0 | 1.000 000 | 0.000 000 | −0.400 000 | −0.368 000 | −0.682 240 |
| 1 | 0.4 | 0.852 117 | −0.681 694 | −0.858 934 | −0.816 396 | −0.840 894 |
| 2 | 0.8 | 0.527 234 | −0.843 574 | −0.717 038 | −0.767 653 | −0.528 415 |
| 3 | 1.2 | 0.237 809 | | | | |

**例 8.5** 用经典龙格-库塔方法求初值问题

$$\begin{cases} y' = y - x^2 + 1 \quad (0 \leqslant x \leqslant 2) \\ y(0) = 0.5 \end{cases}$$

近似解，取步长 $h = 0.2$. 将计算结果与用欧拉方法和改进的欧拉方法所得的近似解及精确解 $y = (x+1)^2 - 0.5e^x$ 进行比较.

**解** $f(x,y) = y - x^2 + 1$. $x_0 = 0, y_0 = 0.5, h = 0.2$，由(8.2.12) 式计算

$$k_1 = f(x_0, y_0) = 0.5 + 0^2 + 1 = 1.5$$

$$k_2 = f(x_0 + \frac{h}{2}, y_0 + \frac{h}{2}k_1) = (0.5 + 0.1 \times 1.5) - 0.1^2 + 1 = 1.64$$

$$k_3 = f(x_0 + \frac{h}{2}, y_0 + \frac{h}{2}k_2) = (0.5 + 0.1 \times 1.64) - 0.1^2 + 1 = 1.654$$

$$k_4 = f(x_0 + h, y_0 + hk_3) = (0.5 + 0.2 \times 1.654) - 0.2^2 + 1 = 1.790\,8$$

于是

$$y_1 = y_0 + \frac{h}{6}(k_1 + 2k_2 + 2k_3 + k_4) =$$

$$0.5 + \frac{0.2}{6}(1.5 + 2 \times 1.64 + 2 \times 1.654 + 1.790\,8) =$$

$$0.829\,293\,33$$

反复应用式(8.2.12) 计算 $y_2, y_3, \cdots$ 计算结果及误差列于表 8-5.

**表 8-5**

| $n$ | $x_n$ | $y_n$ | 精确解 $y(x_n)$ | $\vert y_n - y(x_n) \vert$ |
|---|---|---|---|---|
| 0 | 0 | 0.500 000 0 | 0.500 000 0 | 0.000 000 0 |
| 1 | 0.2 | 0.829 293 3 | 0.829 298 6 | 0.000 005 3 |
| 2 | 0.4 | 1.214 076 2 | 1.214 087 7 | 0.000 011 5 |
| 3 | 0.6 | 1.648 922 0 | 1.648 940 6 | 0.000 018 6 |
| 4 | 0.8 | 2.127 202 7 | 2.127 229 5 | 0.000 026 8 |
| 5 | 1.0 | 2.640 822 7 | 2.640 859 1 | 0.000 036 4 |
| 6 | 1.2 | 3.179 894 2 | 3.179 941 5 | 0.000 047 3 |

续表

| $n$ | $x_n$ | $y_n$ | 精确解 $y(x_n)$ | $\lvert y_n - y(x_n)\rvert$ |
|---|---|---|---|---|
| 7 | 1.4 | 3.732 340 1 | 3.732 400 0 | 0.000 059 9 |
| 8 | 1.6 | 4.283 409 5 | 4.283 483 8 | 0.000 074 3 |
| 9 | 1.8 | 4.815 085 7 | 4.815 176 3 | 0.000 090 6 |
| 10 | 2.0 | 5.305 363 0 | 5.305 472 0 | 0.000 109 0 |

由表中所得结果与例 8.2 中用欧拉公式和例 8.3 中用改进的欧拉公式计算的结果比较可以看出，四阶龙格-库塔方法精度最高.

现在取步长为 $h=1$，用经典龙格-库塔方法计算 $x_1=1$，$x_2=2$ 的近似解 $y_1$ 和 $y_2$.

$$k_1=f(x_0,y_0)=(0.5-0^2+1)=1.5$$

$$k_2=f\left(x_0+\frac{h}{2},y_0+\frac{h}{2}k_1\right)=[(0.5+0.5\times 1.5)-0.5^2+1)=2$$

$$k_3=f\left(x_0+\frac{h}{2},y_0+\frac{h}{2}k_2\right)=[(0.5+0.5\times 2)-0.5^2+1)=2.25$$

$$k_4=f(x_0+h,y_0+hk_3)=[(0.5+2.25)-1^2+1)=2.75$$

则有

$$y_1=y_0+\frac{h}{6}(k_1+2k_2+2k_3+k_4)=$$

$$0.5+\frac{1}{6}(1.5+2\times 2+2\times 2.25+2.75)=2.625$$

$$k_1=f(x_1,y_1)=(2.625-1^2+1)=2.625$$

$$k_2=f(x_1+\frac{h}{2},y_1+\frac{h}{2}k_1)=$$

$$[(2.625+0.5\times 2.625)-1.5^2+1)=2.687\ 5$$

$$k_3=f(x_1+\frac{h}{2},y_1+\frac{h}{2}k_2)=$$

$$[(2.625+0.5\times 2.687\ 5)-1.5^2+1)=2.718\ 75$$

$$k_4=f(x_1+h,y_1+hk_3)=[(2.625+2.718\ 75)-2^2+1)=2.343\ 75$$

于是

$$y_2=y_1+\frac{h}{6}(k_1+2k_2+2k_3+k_4)=$$

$$2.625+\frac{1}{6}(2.625+2\times 2.687\ 5+2\times 2.718\ 75+2.343\ 75)=$$

$$5.255\ 208\ 3$$

将上述计算结果和表 8 - 3 中取步长为 0.2 用改进的欧拉法计算 $y_1,y_2$ 的结果列于表 8 - 6 中.

**表 8 - 6**

| $x_n$ | $y(x_n)$ 精确解 | $y_n$ 改进的欧拉公式 $h=0.2$ | $\lvert y_n-y(x_n)\rvert$ | $y_n$ 经典龙格-库塔方法 $h=1$ | $\lvert y_n-y(x_n)\rvert$ |
|---|---|---|---|---|---|
| 1.0 | 2.640 859 1 | 2.617 687 6 | 0.023 171 5 | 2.625 000 0 | 0.015 859 1 |
| 2.0 | 5.305 472 0 | 5.233 054 8 | 0.072 417 2 | 5.255 208 3 | 0.050 263 7 |

可以看到,经典龙格-库塔方法的步长为 $h=1$,是改进欧拉方法的步长的 5 倍,但所得结果仍比后者的精度高.

## 第三节　阿达姆斯方法

### 一、阿达姆斯显式公式

回顾导出欧拉公式的方法,其中一种方法就是对方程 $y'=f(x,y)$ 两端积分

$$y(x_{n+1})-y(x_n)=\int_{x_n}^{x_{n+1}}f(x,y(x))\mathrm{d}x \tag{8.3.1}$$

将右端用左矩形公式计算,导出计算 $y_{n+1}$ 的欧拉公式. 而对右端积分采用梯形公式,或者说对被积函数在区间 $[x_n,x_{n+1}]$ 上用两个端点的函数值进行线性插值就能得到精度高于欧拉公式的改进欧拉公式. 由此自然会想,为了提高精度,我们在计算上式右端的积分时应采用精度更高的积分公式,当然这需要用到区间 $[x_n,x_{n+1}]$ 上更多点的函数值,而事实上,在计算 $y_{n+1}$ 时,前面已经得到了 $y_n,y_{n-1},\cdots$ 等信息. 因此我们试图充分利用第 $n+1$ 步前面的多步信息,将右端的被积函数用更高次的插值多项式替代,即采用精度更高的积分公式,从而导出精度更高的求解公式. 我们这里只讨论其中的一种,称为阿达姆斯方法.

设已知 4 个点 $x_{n-k}(k=0,1,2,3)$ 处的值 $f(x_{n-k},y_{n-k})(k=0,1,2,3)$,用牛顿向后插值公式作 $f(x,y(x))$ 的三次插值多项式

$$N_3(x)=N_3(x_n+th)=f_n+t\nabla f_n+\frac{t(t+1)}{2!}\nabla^2 f_n+\frac{t(t+1)(t+2)}{6}\nabla^3 f_n$$

其中 $f_{n-k}=f(x_{n-k},y_{n-k})(i=0,1,2,3)$，余项

$$R_3(x_n+th)=\frac{t(t+1)(t+2)(t+3)}{4!}h^4f^{(4)}(\xi,y(\xi))\quad(\xi\in(x_{n-3},x_n))$$

则

$$\int_{x_n}^{x_{n+1}}N_3(x)\mathrm{d}x=\int_0^1 N_3(x_n+th)h\mathrm{d}t=$$

$$\int_0^1\left[f_n+t\nabla f_n+\frac{t(t+1)}{2!}\nabla^2 f_n+\frac{t(t+1)(t+2)}{6}\nabla^3 f_n\right]h\mathrm{d}t=$$

$$h\left(f_n+\frac{1}{2}\nabla f_n+\frac{5}{12}\nabla^2 f_n+\frac{3}{8}\nabla^3 f_n\right)\tag{8.3.2}$$

由差分性质 2.4 知

$$f_n+\frac{1}{2}\nabla f_n+\frac{5}{12}\nabla^2 f_n+\frac{3}{8}\nabla^3 f_n=f_n+\frac{1}{2}(f_n-f_{n-1})+$$

$$\frac{5}{12}(f_n-2f_{n-1}+f_{n-2})+$$

$$\frac{3}{8}(f_n-3f_{n-1}+3f_{n-2}-f_{n-3})=$$

$$\frac{1}{24}(55f_n-59f_{n-1}+37f_{n-2}-9f_{n-3})$$

将上式代入式(8.3.2)，得

$$\int_{x_n}^{x_{n+1}}N_3(x)\mathrm{d}x=\frac{h}{24}(55f_n-59f_{n-1}+37f_{n-2}-9f_{n-3})\tag{8.3.3}$$

用式(8.3.3)近似计算(8.3.1)右端的积分，并将 $y(x_n)$ 用 $y_n$ 替代，便得到 $y(x_{n+1})$ 的一个近似值 $y_{n+1}$，即

$$y_{n+1}=y_n+\frac{h}{24}(55f_n-59f_{n-1}+37f_{n-2}-9f_{n-3})\tag{8.3.4}$$

称式(8.3.4)为阿达姆斯四步显式公式.

假定 $y_{n-3},y_{n-2},y_{n-1},y_n$ 都是精确解，则局部截断误差为

$$y(x_{n+1})-y_{n+1}=y(x_{n+1})-\left[y_n+\frac{h}{24}(55f_n-59f_{n-1}+37f_{n-2}-9f_{n-3})\right]=$$

$$y(x_{n+1})-\left[y(x_n)+\int_{x_n}^{x_{n+1}}N_3(x)\mathrm{d}x\right]=$$

$$\left[y(x_n)+\int_{x_n}^{x_{n+1}}f(x,y(x))\mathrm{d}x\right]-\left[y(x_n)+\int_{x_n}^{x_{n+1}}N_3(x)\mathrm{d}x\right]=$$

$$\int_{x_n}^{x_{n+1}}[f(x,y(x)-N_3(x)]\mathrm{d}x=$$

$$\int_0^1\frac{t(t+1)(t+2)(t+3)}{24}h^4f^{(4)}(\xi,y(\xi))h\mathrm{d}t=$$

$$\int_0^1 \frac{t(t+1)(t+2)(t+3)}{24} h^5 y^{(5)}(\xi)\mathrm{d}t =$$

$$\frac{1}{24}h^5 \int_0^1 t(t+1)(t+2)(t+3) y^{(5)}(\xi)\mathrm{d}t$$

由于 $t(t+1)(t+2)(t+3) \geqslant 0 (0 \leqslant t \leqslant 1)$ 不变号，由积分中值定理知，存在 $\eta \in [0,1]$，有

$$\int_0^1 t(t+1)(t+2)(t+3) y^{(5)}(\xi)\mathrm{d}t = y^{(5)}(\eta)\int_0^1 t(t+1)(t+2)(t+3)\mathrm{d}t =$$

$$\frac{251}{30} y^{(5)}(\eta)$$

故局部截断误差为

$$y(x_{n+1}) - y_{n+1} = \frac{251}{720} h^5 y^{(5)}(\eta) = O(h^5)$$

可以证明，总体截断误差为 $O(h^4)$.

## 二、阿达姆斯隐式公式

以 $x_{n-3}, x_{n-2}, x_{n-1}, x_n$ 为插值节点作被积函数 $f(x, y(x))$ 的三次插值多项式导出了显式阿达姆斯公式. 现在改用以 $x_{n-2}, x_{n-1}, x_n, x_{n+1}$ 为插值节点作被积函数 $f(x, y(x))$ 的三次插值多项式进行积分，并将 $y(x_n)$ 用 $y_n$ 替代，便得到阿达姆斯三步隐式公式为

$$y_{n+1} = y_n + \frac{h}{24}(9f_{n+1} + 19f_n - 5f_{n-1} + f_{n-2}) \tag{8.3.5}$$

可以证明其局部截断误差为

$$y(x_{n+1}) - y_{n+1} = O(h^5)$$

总体截断误差为 $O(h^4)$.

**例 8.6** 用阿达姆斯四步显式公式和阿达姆斯三步隐式公式解初值问题

$$\begin{cases} y' = y - x^2 + 1 \quad (0 \leqslant x \leqslant 2) \\ y(0) = 0.5 \end{cases}$$

取步长 $h = 0.2$.

**解** $f_n = f(x_n, y_n) = y_n - x_n^2 + 1, h = 0.2, x_n = 0.2n$，则由阿达姆斯四步显式公式(8.3.4)得

$$y_{n+1} = \frac{1}{24}(35y_n - 11.8y_{n-1} + 7.4y_{n-2} - 1.8y_{n-3} - 0.192n^2 - 0.192n + 4.736) \tag{8.3.6}$$

由阿达姆斯三步隐式公式(8.3.5)得

$$y_{n+1}=\frac{1}{24}(1.8y_{n+1}+27.8y_n-y_{n-1}+0.2y_{n-2}-0.192n^2-0.192n+4.736)$$

从中解出

$$y_{n+1}=\frac{1}{22.2}(27.8y_n-y_{n-1}+0.2y_{n-2}-0.192n^2-0.192n+4.736) \tag{8.3.7}$$

应用四步显示公式必须有 4 个起步值，$y_0$ 已知，而 $y_1,y_2,y_3$ 可用精度相同的方法，如经典龙格-库塔方法. 本例则由精确解 $y(x)=(x+1)^2-0.5e^t$ 给出. 由式(8.3.6) 和(8.3.7) 算出的结果分别列于表 8－7 中.

**表　8－7**

| $n$ | $x_n$ | $y(x_n)$ | 阿达姆斯四步显式 | | 阿达姆斯三步隐式 | |
|---|---|---|---|---|---|---|
| | | | $y_n$ | $\lvert y_n-y(x_n)\rvert$ | $y_n$ | $\lvert y_n-y(x_n)\rvert$ |
| 0 | 0 | 0.500 000 0 | | | | |
| 1 | 0.2 | 0.829 298 6 | | | | |
| 2 | 0.4 | 1.214 087 7 | | | | |
| 3 | 0.6 | 1.648 940 6 | | | 1.648 934 2 | 0.000 006 4 |
| 4 | 0.8 | 2.127 229 5 | 2.127 312 5 | 0.000 082 8 | 2.127 213 6 | 0.000 016 0 |
| 5 | 1.0 | 2.640 859 1 | 2.641 081 0 | 0.000 221 9 | 2.640 829 8 | 0.000 029 3 |
| 6 | 1.2 | 3.179 941 5 | 3.180 348 0 | 0.000 406 5 | 3.179 893 8 | 0.000 047 7 |
| 7 | 1.4 | 3.732 400 0 | 3.733 060 1 | 0.000 000 1 | 3.732 327 1 | 0.000 072 9 |
| 8 | 1.6 | 4.283 483 8 | 4.284 493 1 | 0.001 009 3 | 4.283 376 8 | 0.000 107 0 |
| 9 | 1.8 | 4.815 176 3 | 4.816 657 5 | 0.001 481 2 | 4.815 023 7 | 0.000 152 6 |
| 10 | 2.0 | 5.305 472 0 | 5.307 583 8 | 0.002 111 8 | 5.305 258 9 | 0.000 213 1 |

由表 8－7 可以看到，隐式的精度比显式的要高，但是计算时需将隐式化成显示表达式，这往往很困难. 如果采用迭代法，就会增加工作量. 因此在实际计算时，仿照改进的欧拉公式的预测-校正方法，常常将阿达姆斯显式公式和隐式公式联合使用，得到阿达姆斯预测-校正方法.

## 三、阿达姆斯预测-校正方法

阿达姆斯预测-校正方法，就是先由显式公式算出近似值作为隐式公式的预测值，然后再由隐式公式进行校正. 即用

$$\overline{y}_{n+1}=y_n+\frac{h}{24}(55f_n-59f_{n-1}+37f_{n-2}-9f_{n-3}) \tag{8.3.8}$$

计算预测值 $\overline{y}_{n+1}$，再由

$$y_{n+1}=y_n+\frac{h}{24}(9f(x_{n+1},\overline{y}_{n+1})+19f_n-5f_{n-1}+f_{n-2}) \quad (8.3.9)$$

计算校正值，反复进行迭代计算. 在用式(8.3.8)计算 $\overline{y}_{n+1}$ 时，可用其他四阶单步法，如四阶龙格－库塔法从 $y_0$ 计算 $y_1, y_2, y_3$，作为初始值.

**例 8.7** 用用阿达姆斯预测－校正公式解初值问题

$$\begin{cases}\dfrac{\mathrm{d}y}{\mathrm{d}x}=y-\dfrac{2x}{y} \quad (0\leqslant x\leqslant 1)\\ y(0)=1\end{cases}$$

取步长 $h=0.1$，并与精确解 $y=\sqrt{1+2x}$ 进行比较.

**解** $x_0=0, y_0=1, x_n=0.1n$. 由经典龙格-库塔方法求出

$$y_1=1.095\,446,\quad y_2=1.183\,217,\quad y_3=1.264\,912$$

由阿达姆斯四步显式算出预测值为

$$\overline{y}_{n+1}=y_n+\frac{0.1}{24}\left[55\left(y_n-\frac{2x_n}{y_n}\right)-59\left(y_{n-1}-\frac{2x_{n-1}}{y_{n-1}}\right)+37\left(y_{n-2}-\frac{2x_{n-2}}{y_{n-2}}\right)-9\left(y_{n-3}-\frac{2x_{n-3}}{y_{n-3}}\right)\right]$$

再将 $\overline{y}_{n+1}$ 代入阿达姆斯三步隐式算出校正值为

$$y_{n+1}=y_n+\frac{0.1}{24}\left[9\left(\overline{y}_{n+1}-\frac{2x_{n+1}}{\overline{y}_{n+1}}\right)+19\left(y_n-\frac{2x_n}{y_n}\right)-5\left(y_{n-1}-\frac{2x_{n-1}}{y_{n-1}}\right)+\left(y_{n-2}-\frac{2x_{n-2}}{y_{n-2}}\right)\right]$$

计算结果列于表 8－8 中.

**表 8－8**

| $n$ | $x$ | $y_n$ | 精确解 $y(x_n)$ | $\lvert y_n-y(x_n)\rvert$ |
|---|---|---|---|---|
| 0 | 0 | 1.000 000 | 1.000 000 | 0.000 000 |
| 1 | 0.1 | 1.095 446 | 1.095 445 | 0.000 001 |
| 2 | 0.2 | 1.183 217 | 1.183 216 | 0.000 001 |
| 3 | 0.3 | 1.264 912 | 1.264 911 | 0.000 001 |
| 4 | 0.4 | 1.341 641 | 1.341 641 | 0.000 000 |
| 5 | 0.5 | 1.414 213 | 1.414 214 | 0.000 000 |
| 6 | 0.6 | 1.483 239 | 1.483 240 | 0.000 000 |
| 7 | 0.7 | 1.549 192 | 1.549 193 | 0.000 000 |
| 8 | 0.8 | 1.612 450 | 1.612 452 | 0.000 002 |
| 9 | 0.9 | 1.673 318 | 1.673 320 | 0.000 002 |
| 10 | 1.0 | 1.732 048 | 1.732 051 | 0.000 003 |

**例 8.8**　用阿达姆斯预测-校正公式解初值问题

$$\begin{cases} y' = y - x^2 + 1 & (0 \leqslant x \leqslant 2) \\ y(0) = 0.5 \end{cases}$$

取步长 $h = 0.2$.

**解**　$y_0 = 1$,而 $y_1, y_2, y_3$ 用经典龙格-库塔方法求出

$$y_1 = 0.829\,293\,3, \quad y_2 = 1.214\,076\,2, \quad y_3 = 1.648\,922\,0$$

由阿达姆斯四步显式算出预测值为

$$\overline{y}_{n+1} = \frac{1}{24}(35y_n - 11.8y_{n-1} + 7.4y_{n-2} - 1.8y_{n-3} - 0.192n^2 - 0.192n + 4.736)$$

再将 $\overline{y}_{n+1}$ 代入阿达姆斯三步隐式算出校正值为

$$y_{n+1} = \frac{1}{24}(1.8\overline{y}_{n+1} + 27.8y_n - y_{n-1} + 0.2y_{n-2} - 0.192n^2 - 0.192n + 4.736)$$

算出的结果列于表 8-9 中.

**表　8-9**

| $n$ | $x_n$ | $y_n$ | 精确解 $y(x_n)$ | $\vert y_n - y(x_n)\vert$ |
|---|---|---|---|---|
| 0 | 0 | 0.500 000 0 | 0.500 000 0 | 0.000 000 0 |
| 1 | 0.2 | 0.829 293 3 | 0.829 298 6 | 0.000 005 3 |
| 2 | 0.4 | 1.214 076 2 | 1.214 087 7 | 0.000 011 5 |
| 3 | 0.6 | 1.648 922 0 | 1.648 940 6 | 0.000 018 6 |
| 4 | 0.8 | 2.127 205 6 | 2.127 229 5 | 0.000 023 9 |
| 5 | 1.0 | 2.640 828 6 | 2.640 859 1 | 0.000 030 5 |
| 6 | 1.2 | 3.179 902 6 | 3.179 941 5 | 0.000 038 9 |
| 7 | 1.4 | 3.732 350 4 | 3.732 400 0 | 0.000 049 6 |
| 8 | 1.6 | 4.283 420 7 | 4.283 483 8 | 0.000 063 1 |
| 9 | 1.8 | 4.815 096 2 | 4.815 176 3 | 0.000 080 1 |
| 10 | 2.0 | 5.305 370 5 | 5.305 472 0 | 0.000 101 5 |

## 第四节　一阶常微分方程组和高阶方程

前文研究的是单个微分方程 $y' = f(x, y)$ 的数值解法,本节研究一阶常微分方程组和高阶微分方程问题.我们将前面解单个微分方程的各种数值解法推广,得到一阶常微分方程组的数值解法;而高阶常微分方程则是转化为一阶

常微分方程组来求解.

## 一、一阶常微分方程组

下文仅对两个方程的情况进行讨论.考虑一阶常微分方程组

$$\begin{cases} y' = f(x,y,z) \\ z' = g(x,y,z) \\ y(x_0) = y_0, z(x_0) = z_0 \end{cases} \tag{8.4.1}$$

设 $x_n = x_0 + nh(n=1,2,\cdots)$, $y_n, z_n$ 为节点 $x_n$ 处的近似解,则有

(1) 欧拉公式.

$$\begin{cases} y_{n+1} = y_n + hf(x_n, y_n, z_n) \\ z_{n+1} = z_n + hg(x_n, y_n, z_n) \end{cases} \tag{8.4.2}$$

(2) 改进的欧拉公式.

预测:
$$\begin{aligned} \overline{y}_{n+1} &= y_n + hf(x_n, y_n, z_n) \\ \overline{z}_{n+1} &= z_n + hg(x_n, y_n, z_n) \end{aligned} \tag{8.4.3}$$

校正:
$$\begin{cases} y_{n+1} = y_n + \dfrac{h}{2}[f(x_n, y_n, z_n) + f(x_{n+1}, \overline{y}_{n+1}, \overline{z}_{n+1})] \\ z_{n+1} = z_n + \dfrac{h}{2}[g(x_n, y_n, z_n) + g(x_{n+1}, \overline{y}_{n+1}, \overline{z}_{n+1})] \end{cases} \tag{8.4.4}$$

(3) 经典龙格-库塔方法.

$$\begin{cases} y_{n+1} = y_n + \dfrac{h}{6}(k_1 + 2k_2 + 2k_3 + k_4) \\ z_{n+1} = z_n + \dfrac{h}{6}(l_1 + 2l_2 + 2l_3 + l_4) \end{cases} \tag{8.4.5}$$

其中

$$\begin{cases} k_1 = f(x_n, y_n, z_n) \\ l_1 = g(x_n, y_n, z_n) \\ k_2 = f\left(x_n + \dfrac{h}{2}, y_n + \dfrac{h}{2}k_1, z_n + \dfrac{h}{2}l_1\right) \\ l_2 = g\left(x_n + \dfrac{h}{2}, y_n + \dfrac{h}{2}k_1, z_n + \dfrac{h}{2}l_1\right) \\ k_3 = f\left(x_n + \dfrac{h}{2}, y_n + \dfrac{h}{2}k_2, z_n + \dfrac{h}{2}l_2\right) \\ l_3 = g\left(x_n + \dfrac{h}{2}, y_n + \dfrac{h}{2}k_2, z_n + \dfrac{h}{2}l_2\right) \\ k_4 = f(x_n + h, y_n + hk_3, z_n + hl_3) \\ l_4 = g(x_n + h, y_n + hk_3, z_n + hl_3) \end{cases} \tag{8.4.6}$$

由 3 个或 3 个以上常微分方程组成的方程组的初值问题，也可作类似处理.

**例 8.9**　已知一阶常微分方程组的初值问题

$$\begin{cases} y' = z \\ z' = -2y + 2z + \mathrm{e}^{2x} \\ y(0) = -0.1, z(0) = -0.2 \end{cases}$$

取步长 $h=0.1$，用经典龙格-库塔方法计算 $y(0.2)$ 和 $z(0.2)$ 的近似值.

**解**　由经典龙格-库塔方法的公式，有

$$\begin{cases} y_{n+1} = y_n + \dfrac{h}{6}(k_1 + 2k_2 + 2k_3 + k_4) \\ z_{n+1} = z_n + \dfrac{h}{6}(l_1 + 2l_2 + 2l_3 + l_4) \end{cases} \tag{8.4.7}$$

其中

$$\begin{cases} k_1 = z_n \\ l_1 = -2y_n + 2z_n + \mathrm{c}^{2x_n} \\ k_2 = z_n + \dfrac{h}{2}l_1 \\ l_2 = -2(y_n + \dfrac{h}{2}k_1) + 2(z_n + \dfrac{h}{2}l_1) + \mathrm{e}^{2(x_n+\frac{h}{2})} \\ k_3 = z_n + \dfrac{h}{2}l_2 \\ l_3 = -2(y_n + \dfrac{h}{2}k_2) + 2(z_n + \dfrac{h}{2}l_2) + \mathrm{e}^{2(x_n+\frac{h}{2})} \\ k_4 = z_n + hl_3 \\ l_4 = -2(y_n + hk_3) + 2(z_n + hl_3) + \mathrm{e}^{2(x_n+h)} \end{cases} \tag{8.4.8}$$

将 $n=0, x_0=0, y_0=-0.1, z_0=-0.2, h=0.1$ 代入式(8.4.8)，依次算出 $k_i, l_i (i=1,2,3,4)$，再代入式(8.4.7)得

$$y(0.1) \approx y_1 = -0.115\,289, \quad z(0.1) \approx z_1 = -0.098\,177$$

再将 $n=1, x_1=0.1, y_1=-0.115\,289, z_1=-0.098\,177, h=0.1$ 代入式(8.4.8)，算出新的 $k_i, l_i (i=1,2,3,4)$，代入式(8.4.7)得

$$y(0.2) \approx y_2 = -0.117\,916, \quad z(0.2) \approx z_2 = 0.055\,358$$

## 二、高阶常微分方程

高阶微分方程的初值问题可以通过变量代换化为一阶方程组来求解. 这里以二阶微分方程为例说明求解方法，对于高于二阶的微分方程可按类似方法进行处理.

设二阶初值问题

$$\begin{cases} y''=f(x,y,y') \\ y(x_0)=y_0, y'(x_0)=y'_0 \end{cases} \tag{8.4.9}$$

做变换 $z=y'$，代入式(8.4.9)，则将其化为一阶常微分方程组的初值问题

$$\begin{cases} z'=f(x,y,z) \\ y'=z \\ y(x_0)=y_0, z(x_0)=y'_0 \end{cases} \tag{8.4.10}$$

用解一阶常微分方程组的方法可以求解式(8.4.10)．例如由经典龙格-库塔方法可得

$$\begin{cases} y_{n+1}=y_n+\dfrac{h}{6}(k_1+2k_2+2k_3+k_4) \\ z_{n+1}=z_n+\dfrac{h}{6}(l_1+2l_2+2l_3+l_4) \end{cases} \tag{8.4.11}$$

其中

$$\begin{cases} k_1=z_n \\ l_1=f(x_n,y_n,z_n) \\ k_2=z_n+\dfrac{h}{2}l_1 \\ l_2=f\left(x_n+\dfrac{h}{2},y_n+\dfrac{h}{2}k_1,z_n+\dfrac{h}{2}l_1\right) \\ k_3=z_n+\dfrac{h}{2}l_2 \\ l_3=f\left(x_n+\dfrac{h}{2},y_n+\dfrac{h}{2}k_2,z_n+\dfrac{h}{2}l_2\right) \\ k_4=z_n+hl_3 \\ l_4=f(x_n+h,y_n+hk_3,z_n+hl_3) \end{cases} \tag{8.4.12}$$

若将式(8.4.12)中的 $k_1,k_2,k_3$ 和 $k_4$ 代入式(8.4.11)中，消去 $k_1,k_2,k_3$ 和 $k_4$，就可以得到简化的仅含 $l_i(i=1,2,3,4)$ 的公式

$$\begin{cases} y_{n+1}=y_n+hz_n+\dfrac{h^2}{6}(l_1+l_2+l_3) \\ z_{n+1}=z_n+\dfrac{h}{6}(l_1+2l_2+2l_3+l_4) \end{cases}$$

其中

$$\begin{cases} l_1=f(x_n,y_n,z_n) \\ l_2=f\left(x_n+\dfrac{h}{2},y_n+\dfrac{h}{2}z_n,z_n+\dfrac{h}{2}l_1\right) \\ l_3=f\left(x_n+\dfrac{h}{2},y_n+\dfrac{h}{2}z_n+\dfrac{h^2}{4}l_1,z_n+\dfrac{h}{2}l_2\right) \\ l_4=f\left(x_n+h,y_n+hz_n+\dfrac{h^2}{2}l_2,z_n+hl_3\right) \end{cases}$$

**例 8.10**　已知二阶常微分方程初值问题

$$\begin{cases} y'' - 3y' + 2y = 0 \quad (0 \leqslant x \leqslant 1) \\ y(0) = 1, y'(0) = 1 \end{cases}$$

取步长 $h = 0.2$，用经典龙格-库塔方法计算 $y(0.2)$ 的近似值.

**解**　令 $z = y'$，则所给微分方程初值问题等价于

$$\begin{cases} z' = 3z - 2y \\ y' = z \\ y(0) = 1, z(0) = 1 \end{cases}$$

解该一阶常微分方程组.步长为 $h = 0.2, x_0 = 0, y_0 = 1, z_0 = 1$，由式(8.4.12)计算

$$\begin{cases} k_1 = z_0 = 1 \\ l_1 = 3z_0 - 2y_0 = 1 \\ k_2 = z_0 + \dfrac{0.2}{2} l_1 = 1.1 \\ l_2 = 3\left(z_0 + \dfrac{0.2}{2} l_1\right) - 2\left(y_0 + \dfrac{0.2}{2} k_1\right) = 1.1 \\ k_3 = z_0 + \dfrac{0.2}{2} l_2 = 1.11 \\ l_3 = 3\left(z_0 + \dfrac{0.2}{2} l_2\right) - 2\left(y_0 + \dfrac{0.2}{2} k_2\right) = 1.11 \\ k_4 = z_0 + 0.2 l_3 = 1.222 \\ l_4 = 3(z_0 + 0.2 l_3) - 2(y_0 + 0.2 k_3) = 1.222 \end{cases}$$

代入式(8.4.11)得

$$\begin{cases} y_1 = y_0 + \dfrac{1}{30}(k_1 + 2k_2 + 2k_3 + k_4) = 1.2214 \\ z_1 = z_0 + \dfrac{1}{30}(l_1 + 2l_2 + 2l_3 + l_4) = 1.2214 \end{cases}$$

于是得 $y(0.2) \approx 1.2214$.

## 习　题　八

1.用欧拉方法解初值问题

$$\begin{cases} y' = -2xy \quad (0 \leqslant x \leqslant 1.2) \\ y(0) = 1 \end{cases}$$

取步长 $h = 0.2$.

2. 用向前欧拉方法和向后欧拉方法解初值问题

$$\begin{cases} y' = 2x \quad (0 \leqslant x \leqslant 0.5) \\ y(0) = 0 \end{cases}$$

取步长 $h = 0.1$，并将近似解与精确解对比.

3. 用改进的欧拉方法解初值问题

$$\begin{cases} y' = x^2 + x - y \quad (0 \leqslant x \leqslant 1) \\ y(0) = 0 \end{cases}$$

取步长 $h = 0.1$，计算 $y(0.5)$ 的近似值，并与精确解 $y = -e^{-x} + x^2 - x + 1$ 相比较.

4. 试分别用欧拉方法和改进的欧拉方法求初值问题

$$\begin{cases} \dfrac{dy}{dx} = y - \dfrac{2x}{y} \quad (0 \leqslant x \leqslant 1) \\ y(0) = 1 \end{cases}$$

近似解，取步长 $h = 0.1$，并与精确解 $y = \sqrt{1 + 2x}$ 进行比较.

5. 用经典龙格-库塔方法解初值问题

$$\begin{cases} y' = 8 - 3y \quad (0 \leqslant x \leqslant 1) \\ y(0) = 2 \end{cases}$$

取步长 $h = 0.2$，计算 $y(0.4)$ 的近似值.

6. 设初值问题

$$\begin{cases} y' = y - x^2 + 1 \quad (0 \leqslant x \leqslant 0.5) \\ y(0) = 0.5 \end{cases}$$

分别取步长 $h=0.025$ 用欧拉方法，取步长 $h=0.05$ 用改进的欧拉方法，取步长 $h=0.1$ 用经典龙格-库塔方法求近似解，并将用上述方法在 0.5 处的近似解与精确解 $y(0.5)$ 进行比较.

7. 分别用阿达姆斯四步显式方法和阿达姆斯三步隐式方法解初值问题

$$\begin{cases} y' = x - y \quad (0 \leqslant x \leqslant 1) \\ y(0) = 0 \end{cases}$$

其中，取步长 $h = 0.1$，用 $y_0 = 0$，$y_1 = 0.004\,837\,42$，$y_2 = 0.018\,730\,75$，$y_3 = 0.040\,818\,22$ 作为起步值.

8. 用阿达姆斯四步显式方法求解初值问题

$$\begin{cases} y' = 3x - 2y \quad (0 \leqslant x \leqslant 0.5) \\ y(0) = 1 \end{cases}$$

取步长 $h = 0.1$，计算结果保留小数后 6 位.

9. 已知一阶微分方程组的初值问题

$$\begin{cases} y' = z \\ z' = z + x \\ y(0) = 0, z(0) = 1 \end{cases}$$

取步长 $h=0.1$,用四阶龙格-库塔方法计算 $y(0.1)$ 和 $z(0.1)$ 的近似值.

10. 用经典龙格-库塔方法求解初值问题

$$\begin{cases} y'' - 2y^3 = 0 \quad (1 \leqslant x \leqslant 1.5) \\ y(1) = -1, y'(1) = -1 \end{cases}$$

取步长 $h=0.1$,计算 $y(1.2)$ 的近似值.

11. 已知二阶常微分方程初值问题

$$\begin{cases} y'' - 3y' + 2y = 0 \quad (0 \leqslant x \leqslant 1) \\ y(0) = 1, y'(0) = 1 \end{cases}$$

取步长 $h=0.2$,用经典龙格-库塔方法计算 $y(0.4)$ 的近似值.

# 习题参考答案

## 习　题　一

1. 10.05, $\varepsilon=0.005$, $\varepsilon_r=0.05\%$; 0.009 901, $\varepsilon=0.000\ 000\ 5$, $\varepsilon_r=0.005\ 6\%$.

2. (1) $\varepsilon=\frac{1}{2}\times10^{-4}$, $\varepsilon_r=0.16\%$, 3 位有效数字;

(2) $\varepsilon=\frac{1}{2}\times10^{-4}$, $\varepsilon_r=0.017\%$, 4 位有效数字;

(3) $\varepsilon=\frac{1}{2}\times10^{-2}$, $\varepsilon_r=0.016\%$, 4 位有效数字;

(4) $\varepsilon=\frac{1}{2}\times10^{0}$, $\varepsilon_r=0.01\%$, 4 位有效数字.

3. $\varepsilon_1=\frac{1}{2}\times10^{-5}$, 3 位有效数字; $\varepsilon_2=\frac{1}{2}\times10^{-6}$, 4 位有效数字; $\varepsilon_3=\frac{1}{2}\times10^{-6}$, 4 位有效数字. $x_2$ 与 $x_3$ 是相同的数.

4. $|e_r|\leqslant\frac{1}{2\alpha_1}\times10^{-n+1}\leqslant\frac{1}{2\times1}\times10^{-2+1}\leqslant5\%$

5. 由 $|e_r|\leqslant\frac{1}{2\alpha_1}\times10^{-n+1}\leqslant0.1\%$, 得 $n\geqslant4-\lg6$, 故取 $n=4$.

6. (1) $\frac{1}{x}-\frac{\cos x}{x}=\frac{1-\cos x}{x}=\frac{\sin^2x}{x(1+\cos x)}\approx\frac{\sin x}{1+\cos x}$

(2) $\frac{1-\cos x}{\sin x}=\frac{(1-\cos x)\sin x}{\sin^2x}=\frac{\sin x}{1+\cos x}$

(3) $\sqrt{x+\frac{1}{x}}-\sqrt{x-\frac{1}{x}}=\frac{2}{x\left(\sqrt{x+\frac{1}{x}}+\sqrt{x-\frac{1}{x}}\right)}$

7. $x^{127}=((((((x^2)^2)^2)^2)^2)^2)^2/x$, 共 7 次乘法 1 次除法.

## 习　题　二

1. $L_1(5)=2.2$, $|\sqrt{5}-L_1(5)|\leqslant0.036$

2. $f(1.130\ 00) \approx 0.121\ 34$

3. 一次插值取节点，$x_0 = 45°, x_1 = 60°$. $\sin 50° \approx 0.760\ 08$，$\left|R_1\left(\dfrac{5\pi}{18}\right)\right| \leqslant 0.006\ 60$；二次插值取 3 个节点，$\sin 50° \approx L_2\left(\dfrac{5\pi}{18}\right) \approx 0.765\ 43$，$\left|R_2\left(\dfrac{5\pi}{18}\right)\right| \leqslant 0.000\ 77$.

4. 插值多项式为 $x^2 - 1$，6 个不同的插值节点可唯一确定次数不超过 5 次的多项式，但该多项式中的 $x^5, x^4$ 和 $x^3$ 项的系数均为 0.

5. $f[1,2] = 162, f[1,2,2^2] = 2\ 702, f[1,2^1,\cdots 2^7] = \dfrac{f^{(7)}(\xi)}{7!} = \dfrac{7!}{7!} = 1.$

6.

| $x$ | $f(x)$ | $\Delta$ | $\Delta^2$ | $\Delta^3$ | $\Delta^4$ | $\Delta^5$ |
|---|---|---|---|---|---|---|
| 0 | 1 | | | | | |
| | | −0.181 269 | | | | |
| 0.2 | 0.818 731 | | 0.032 858 | | | |
| | | −0.148 411 | | −0.005 955 | | |
| 0.4 | 0.670 320 | | 0.026 903 | | 0.001 077 | |
| | | −0.121 508 | | −0.004 878 | | 0.000 191 |
| 0.6 | 0.548 812 | | 0.022 025 | | 0.000 886 | |
| | | −0.099 483 | | −0.003 992 | | |
| 0.8 | 0.449 329 | | 0.018 033 | | | |
| | | −0.081 450 | | | | |
| 1.0 | 0.367 879 | | | | | |

7. 16, 7, $7x^2 + 9x$.

8. $$N_4(x) = 4 - 3(x-1) + \frac{5}{6}(x-1)(x-2) - \frac{7}{60}(x-1)(x-2)(x-4) + \frac{1}{180}(x-1)(x-2)(x-4)(x-6)$$

$$R_4(x) = f[x,1,2,4,6](x-1)(x-2)(x-4)(x-6)(x-7) = \frac{f^{(5)}(\xi)}{5!}(x-1)(x-2)(x-4)(x-6)(x-7)$$

9. $$N_4(x) = 0.410\ 75 + 1.116\ 00(x-0.40) + 0.280\ 00(x-0.40)(x-0.55) + 0.197\ 33(x-0.40)(x-0.55)(x-0.65) + 0.031\ 24(x-0.40)(x-0.55)(x-0.65)(x-0.80)$$

$f(0.596) \approx N_4(0.596) = 0.631\ 92$

10. 用二次牛顿向前插值公式取 $x_0 = 0.5, x_1 = 0.6, x_2 = 0.7$.

$\sin 0.578\ 91 \approx 0.547\ 14$，$|R_2(0.578\ 91)| \leqslant 2.95 \times 10^{-5}$

用二次牛顿向后插值公式取 $x_0=0.4, x_1=0.5, x_2=0.6$.

$$\sin 0.578\,91 \approx 0.547\,07,\ |R_2(0.578\,91)| \leqslant 4.57\times 10^{-5}$$

11. 用两点三次埃尔米特插值公式 $H_3(x)=x^3-2x^2+1, R_3(x)=\dfrac{f^{(4)}(\xi)}{4!}x^2(x-1)^2, \xi\in(0,1)$.

12. 可设基函数为 $h(x),\varphi(x)$ 满足 $h_i(x_j)=\begin{cases}1, i=j\\0, i\neq j\end{cases}, h_i''(x_j)=0$, $\varphi_i(x_j)=0, \varphi_i''(x_j)=\begin{cases}1, i=j\\0, i\neq j\end{cases}(i,j=0,1)$,则

$$P(x)=y_0h_0(x)+y_1h_1(x)+M_0\varphi_0(x)+M_1\varphi_1(x)$$

其中

$$h_0(x)=\frac{x-x_1}{x_0-x_1},\quad h_1(x)=\frac{x-x_0}{x_1-x_0}$$

$$\varphi_0(x)=\frac{1}{6}(x-x_0)(x-x_1)\left(1+\frac{x-x_1}{x_0-x_1}\right)$$

$$\varphi_1(x)=\frac{1}{6}(x-x_0)(x-x_1)\left(1+\frac{x-x_0}{x_1-x_0}\right)$$

13. $P(x)=\begin{cases}0.013\,8x+0.086\,0, & 30\leqslant x\leqslant 45\\0.007\,3x+0.380\,0, & 45< x\leqslant 60\end{cases}$

14. $h\leqslant 0.429\,19\times 10^{-2}$

15. $n\geqslant 9.402$,将区间[0,1]分为10等份,需11个节点的函数值及其导数值.

16. $S(x)=\begin{cases}-\dfrac{1}{8}x^3+\dfrac{3}{8}x^2+\dfrac{7}{4}x-1, & 1\leqslant x\leqslant 2\\-\dfrac{1}{8}x^3+\dfrac{3}{8}x^2+\dfrac{7}{4}x-1, & 2\leqslant x\leqslant 4\\\dfrac{3}{8}x^3-\dfrac{45}{8}x^2+\dfrac{103}{4}x-33, & 4\leqslant x\leqslant 5\end{cases}$

17. (1) $\begin{bmatrix}2 & 1 & 0 & 0\\\frac{1}{2} & 2 & \frac{1}{2} & 0\\0 & \frac{1}{2} & 2 & \frac{1}{2}\\0 & 0 & 1 & 2\end{bmatrix}\begin{bmatrix}M_0\\M_1\\M_2\\M_3\end{bmatrix}=\begin{bmatrix}0\\-3\\-3\\18\end{bmatrix}$

$M_0=0.266\,7,\quad M_1=-0.533\,3,\quad M_2=-4.133\,3,\quad M_3=11.066\,7$

$$S(x)=\begin{cases}0.04445(1-x)^3-0.08888x^3-0.04445(1-x)+1.08888x, & 0\leqslant x\leqslant 1\\ -0.08888(2-x)^3-0.68888(x-1)^3+1.08888(2-x)+1.68888(x-1), & 1<x\leqslant 2\\ -0.68888(3-x)^3+1.84445(x-2)^3+1.68888(3-x)-1.84445(x-2), & 2<x\leqslant 3\end{cases}$$

(2) $\begin{bmatrix}2 & \frac{1}{2}\\ \frac{1}{2} & 2\end{bmatrix}\begin{bmatrix}M_1\\ M_2\end{bmatrix}=\begin{bmatrix}-\frac{7}{2}\\ -4\end{bmatrix}$， $M_1=-1.3333$， $M_2=-1.6667$

$$S(x)=\begin{cases}0.16667(1-x)^3-0.22222x^3-0.16667(1-x)+1.22222x, & 0\leqslant x\leqslant 1\\ -0.02222(2-x)^3-0.27778(x-1)^3+1.22222(2-x)+1.27778(x-1), & 1<x\leqslant 2\\ -0.27778(3-x)^3+0.33333(x-2)^3+1.27778(3-x)-0.33333(x-2), & 2<x\leqslant 3\end{cases}$$

## 习　题　三

1. $y=0.5+0.26x$

2. $y=95.3524+2.2337x$，均方误差 $\sqrt{\sum_{i=1}^{6}\delta_i^2}=5.164$，最大偏差 $\max_{1\leqslant i\leqslant 6}|\delta_i|=3.22$.

3. $y=2.0132+2.2517x$，$y=2.000+2.2517x+0.0315x^2$

4. $y=0.4086+0.4200x+0.0857x^2$

5. $s=-0.6170+11.1586t+2.2687t^2$

6. 作变换 $u=\lg y$，$a=11.44$，$b=0.29$

7. 作变换 $Y=\ln y$，$X=\ln x$，$a=92.2867$，$b=-0.4394$

8. 设 $X=x^3$，$a=1.32286$，$b=0.11376$

9. 正交多项式族：

$P_0(x)=1$，$P_1(x)=x-2.45$，$P_2(x)=x^2-4.9683x+3.2340$

拟合函数 $y=2.24880970x^2+11.08139610x-0.58336447$.

## 习　题　四

1. 用梯形公式 $I\approx 1.859141$，有1位有效数字；用辛普森公式 $I\approx 1.718861$，有3位有效数字；用柯特斯公式 $I\approx 1.718283$，有6位有效数字.

2. (1)3次代数精确度；(2)1次代数精确度.

3. $A_0=\frac{1}{3}$，$A_1=\frac{4}{3}$，$A_2=\frac{1}{3}$，具有3次代数精确度.

4. 略.

5. 提示：令 $f(x)=1$，求积公式精确成立.

6. (1) $T_4=17.227\ 74$，$S_2=17.322\ 23$，$C_1=17.326\ 44$.

$\int_1^9 \sqrt{x}\,dx=17\frac{1}{3}=17.333\ 33\cdots$ 均在 5 个点上计算，复化柯特斯公式精度最高，复化辛普森公式次之，复化梯形公式精度最低.

(2) $T_4=0.110\ 89$，$S_2=0.111\ 58$，$C_1=0.111\ 57$.

$\int_0^1 \frac{x}{4+x^2}dx=\frac{1}{2}\ln\frac{5}{4}=0.111\ 57\cdots$. 均在 5 个点上计算，复化柯特斯公式、复化辛普森公式、复化梯形公式精度依次降低.

7. $T_8=0.784\ 747\ 123$，$S_4=0.785\ 398\ 125$，$C_2=0.785\ 398\ 523$

8. 用复化梯形公式取 $n=817$，将区间进行 817 等份，需 818 个节点；用复化辛普森公式，取 $n=11$，将区间进行 $2n=22$ 等分，需 23 个节点.

9. $\pi\approx T_{16}=3.140\ 941\ 6$，$\frac{1}{3}\mid T_{16}-T_8\mid\approx 0.000\ 651\ 04<0.001$

10. $\int_0^1 \frac{x}{4+x^2}dx\approx T_8=0.111\ 402\ 4$，$\frac{1}{3}\mid T_8-T_4\mid\approx$

$$1.7\times10^{-3}<\frac{1}{2}\times10^{-3}$$

11. $R_1=3.141\ 585\ 8$

12. $R_1=1.098\ 631$

13. 用两个节点，$I=2.401\ 848\ 2$；用三个节点，$I=2.399\ 708\ 1$.

14. 令 $x=\frac{1}{2}+\frac{1}{2}t$，则 $I=\sqrt{2}\int_{-1}^1 \frac{\arctan\frac{t+1}{2}}{(t+1)^{3/2}}dt$. 取 4 个节点，$I\approx 1.703\ 5$；取 6 个节点，$I\approx 1.763\ 1$.

15. 令 $x=\frac{1}{2}+\frac{1}{2}t$，$\pi\approx 3.141\ 611\ 9$.

16. $f'(1.0)\approx-0.247\ 92$，$f'(1.1)\approx-0.216\ 94$，$f'(1.2)\approx-0.185\ 96$

17. (1) 后两点公式 $f'(2.0)\approx 23.708\ 45$，前两点公式 $f'(2.0)\approx 20.749\ 13$.

(2) 后三点公式 $f'(2.0)\approx 22.032\ 310$，前三点公式 $f'(2.0)\approx 22.054\ 525$，中心差商公式 $f'(2.0)\approx 22.228\ 790$.

(3) $f''(2.0)\approx 29.593\ 200$.

## 习　题　五

1. 二分区间 10 次，$x^* \approx x_{10}=\frac{1}{2}(1.133\ 789+1.134\ 766)=1.134\ 278$

2. $k>\frac{\ln(1-0)+5\ln 2}{\ln 2}-1=4$，二分区间 5 次.

3. $\varphi(x)=\frac{1}{x+1}$，$\left[\frac{1}{2},1\right]$

4. $x^* \approx x_4=3.348\ 3$

5. $\varphi(x)=\ln x+2$，$|\varphi'(x)|=\left|\frac{1}{x}\right|<1$，$x_3=3.141\ 337\ 866$

6. $\varphi(x)=\sqrt[3]{x^2+1}$，$|x_7-x_6|\approx 0.000\ 3<\frac{1}{2}\times 10^{-3}$，故 $x^* \approx x_7=1.465\ 9$

7. $x_{k+1}=x_k+\frac{\cos x_k-x_k}{1+\sin x_k}$，$x^* \approx x_3=0.739\ 1$

8. (1) $x_{k+1}=\frac{1}{2}\left(x_k+\frac{3}{x_k}\right)$，$x^* \approx x_3=1.732\ 1$；

(2) $x_{k+1}=\frac{x_k}{6}(9-x_k^2)$，$x^* \approx x_4=1.732\ 1$.

9. $x_{k+1}=x_k-\frac{\frac{1}{2}+\sin x_k-\cos x_k}{\cos x_k+\sin x_k}$，$x^* \approx x_3=0.424\ 0$

10. $x^* \approx x_4=1.497\ 30$

11. 单点法 $x^* \approx x_5=1.368\ 808\ 17$，$f(x_5)\approx 0.000\ 002\ 27$；
双点法 $x^* \approx x_4=1.368\ 808\ 11$，$f(x_4)\approx 0.000\ 000\ 07$.

12. $x^* \approx x_6=1.365\ 230\ 013$

## 习　题　六

1. $(x_1,x_2,x_3,x_4)^{\mathrm{T}}=(-1,1,-1,1)^{\mathrm{T}}$，行列式的值为 $1\times 2\times 6\times 24=288$.

2. 略.

3. 略.

4. (1) $(x_1,x_2,x_3)^{\mathrm{T}}=(-0.399,-0.099\ 8,0.400)^{\mathrm{T}}$

(2) $(x_1,x_2,x_3)^T=(-0.490,-0.051\ 3,0.368)^T$

(3) $(x_1,x_2,x_3)^T=(-0.400,-0.099\ 8,0.400)^T$

5.(1) 略.

(2) $\frac{n(n+1)}{2}$(次)

(3) 通过比较 $\boldsymbol{L}\boldsymbol{L}^{-1}=\boldsymbol{I}$ 两端的元素可得

$$v_{ij}=\left(-\sum_{k=i}^{i-1}l_{ik}v_{kj}\right)\Big/l_{ii}\quad i=2,3,\cdots,n;j=1,2,\cdots,i-1$$

6.(1) 略.

(2) $\frac{n(n+1)}{2}$(次)

(3) 通过比较 $\boldsymbol{U}\boldsymbol{U}^{-1}=\boldsymbol{I}$ 两端的元素可得

$$v_{ii}=1/u_{ii}\quad i=1,2,\cdots,n$$

$$v_{ij}=\left(-\sum_{k=i+1}^{j}u_{ik}v_{kj}\right)\Big/u_{ii}\quad i=1,2,\cdots,n-1;j=i+1,\cdots,n$$

7. $\boldsymbol{x}=\begin{bmatrix}1/26\\16/13\\2/13\end{bmatrix},\boldsymbol{y}=\begin{bmatrix}-2/13\\-12/13\\-8/13\end{bmatrix},\boldsymbol{z}=\begin{bmatrix}63/26\\-6/13\\35/3\end{bmatrix}$

8.(1) $\boldsymbol{x}=(0,1,-1,2)^T$;(2) $\boldsymbol{x}=(-6/5,-7/5,-3/5,1/5)^T$.

9. $\boldsymbol{x}=(-9/4,4,2)^T$

10. $\boldsymbol{x}=(10/9,7/9,23/9)^T$

11.(1)8， 17， $\sqrt{99}$

(2)1.1， 0.8， 0.827 9

(3) $\sqrt{1.25}$ $(\lambda_1=0,\lambda_{2,3}=\pm i\sqrt{1.25})$

12.略.

13.略.

14.略.

15.(1) 提示:先对方程组顺序进行调整.

(2) $\boldsymbol{x}^{(1)}=(0.777\ 8,0.972\ 2,0.975\ 3)^T$，$\|\boldsymbol{x}^{(1)}-\boldsymbol{x}^{(0)}\|_\infty=0.975\ 3$

$\boldsymbol{x}^{(2)}=(0.994\ 2,0.999\ 3,0.999\ 4)^T$，$\|\boldsymbol{x}^{(2)}-\boldsymbol{x}^{(1)}\|_\infty=0.216\ 4$

$\boldsymbol{x}^{(3)}=(0.999\ 9,0.999\ 9,0.999\ 9)^T$，$\|\boldsymbol{x}^{(3)}-\boldsymbol{x}^{(2)}\|_\infty=0.005\ 7$

$\boldsymbol{x}^{(4)}=(1.000\ 0,1.000\ 0,1.000\ 0)^T$，$\|\boldsymbol{x}^{(4)}-\boldsymbol{x}^{(3)}\|_\infty=0.000\ 1$

16.提示:通过 $\rho(\boldsymbol{B}_J)$ 和 $\rho(\boldsymbol{B}_{GS})$ 来证明、分析.

17.(1) 略.

(2) $\boldsymbol{B}_{\mathrm{J}}=\begin{bmatrix}0 & 0.2 & 0.2\\ 0.2 & 0 & 0.1\\ 1/3 & 2/3 & 0\end{bmatrix}$, $\boldsymbol{B}_{\mathrm{GS}}=\frac{1}{300}\begin{bmatrix}0 & 60 & 60\\ 0 & 12 & 42\\ 0 & 28 & 48\end{bmatrix}$,用范数可以证明.

(3) 雅可比迭代结果:

$\boldsymbol{x}^{(1)}=(0.100\ 000, 0.050\ 000, 0.333\ 333)^{\mathrm{T}}$

$\boldsymbol{x}^{(2)}=(0.176\ 667, 0.103\ 333, 0.400\ 000)^{\mathrm{T}}$

$\boldsymbol{x}^{(3)}=(0.200\ 667, 0.125\ 333, 0.461\ 111)^{\mathrm{T}}$

高斯-赛德尔迭代结果:

$\boldsymbol{x}^{(1)}=(0.100\ 000, 0.070\ 000, 0.413\ 333)^{\mathrm{T}}$

$\boldsymbol{x}^{(2)}=(0.196\ 667, 0.130\ 667, 0.486\ 000)^{\mathrm{T}}$

$\boldsymbol{x}^{(3)}=(0.223\ 333, 0.143\ 267, 0.503\ 289)^{\mathrm{T}}$

18. (1) 略.

(2) ① $\boldsymbol{x}^{(1)}=(1,3,5)^{\mathrm{T}}$, $\boldsymbol{x}^{(2)}=(5,-3,-3)^{\mathrm{T}}$, $\boldsymbol{x}^{(3)}=(1,1,1)^{\mathrm{T}}$

$\boldsymbol{x}^{(4)}=(1,1,1)^{\mathrm{T}}$

② $\boldsymbol{x}^{(1)}=(-0.5,1,-0.5)^{\mathrm{T}}$, $\boldsymbol{x}^{(2)}=(0.5/\sqrt{2}, 0.5, -0.5/\sqrt{2})^{\mathrm{T}}$

$\boldsymbol{x}^{(3)}=(0,1,0)^{\mathrm{T}}$, $\boldsymbol{x}^{(4)}=(0,1,0)^{\mathrm{T}}$

(3) 谱半径均为零.

(4) 略.

19. (1) 可验证 $\boldsymbol{A}$ 对称正定,故逐次超松弛迭代法收敛.

(2) 略.

(3) $\boldsymbol{x}^{(1)}=(6.312\ 500\ 0, 3.519\ 531\ 3, -6.650\ 146\ 5)^{\mathrm{T}}$

$\boldsymbol{x}^{(2)}=(2.622\ 314\ 5, 3.958\ 526\ 6, -4.600\ 423\ 8)^{\mathrm{T}}$

20. $x_1=0.792\ 7$, $x_2=-1.241\ 8$

## 习　题　七

1. (1) 主特征值的近似值为$\overline{\lambda_1}=6.000\ 000$

近似特征向量为$\overline{\boldsymbol{x}_1}=(1.000\ 000, -1.000\ 000, 1.000\ 000)^{\mathrm{T}}$

(2) 主特征值的近似值为$\overline{\lambda_1}=6.421\ 042$

近似特征向量为$\overline{\boldsymbol{x}_1}=(0.046\ 166, 0.374\ 882, -1.000\ 000)^{\mathrm{T}}$

2. $\boldsymbol{z}_0=(0,1,0)^{\mathrm{T}}$,用幂法得

$\boldsymbol{z}_1=(-1,1,1)^{\mathrm{T}}$,　$\boldsymbol{z}_2=(-2,-80,2)^{\mathrm{T}}$,　$\boldsymbol{z}_3=(78,-242,-78)^{\mathrm{T}}$

$\boldsymbol{z}_1, \boldsymbol{z}_2, \boldsymbol{z}_3$ 中的任意一个不等于另一个的常数倍. 然而 $\det(\boldsymbol{z}_0, \boldsymbol{z}_1, \boldsymbol{z}_2)=0$,

$\det(z_1, z_2, z_3) = 0$，所以$z_0, z_1, z_2$线性相关，并且$82z_0 - 2z_1 + z_2 = 0$.

解$x^2 - 2x + 82 = 0$得$\overline{\lambda_1} = 1 + 9\mathrm{i}, \overline{\lambda_2} = 1 - 9\mathrm{i}$.

3. 提示：先对$\boldsymbol{A} + 6.42\boldsymbol{I}$作$\boldsymbol{LU}$分解，结果是

$$\boldsymbol{L} = \begin{bmatrix} 1 & 0 & 0 \\ 0.369\,003 & 1 & 0 \\ 0.184\,502 & 0.375\,148 & 1 \end{bmatrix}$$

$$\boldsymbol{U} = \begin{bmatrix} 5.42 & 2 & 1 \\ 0 & 1.681\,99 & 0.630\,993 \\ 0 & 0 & -1.218\,85 \times 10^{-3} \end{bmatrix}$$

为加快收敛，建议取$z_0 = \boldsymbol{Le}$为初始向量，其中$\boldsymbol{e} = (1,1,1)^{\mathrm{T}}$.

第1次迭代：解$\boldsymbol{U}\boldsymbol{y}_1 = \boldsymbol{e}$，得$\boldsymbol{y}_1 = (37.764\,4, 308.382, -820.447)^{\mathrm{T}}$；

第2次迭代：解$\boldsymbol{L}\boldsymbol{v}_2 = \boldsymbol{z}_1$，得

$$\boldsymbol{v}_2 = (-0.046\,029\,0, -0.358\,886, 1.143\,13)^{\mathrm{T}}$$

解$\boldsymbol{U}\boldsymbol{y}_2 = \boldsymbol{v}_2$，得$\boldsymbol{y}_2 = (43.279\,7, 351.627, -937.876)^{\mathrm{T}}$，于是

$$m_2 = -937.876$$

$$\boldsymbol{z}_2 = (-0.046\,146\,5, -0.374\,918, 1)$$

取近似特征向量为$\overline{\boldsymbol{x}} = (-0.046\,146\,5, -0.374\,918, 1)$.

## 习 题 八

1. $y_{n+1} = y_n - 0.4x_n y_n$.

| $n$ | $x_n$ | $y_n$ |
|---|---|---|
| 0 | 0 | 1 |
| 1 | 0.2 | 1 |
| 2 | 0.4 | 0.920 000 |
| 3 | 0.6 | 0.772 800 |
| 4 | 0.8 | 0.587 328 |
| 5 | 1.0 | 0.399 383 |
| 6 | 1.2 | 0.239 630 |

2. 向前欧拉公式$y_{n+1} = y_n + 0.2x_n$，向后欧拉公式$y_{n+1} = y_n + 0.2x_{n+1}$，精确解为$y = x^2$.

| $n$ | $x_n$ | 向前欧拉方法 $y_n$ | 向后欧拉方法 $y_n$ | 精确解 $y(x_n)$ |
|---|---|---|---|---|
| 0 | 0 | 0 | 0 | 0 |
| 1 | 0.1 | 0 | 0.02 | 0.01 |
| 2 | 0.2 | 0.02 | 0.06 | 0.04 |
| 3 | 0.3 | 0.06 | 0.12 | 0.09 |
| 4 | 0.4 | 0.12 | 0.20 | 0.16 |
| 5 | 0.5 | 0.2 | 0.30 | 0.25 |

3. $y_{n+1}=y_n+0.05(1.9x_n^2+2.1x_n-1.9y_n+0.11)$.

| $n$ | $x_n$ | $y_n$ | $y(x_n)$ | $\|y_n-y(x_n)\|$ |
|---|---|---|---|---|
| 1 | 0.1 | 0.005 50 | 0.005 16 | 0.000 34 |
| 2 | 0.2 | 0.021 93 | 0.021 27 | 0.000 66 |
| 3 | 0.3 | 0.050 15 | 0.049 18 | 0.000 97 |
| 4 | 0.4 | 0.090 94 | 0.089 68 | 0.001 26 |
| 5 | 0.5 | 0.145 00 | 0.143 47 | 0.001 53 |

4. 计算结果见下表.

| $n$ | $x$ | 欧拉方法 $y_n$ | 改进的欧拉方法 $y_n$ | 精确解 $y(x_n)$ |
|---|---|---|---|---|
| 1 | 0.1 | 1.000 000 | 1.095 909 | 1.095 445 |
| 2 | 0.2 | 1.191 818 | 1.184 097 | 1.183 216 |
| 3 | 0.3 | 1.277 438 | 1.266 201 | 1.264 911 |
| 4 | 0.4 | 1.358 213 | 1.343 360 | 1.341 641 |
| 5 | 0.5 | 1.435 133 | 1.416 402 | 1.414 214 |
| 6 | 0.6 | 1.508 966 | 1.485 956 | 1.483 240 |
| 7 | 0.7 | 1.580 338 | 1.552 514 | 1.549 193 |
| 8 | 0.8 | 1.649 783 | 1.616 475 | 1.612 452 |
| 9 | 0.9 | 1.717 779 | 1.678 166 | 1.673 320 |
| 10 | 1.0 | 1.784 771 | 1.737 867 | 1.732 051 |

5. $y_{n+1}=1.2016+0.5494y_n$, $y(0.2)\approx y_1=2.3004$, $y(0.4)\approx y_2=2.4654$.

6. 在计算 0.5 处的近似解时，各种方法均需要计算 20 个函数值的工作量，此时经典龙格-库塔法的精度最高.

| $n$ | $x_n$ | 精确解 $y(x_n)$ | 欧拉法 $y_n$ $h=0.025$ | 改进的欧拉法 $y_n$ $h=0.05$ | 四阶龙格-库塔法 $y_n$ $h=0.1$ |
|---|---|---|---|---|---|
| 0 | 0 | 0.500 000 0 | 0.500 000 0 | 0.500 000 0 | 0.500 000 0 |
| 1 | 0.1 | 0.657 414 5 | 0.655 498 2 | 0.657 308 5 | 0.657 414 4 |
| 2 | 0.2 | 0.829 298 6 | 0.825 338 5 | 0.829 077 8 | 0.829 298 3 |
| 3 | 0.3 | 1.015 070 6 | 1.008 933 4 | 1.014 725 4 | 1.015 070 1 |
| 4 | 0.4 | 1.214 087 7 | 1.205 634 5 | 1.213 607 9 | 1.214 086 9 |
| 5 | 0.5 | 1.425 639 4 | 1.414 726 4 | 1.425 014 1 | 1.425 638 4 |

7. 阿达姆斯四步显式方法：

$$y_{n+1}=1/24(18.5y_n+5.9y_{n-1}-3.7y_{n-2}+0.9y_{n-3}+0.24n+0.12)$$

阿达姆斯三步隐式方法：

$$y_{n+1}=1/24(-0.9y_{n+1}+22.1y_n+0.5y_{n-1}-0.1y_{n-2}+0.24n+0.12)$$

| $n$ | $x_n$ | $y(x_n)$ | 显式法 | 隐式法 |
|---|---|---|---|---|
| 0 | 0 | 0 | | |
| 1 | 0.1 | 0.004 837 42 | | |
| 2 | 0.2 | 0.018 730 75 | | |
| 3 | 0.3 | 0.040 818 22 | | 0.040 818 00 |
| 4 | 0.4 | 0.070 320 65 | 0.070 322 92 | 0.070 319 66 |
| 5 | 0.5 | 0.106 530 66 | 0.106 535 48 | 0.106 530 14 |
| 6 | 0.6 | 0.148 811 64 | 0.148 818 41 | 0.148 811 01 |
| 7 | 0.7 | 0.196 585 30 | 0.196 593 40 | 0.196 584 60 |
| 8 | 0.8 | 0.249 328 96 | 0.249 338 16 | 0.249 328 20 |
| 9 | 0.9 | 0.306 569 66 | 0.306 579 62 | 0.306 568 85 |
| 10 | 1.0 | 0.367 879 44 | 0.367 889 96 | 0.367 878 60 |

8. 由经曲龙格-库塔法求出起步值

$$y_1=0.832\ 783,\quad y_2=0.723\ 067,\quad y_3=0.660\ 429$$

$$y_{n+1}=\frac{1}{24}(13y_n+11.8y_{n-1}-7.4y_{n-2}+1.8y_{n-3}+0.72n+0.36)$$

$$y_4=0.636\ 466,\quad y_5=0.643\ 976$$

9. $$k_1=0.1,\quad l_1=0.1,\quad k_2=0.105,\quad l_2=0.11$$

$$k_3=0.105\ 5,\quad l_3=0.110\ 5,\quad k_4=0.111\ 05$$

$$l_4=0.121\ 05,\quad y(0.1)\approx y_1=0.105\ 34$$

$$z(0.1)\approx z_1=1.110\ 34$$

10.
$$\begin{cases} y' = z \\ z' = 2y^3 \\ y(1) = -1, z(1) = -1 \end{cases}$$

$$y_1 = -1.111\ 106\ 2, \quad z_1 = -1.234\ 573\ 3$$

$$y(1.2) \approx y_2 = -1.249\ 986\ 1$$

11.
$$\begin{cases} y' = z \\ z' = 3z - 2y \\ y(0) = 1, z(0) = 1 \end{cases}$$

$$y_1 = 1.221\ 4, \quad z_1 = 1.221\ 4$$

于是 $y(0.4) \approx y_2 = 1.491\ 8$.

# 参考文献


[1] 清华大学,北京大学《计算方法》编写组.计算方法.北京:科学出版社,1981.

[2] Burden R L, Faires J D. NUMERICAL ANALYSIS.影印版.7版.北京:高等教育出版社,2001.

[3] 易大义,沈云宝,李有法.计算方法.2版.杭州:浙江大学出版社,2002.

[4] 孙志忠,吴宏伟,袁慰平,闻震初.计算方法与实习.4版.南京:东南大学出版社,2005.

[5] 郑咸义.计算方法.广州:华南理工大学出版社,2005.

[6] 丁丽娟,程杞元.数值计算方法.2版.北京:北京理工大学出版社,2005.

[7] 徐翠微,孙绳武.计算方法引论.3版.北京:高等教育出版社,2007.

[8] 蔺小林.计算方法.西安:西安电子科技大学出版社,2009.

[9] Mathews J H, Fink K D.数值方法.MATLAB版.4版.周璐,陈渝,钱方,等,译.北京:电子工业出版社,2010.